HONEYBEE DEMOCRACY

by Thomas D. Seeley

ミツバチの会議

なぜ常に最良の意思決定ができるのか

トーマス・シーリー＝著

片岡夏実＝訳

築地書館

口絵 1　ミツバチの分蜂群。この中に約 1 万匹の働きバチと 1 匹の女王バチがいる。

口絵 2　巣箱の正面を調べる探索バチ。

口絵 3　分蜂群の表面で尻振りダンスをする探索バチ。

口絵 4　巣箱を数匹の探索バチが飛びながら調べている。

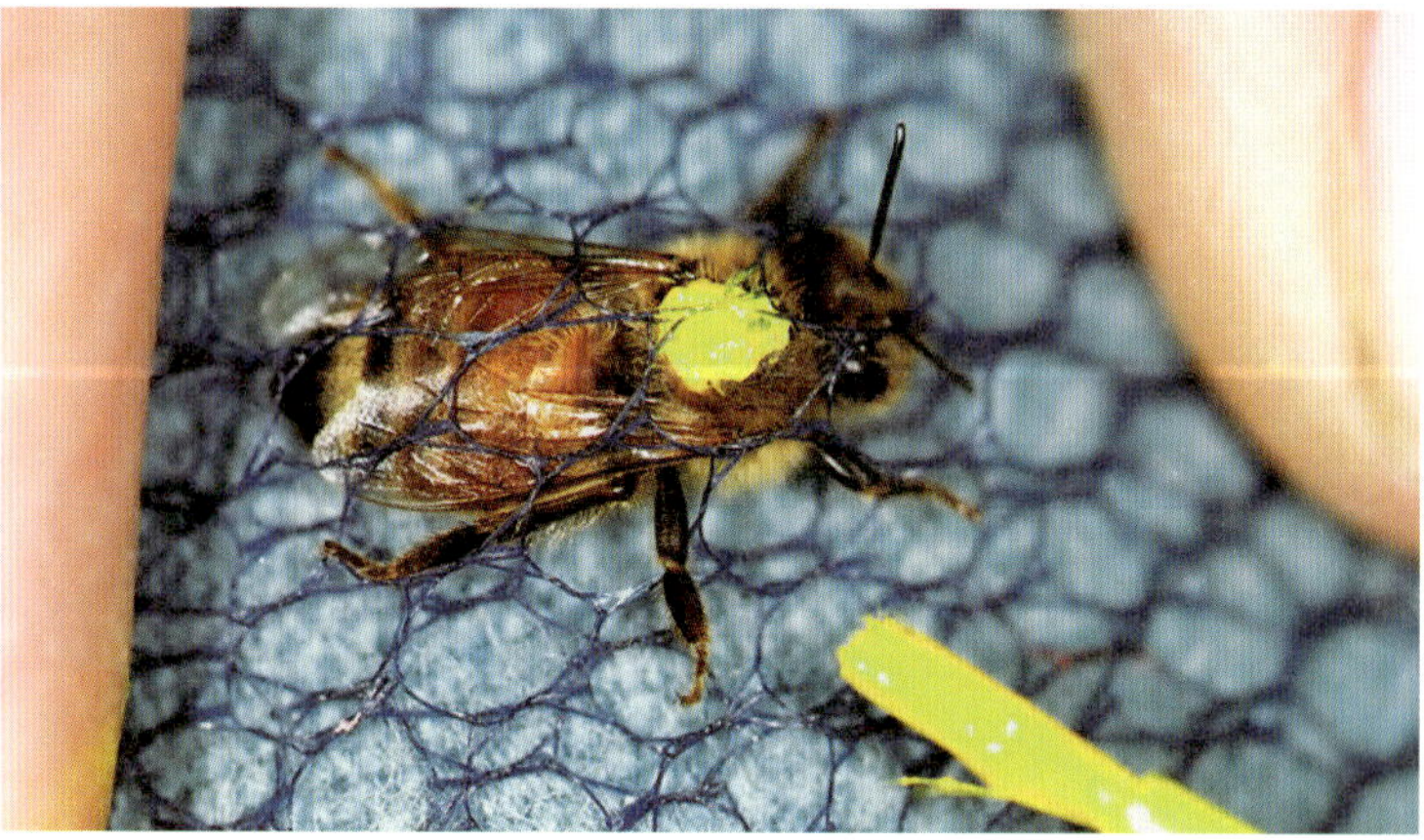

口絵 5　胸部に塗料で印をつけた探索バチ。目の粗い捕虫網の網ごしにつける。

口絵 6　右方向へと飛行中の分蜂群の下にいるマデレン・ベークマン。彼女が掲げているオレンジ色の目印は長さ 45 センチの寸法の比較用。分蜂群の雲の頂点ですじが長く伸びており、ハチが速く飛んでいることを示している。

口絵７　巣箱の入り口に止まってナサノフ腺フェロモンを放出しようとする、発香器官を封鎖されたハチ。

ミツバチの会議

なぜ常に最良の意思決定ができるのか

HONEYBEE
DEMOCRACY

トーマス・シーリー＝著
片岡夏実＝訳

築地書館

HONEYBEE DEMOCRACY

by Thomas D. Seeley.

Japanese translation rights arranged with Princeton University Press

through The English Agency (Japan) Limited, Inc.,Tokyo.

Translated by Natsumi Kataoka

Published in Japan by Tsukiji Shokan Publishing Co.,Ltd.

プロローグ

養蜂家は昔から、晩春から初夏にかけてハチの群れがよく巣分かれ〈分蜂〉してしまうのを見て、嘆いてきた。これが起きると、蜂群《コロニー》の大多数、一万匹ほどの働きバチが現在の女王バチと共に飛んでいって、新しいコロニーを作る。一方、元の巣に残ったハチは新女王を育て、元のコロニーを永続させる。移住するミツバチは木の枝に集まってあごひげのような塊を作り、数時間から数日間一緒にぶら下がっている。この間、宿無しのハチたちは実に驚くべきことをする。新しい巣を選ぶにあたって民主的な討論を行なうのだ。

本書は、ミツバチがこの民主的意思決定プロセスをどのように実行するかを論じたものだ。分蜂群でもっとも古参の数百匹のハチが、新しい巣の場所を探索するために飛び出していき、山野に暗い隙間を探し始める様子を私たちは調べる。これら家探しのハチたちが、発見した巣の候補地をどのように評価し、自分の発見を仲間の探索バチに生き生きとしたダンスで宣伝し、一番いい場所を選ぶために活発に議論し、分蜂群全部を飛び立たせ新しい巣の場所（一般的には数キロ離れた木の空洞《うろ》）まで、その大群を案内するかを見る。

私がミツバチの分蜂における民主主義について書こうとした動機は、二つある。一つは、生物学者と社会科学者のために、このテーマに関する研究を簡潔にまとめたものを発表したかったからだ。これはドイツのマルティン・リンダウアーの研究に始まり、過去六〇年にわたり行なわれてきた。これまで、このテーマについての情報は、さまざまな科学雑誌に掲載された何十本もの論文に分散しており、一つひとつの発見が、それぞれどうつながっているのか、わかりにくかった。どのようにミツバチが直接的、合意形成的な集合から民主的決定を行なうかという話は、社会性動物の集団意思決定方法に関心を持つ行動生物学者には、間違いなく重要なものだ。これが、意思決定の神経的基盤を研究する神経科学者にとっても有意義であることを私は願っている。ミツバチの分蜂群と類人猿の脳には、意思決定をするための情報処理方法に興味深い類似があるからだ。さらに、家探しのハチの話が、社会科学者がヒト集団による意思決定の信頼性を高める方法を探すのに役立って欲しいと思う。この点について私たちがミツバチから学ぶことができる大切な教訓が一つある。それは、共通の利害を持つ仲のいい個体からなる集団であっても、論争は意思決定プロセスの有益な要素となりうることだ。つまり、難しい問題の最適な解決方法を見つけだすために、ものごとを念入りに議論し尽くすことは、たいてい集団の利益になるのだ。

本書を書いた二つ目の動機は、私がミツバチの分蜂を調査する中で経験した喜びを、養蜂家や一般読者と分かち合うためだ。何日も何週間にも（当然ながら）およぶ、実りなく時にはくじけそうな作業の合間に、純粋な発見の喜びが散りばめられているのは、この小さく愛らしい生き物のおかげだ。ミツバチ研究の楽しさとやりがいを伝えるために、私はいくつもの個人的なできごと、推測、科学研究についての考えなどを書いていくつもりでいる。

ここに記した研究は、故マルティン・リンダウアー教授（一九一八～二〇〇八）が一九五〇年代に行なった家探しのハチの調査で生み出した、確固たる知識の基礎の上に成り立っている。その先駆的な調査によってミツバチ社会という不思議な世界の探求に私を駆り立てた、友であり師であるマルティン・リンダウアー先生に本書を捧げる。

トーマス・シーリー
ニューヨーク州イサカにて

ミツバチの会議　目次

第一章　ミツバチ　入門編

詩人さん、蜜蜂のところへ行って、
そのやり口を研究して、利口になり給え。

――ジョージ・バーナード・ショー『人と超人』一九〇三年（市川又彦訳　岩波文庫）

ミツバチは甘さと灯り――蜂蜜と蜜蠟――を作る。そのため、人類がこの小さな生き物を太古から重んじてきたことに、何の不思議もない。甘いものとまばゆい灯りがありふれたものとなった現在もなお、私たち人類はこの働き者の昆虫を、特に職業養蜂家と共に暮らし、花粉媒介という農業にとって重要な役割を果たしてくれる二〇〇〇億匹ほどのミツバチを、大切にしている。北アメリカでは、五〇種ほどの果実と野菜（それらが構成するのは、私たちの日々の食事の中でも特に栄養価の高い部分だ）の花粉を、主に管理されたミツバチが媒介している。だがミツバチはもう一つすばらしい贈り物、胃袋よりも頭脳の糧となるものを私たちに与えてくれる。混み合った巣の内部には、構成員が共通の目標のためにうまく協力しているコミュニティの手本があるのだ。この六本足の美しい生き物は、スムーズに機能する集団、特に民主的な意思決定の力を存分に利用できる集団の作り方を教えてくれる。

私たちの手本となるのは、数あるミツバチの一種のセイヨウミツバチ *Apis mellifera*、地球上で一番よく知られている昆虫だ。本来は西アジア、中東、アフリカ、ヨーロッパ原産だが、この昆虫を高く評価する人間が普及に努めた結果、今では全世界の温帯および熱帯地域で広く見られる。このハチは見事な社会性を持つ。その見事さは、黄金色の巣板でできたミツバチの巣、きわめて薄い蜜蠟で形作られた六角形の小部屋が美しく並んでいる様子からわかる。さらにそれは、数万匹の働きバチが、「情けは人のためならず」の精神にもとづいて、コロニーの共通利益のために協力する調和の取れた社会からも見て取れる。本書では、コロニーが巣の場所を選択する際に、完璧に近い精密さを発揮できる理由を調べることで、ミツバチ社会の見事さを鮮明に、そして詳細に見ていくことになる。

適切な住処《すみか》の選択はミツバチコロニーにとって死活問題だ。コロニーがまずい選択をして、冬を越すための蜂蜜を蓄えるのに小さすぎたり、寒風や腹を空かせた捕食動物からしっかり守られない巣穴に入ってしまえば、それは死を意味する。適度な広さと快適さを備えた巣の場所を選ぶことが、きわめて重要であることを考えれば、コロニーの住居を決めるのは単独行動する少数のミツバチではなく、集団で行動する数百のミツバチであることも意外ではない。この大規模な捜索委員会が、どのようにしてほぼ常に正しい選択をするかを突き止めるのが本書のテーマである。どのような手段を使って、こうした家探しのハチが候補地を求めて近隣を探しまわり、自分の発見を報告し、それらについて率直に議論し、最終的にどれをコロニーの新居とするかの合意に至るのかを私たちは明らかにしていく。ひと言で言えば、私たちはミツバチの民主主義の精巧な働きを調べるのだ。

ミツバチコロニー内部の運営について、広く信じられている誤解が一つある。まず手始めにそれを解いておかなければならない。それは、コロニーが慈愛に満ちた独裁者である女王陛下に統治されているというものだ。コロニーの一体性は、働きバチに何々をせよと命令する全知の女王（あるいは王）に由来するという考えは、何世紀も昔、アリストテレスにまでさかのぼり、近代まで根強く続いていた。だがこれは誤りなのだ。

コロニーの女王がすべての活動の中心に位置するというのは本当だ。ミツバチコロニーは母である女王と、その数千の子で構成される大家族だからだ。また、母である女王の何千という忠実な娘たち（働きバチ）は、究極的には、女王の生存と生殖を助けるために全力を尽くすのも本当だ。だからといって、コロニーの女王は王として決定を下す存在ではない。正しくは王として産卵する存在なのだ。夏になると、女王はコロニーの労働力を維持するため、毎日一五〇〇個ほどの卵を淡々と産み続ける。女王は刻々と変わるコロニーの労働必要量——例えばもっと造巣バチを多く、採餌バチをもっと少なくというようなこと——など気にも留めない。それはコロニーの働きバチがみずから調節するのだ。唯一知られている女王の統治行為は、新たな女王の育成を抑えることだ。女王はこれを「女王物質」と呼ばれる腺分泌物で遂行する。女王に接触した働きバチはこの物質を触角で受け、巣のすみずみまで拡散する。こうすることで働きバチは、母女王は健在だから新女王を育てる必要はないという伝言を広めるのだ。だから母女王は働きバチの上司ではない。それどころか、コロニーにいる数千数万の働きバチを監督する中央集権的な全知の計画立案者はいないのだ。巣の業務は働きバチ自身によって集団的に運営されており、おのおのの個体が抜かりなく見回って仕事を探し、自分の裁量でコミュニティのために働く。一緒に住み、共通の環境と、労働力が緊急に必要なことを知らせ合う信号のレパートリー（例えば甘い蜜があふれる花の方向を採餌バチに教えるダンス）のネットワークで結ばれた働きバチは、指図されなくてもうらやましいほどの協調を実現できるのだ。

集団的知能

巣の中にいるミツバチの群れは、ちょうど体にある多数の細胞のように、誰の指図も受けることなく機能ユニットを形成し、協力し合う。その能力は個々のハチの能力をはるかに超える。そのもっともすばらしい実例と私が思うものを、この本は重点的に扱っている。具体的に言うと、ミツバチの分蜂群が巣を選択する際に、どのようにして集団的知能を形成するのかを調べるのだ。第二章で述べるように、ミツバチの家探しプロセスは晩春から初夏にかけて見られる。この時期、巣穴（巣箱や木の空洞）のコロニーは過密になり、分蜂が起きる。分蜂が起きると、働きバチの約三分の一が元の巣に留まって新女王を育て、母群を維持する。あとの三分の二の働きバチ――一万匹ほどの集団――は娘コロニーを作るために古い女王を連れて飛び出していく。分蜂群はわずか三〇メートルほど移動して、あごひげのように垂れ下がった蜂球を作る。このとき、ハチは文字通り互いの体にぶら下がって、数時間から数日を過ごす（口絵1）。野営地が決まると、分蜂群は数百匹の家探しバチを派遣して、周囲七〇平方キロメートルから巣の候補地を探す。十数カ所以上の使えそうな場所を特定すると、それぞれをミツバチの理想の家を定義するいくつもの基準にもとづいて評価し、新居としてもっとも人気のあるものを民主的に選ぶ。ミツバチの集団的判断はほとんど常に、十分な広さがありしっかりと保護された空間という条件にもっともあてはまるものを選ぶ。選択プロセスが完了すると、すぐ分蜂群は一団となって飛び立ち、まっすぐに新居へと向かう。それはたいてい、数キロ離れた居心地のよい木の空洞《うろ》だ。

ミツバチの家探しという魅力的な話から、興味深い二つの謎が浮かんでくる。第一に、小さな脳しか持たないミツバチが、木の枝からぶら下がりながら、このような複雑な判断を下せ、しかもそれがうまく行くのはなぜか？　この第一の謎の答えは第三、四、五、六章で明らかにする。第二に、一万匹ものハチが一斉に空を飛ぶとき、新居までの道中どうやって舵を取り、群れがばらばらにならずにいられるのだろうか？　目的地は普通、遠い森の片隅の目立たない木に開いた小さな節穴だというのに。この第二の謎の答えは第七、八章で明らかにする。

ミツバチの分蜂群の中にいる合計一・五キログラムのハチは、個体一匹ずつが持つ情報と知能は限られていても、あたかも人間の脳内における一・五キロのニューロンのように集団知を発揮し、群れ全体として優れた集団的判断を下す。このような分蜂群と脳の類似は、表面的なものに思われるかもしれないが、実体があるものなのだ。過去二〇年、私が他の社会生物学者と共に、昆虫社会による意思決定の行動メカニズムを分析しているとき、神経生物学者たちは、類人猿の脳における意思決定の神経基盤を調べていた。この二つの無関係な研究から浮かび上がってくるイメージは、不思議とよく似ていることがわかった。例えば、サルの脳での眼球運動の決定に伴う個々のニューロン活動の研究と、ミツバチ分蜂群での巣作り場所決定に伴うハチ個体の活動の研究は、意思決定プロセスが本質的に、支持を集めるための選択肢同士の競争（例えばニューロンの発射とミツバチの訪問）であり、選ばれた選択肢は支持の集積が、最初に臨界閾値《いきち》を超えたものであることを示している。このような一致は、集団内のもっとも頭の切れるメンバーよりもはるかに賢い集団を組織するための一般原則があることを暗示する。この原則については、分蜂群と霊長類の脳の意思決定メカニズムを比較した第九章と、ミツバチに学んだ、集団を聡明な意思決定機関として組織する方法を復習する第一〇章で検討する。

ヒトによる集団意思決定は、小規模（例えば友人や同僚間での合意）であれ中規模（民主的なタウンミーティングでの選択）であれ大規模なもの（国政選挙や国際的協定）であれ、広く行なわれていて、かつ重要なものだ。ヒトが、もっとも効率のよい集団意思決定の方法について数千年来、少なくともプラトンの『国家』（紀元前三六〇年）から、そして間違いなくもっと以前から頭を悩ませてきたことは不思議ではない。それでも社会的選択の改善には、多くの疑問が未解決のまま残っている。第一〇章では、ヒト集団がよりよい意思決定のために自らを組織する方法について、私はいくつかの提言を行なった。これはミツバチから学んだものなので、私は「分蜂群の知恵」と呼んでいる。アメリカの随筆家、ヘンリー・デイビッド・ソローは、群衆の知恵に疑念を抱き、このように書いている。「大衆は、もっとも優れた成員の水準に届くことが決してないばかりか、反対にもっとも低い程度まで落ちてしまう」。ドイツの哲学者フリードリッヒ・ニーチェは集団的知能についてさらに悲観的に述べる。「狂気は個人にはまれだが……集団においては……常態である」。なるほど、集団が拙劣な判断を下した例は、株式市場のバブルやビル火災での致命的なパニックやら、いくらでもある。しかし、ミツバチの分蜂群が優れた判断をしているという事実は、集団的ＩＱ（知能指数）を高める方法が現実にあることを示している。

ミツバチのダンス

この本に書かれた科学的な物語は、約七〇年前のドイツに始まる。一九四四年の夏、ミュンヘン大学の著名な動物学教授、カール・フォン・フリッシュは、のちにノーベル賞を受賞することになる革命的な発見を成し遂げた。それはある種の昆虫、つまりミツバチの働きバチが、巣の仲間にダンス行動で豊富な蜜源の方向と距離を教えることができるというものだった。フォン・フリッシュは三〇年近く前からすでに、単独の採餌バチは豊富な蜜源を見つけると喜び勇んで巣に帰り、印象的な「尻振りダンス」をすることを知っていた。この目立つ行動の中で、ダンスするハチは体を左右に揺すりながら、巣の垂直面をまっすぐに歩く。それから「尻振り走行」をやめ、左または右へ半円を描く「戻り走行」で開始点に戻る。そこからまた尻振り走行を行ない、また戻り走行で戻るという具合だ（図1．1）。つまり一回の尻振りダンスは、一連のダンス周回から成り、一回のダンス周回には尻振り走行と戻り走行が含まれる。フォン・フリッシュは、ミツバチがダンスを続ける時間は数秒から時に数分間におよび、その間中、手の空いた採餌バチがあとについていることも知っていた。フォン・フリッシュ自身の言葉を借りれば、「その動きに逐一ついていき、それはまるでダンスするハチが、その激しい回転運動の間、延々と彗星の尾のようにハチを連れ歩いているかに見える」。さらに、ダンスのあとを追うハチは、ダンスバチが何周かする間中後ろを歩いてから、巣を一目散に飛び出して、ダンスバチが教えたすばらしい蜜源を探しに行くことも、フォン・フリッシュはちゃんと知っていた。もっとも、ダンス追従バチはダンスバチから、訪れた花の香りを（触角をダンスバチに近づけて体についた花の匂いをかぐことで）教わるだけで、新たに刺激を受けたハチは巣を離れると、記憶した香りを持つ花が見つかるまで捜索範囲を拡大しながら飛ぶのだと、一九四四年までフォン・フリッシュは考えていた。彼の一九四四年の発見は、信じがたいものだった。ダンス追従バチは、巣の周り中から同じ匂いの花を探しているのではない。ダンスバチが採蜜した場所の近所でだけ探すのだ。それが巣から遠く離れた湖畔を通る木陰の道沿いのような場所であっても。間違いなく、あとから来たハチは先に見つけたハチから、蜜源の匂いだけでなくその位置の情報も受け取っている。この位置の情報は巣の内部で、ミツバチのダンスによって伝えられるのだろうか？

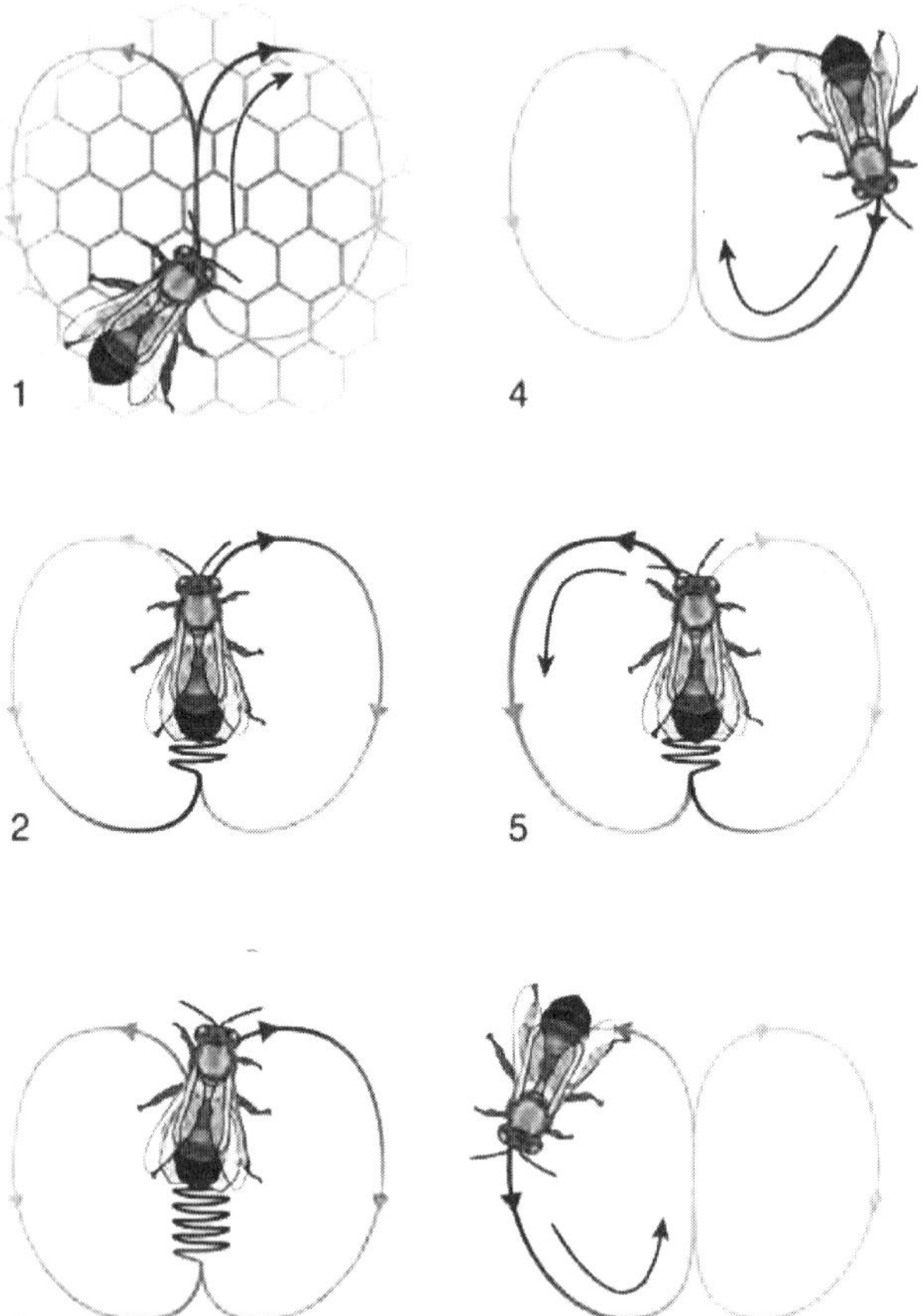

図 1. 1　尻振りダンスを行なう働きバチの行動パターン。コロニーが入っている巣箱の中にある、巣板の垂直面で行なわれる。このハチは尻振りダンスを 2 周回行なっている。

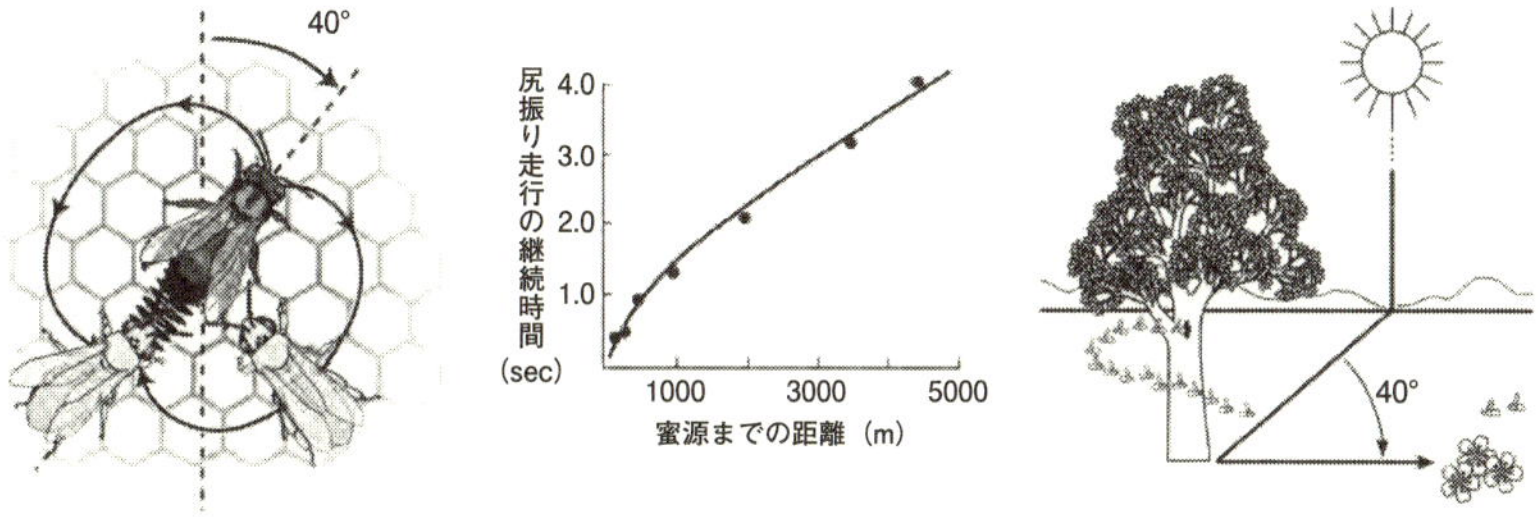

図1．2　ダンスバチによる豊富な蜜源の距離と方角に関する情報を暗号化する方法。距離の暗号化：尻振り走行1回の継続時間が目標までの飛行時間に比例する。方角の暗号化：巣の外でハチは太陽の方角と目標までの飛行経路の角度を記憶し、巣の中で巣板の垂直方向に対して同じ角度に向かって尻振り走行をする。2匹のダンス追従バチがダンスバチの情報を受け取っている。

その通りであることが明らかになった。一九四五年の夏、第二次世界大戦の終結に伴いヨーロッパが混迷する中、フォン・フリッシュはミツバチのダンスの研究に戻って、その動きをそれまで以上に詳しく観察し、謎の解明に役立ちそうな手がかりを調べた。そして発見したのは、暗い巣の中でハチが尻振り走行を行なうとき、先ほどの明るい屋外での飛行を縮小して再現しており、それによって今しがた行って来た豊富な蜜源の位置を示しているということだった（図1．2）。蜜源の位置に関する情報の暗号化は以下のように機能する。尻振り走行の時間（ダンスバチは体を振りながら羽でブーンと音を立てるため、暗闇の中でもわかりやすい）は餌場までの距離に比例している。尻振りと羽音の一秒は平均して一〇〇〇メートルの飛行を表わす。また巣の垂直面の真上に対する尻振り走行の角度は、太陽の方角に対する往路の角度を表わす。したがって、例えば蜜を見つけた外勤バチが尻振り走行をしながら真上に歩いたら、それは「餌場は太陽の方角にある」と言っているのだ。尻振りをしながら垂直方向から右へ四〇度を向いたら、図1．2に示すように「餌場は太陽の方向から四〇度右方向にある」と言っている。もっとも驚かされるのは、尻振り走行を見ながらあとを追ったハチが、ダンスの意味を解読し、飛行指示を実行に移せることだ。

フォン・フリッシュは尻振りダンスの隠れたメッセージを解読するかたわら、マルティン・リンダウアーという若い大学院生を指導していた。リンダウアーはやがて、ミツバチコロニー内部の仕組みを明らかにし、フォン・フリッシュのもっとも才能に恵まれた弟子となった（図1.3）。リンダウアーは、分蜂群が巣を選ぶときに行なわれるミツバチの民主主義を研究した草分けとして、本書の特に重要な登場人物である。

リンダウアーはバイエルンアルプス麓の丘陵地帯にある小さな村の貧しい農家に、一五人兄弟の下から二番目の子として生まれた。この土地で、父が飼うミツバチを含め、自然に親しみながら育ったリンダウアーだが、学業でも抜群の成績を収め、奨学金を受けてランツフートの有名全寮制学校に進学した。一九三九年四月、高校を卒業した八日後、リンダウアーはヒトラーの労働奉仕団に徴用されて塹壕掘りに従事し、六カ月後には陸軍に移されて対戦車部隊に配属された。一九四二年七月、ロシア戦線での激戦のさなか、リンダウアーは炸裂した手榴弾の破片で深い傷を負った。これが彼を救うことになった。リンダウアーは前線勤務から外されたが、同じ中隊の一五六人はスターリングラード戦に向かった。生還したのは三人だけだった。

ミュンヘンでの療養中、リンダウアーは主治医から、大学へ行って著名なカール・フォン・フリッシュ教授による一般動物学の講義を受けることを勧められる。のちにリンダウアーは、大学でフォン・フリッシュが細胞分裂について講義するのを見たとき、人が破壊ではなく創造する「新たな人間世界」に戻ったと述懐している。リンダウアーは生物学を学ぶことにした。そして一九四三年に重傷兵として陸軍を除隊すると、ミュンヘンの大学で勉強を始めた。最終的に、リンダウアーはフォン・フリッシュの

図1．3　カール・フォン・フリッシュ（中央の年輩の男性）、マルティン・リンダウアー（一番左の若い男性）と学生たちが、ミツバチを使った実験の準備をしているところ。1952 年頃。

指導の下、一九四五年春にミツバチについての博士課程研究を始めた。

土まみれのダンサー

リンダウアーは、たまたま見たちょっとしたこと、何らかの通常と違う興味深いできごとや、思いがけない奇妙な行動などに気づくという才能を持っており、これがやがてものを言うようになる。この特別な才能のおかげで、リンダウアーはミツバチの家探しの研究に乗り出すことになった。リンダウアーはのちに、このときのことを自分の科学的研究の中で「一番すばらしい経験」だったと述べている。

すべては一九四九年の春の午後に始まった。リンダウアーは動物学研究所の外に置かれているミツバチの巣箱の前を通りかかり、金色のミツバチの集まり、つまり分蜂群が灌木から垂れ下がっているのを見つけた。調べようと立ち止まると、数匹のハチが分蜂群の上で尻振りダンスを行なっているのに気づいた。いつも通り目立つ活発な動きだったが、ダンスバチは普段の踊り場である蜜蠟でできた巣板の上を歩くのではなく、他のハチの背中を踏んで歩いていた。最初リンダウアーは、分蜂群のダンスバチは分蜂群に食物を運んできた採餌バチではないかと考えた。過去数年間に自分とフォン・フリッシュが研究したダンスバチは、すべて巣に食料を持ち帰る採餌バチだったからだ。しかしハチを見るときの持ち前の忍耐強さで、分蜂群のそばに留まりダンスバチを観察し続けるうちに、このハチが採餌バチではないらしいことが少しずつわかってきた。花粉集めの採餌バチとは違って花粉だんごを持っていることは決してなく、また蜜集めの採餌バチのように蜜のしずくを隣のハチに口移ししたりもしない。他にも奇妙なことが見られた。ダンスバチの多くが土や埃にまみれて分蜂群に戻ってくるのだ。この薄汚れたハチをピンセットで何匹か群れから取り出して、小さな絵筆を使って埃を払い落とし、落ちた粉末を顕微鏡で調べると、花粉は見つからず、あるのはさまざまな種類の土の粒子ばかりだった。「煤で黒いもの、レンガの粉で赤いもの、小麦粉で白いもの、灰色がかった埃は地面の穴から掘り出したもののようだ」とリンダウアーは報告している。煤で黒くなったミツバチは、煙突掃除人を思わせる匂いがした。

これら埃と土にまみれたダンスバチは明らかに採餌バチではないと、リンダウアーは結論した。このハチたちは造巣場所の探索バチで、空襲にあったミュンヘンの瓦礫の中から、使われなくなった煙突、崩れたレンガ塀の穴、放棄された屋根裏部屋に残された粉箱など巣穴の候補地を見つけ、尻振りダンスで自分の発見したものの位置を教えているのではないかとリンダウアーは考えた。もっと詳しく分蜂バチを観察してこの直感を確かめたかったが、一九四九年はドイツの経済はまだ疲弊しており、フォン・フリッシュの研究所ではミツバチが足りなかったので、フォン・フリッシュは研究所の養蜂係に、ミツバチが逃げないように、すべての分蜂群をすぐ巣箱に入れることを指示していた。これではハチの家探しのプロセスが中断されてしまい、リンダウアーの家探しプロセスの研究も当面は中止だ。しかしリンダウアーはダンスバチの研究のために、分蜂を妨げないようにねばり強く求めた。ふた夏が過ぎた一九五一年、フォン・フリッシュはリンダウアーに望み通り、ミュンヘン大学動物学研究所が持っている巣箱すべての分蜂群を研究する許可を与えた。

のちほど第三章と六章で、リンダウアーが一九五一年にまとめ始めたミツバチの民主的意思決定についての興味深い話を、詳しく見ることにする。とりあえず、分蜂群の上でダンスしているハチが造巣候補地の探索バチで、自分の見つけた候補地を発表しているのだという仮説を、リンダウアーがどのように検証したかだけを考察しよう。一九五一年の夏、リンダウアーは九つの分蜂群でダンスを調査した。

各分蜂群のそばに何時間も何日も辛抱強く座り続けて、リンダウアーはハチがダンスを始めたところで一匹ずつ塗料で点を打って目印を付け、最初のダンスが示す場所の方角と距離を記録した（分蜂バチは距離と方角の情報を、フォン・フリッシュが採餌バチで発見したのとまったく同様に、ダンスの中に暗号化していると、リンダウアーは当然のように推測していた）。こうして分蜂群の傍らで番をしていたリンダウアーは、驚くべき発見をした。ダンスバチが分蜂群の中に現われ始めたころは、十数カ所のまったくばらばらの場所を示している。ところが数時間から数日たつと、ある一カ所を示すハチが増え始める。最終的に、分蜂群が飛び立って新しい巣に向かう前の最後の一時間ほどは、群れの上でダンスするハチのすべてがただ一つの方角と距離を示す。分蜂群の上で踊っているハチが巣作り場所を探しており、自分の発見を宣伝するためにダンスをしているのだとすれば、最終的にミツバチが全員一致で示した場所と分蜂群の新しい巣の場所は一致するはずだ。この予測を検証するために、リンダウアーは新しい巣に飛んでいく分蜂群を追いかけてみた。空を飛ぶ群れの下を、ミュンヘンの大通りから路地まで全力で走ったのだ（図1．4）。リンダウアーは三度追跡に成功した！　そしていずれの事例も、ミツバチの最後のダンスが示した地点と新居の住所は一致していた。リンダウアーの土まみれのダンサーは、明らかに家探しをしていたのだ。

ミツバチに夢中の日々

一九五二年六月、リンダウアーがミュンヘンで二度目の分蜂観察に忙しかったころ、六五〇〇キロ離れたペンシルベニアの小さな町で私は生まれた。数年後、私の一家はニューヨーク州イサカへ引っ越し、以来基本的にここが私の故郷となる。イサカから数キロ東にあるエリス・ホローという田舎町で育った私は、家の周りの自然を独りで探検して過ごすことが多かった。丘の急斜面の薄暗い広葉樹林、緩やかに傾斜した明るい耕作放棄地、蛇行して谷底の広い沼地に注ぐカスカディラ・クリーク。私のお気に入りは、家から古い農家へと向かう未舗装路を一キロ半ほど行ったところにあった。アキノキリンソウの原っぱわきの日当たりがいい場所で、ある養蜂家の持ちものである木製のミツバチの巣箱を私は見つけ

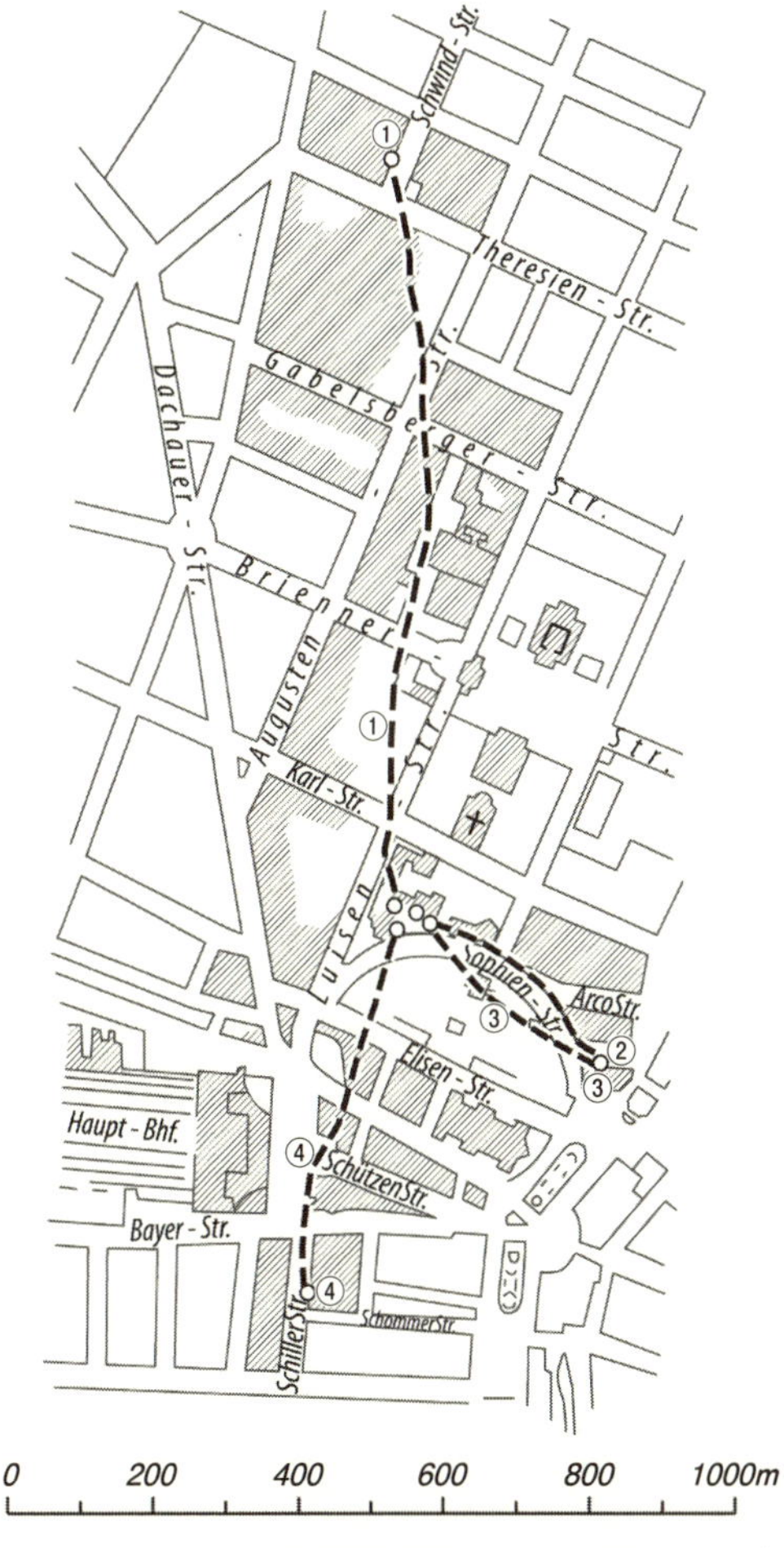

図 1．4　ミュンヘンの動物学研究所周辺の地図。リンダウアーが研究所の庭の野営地から新しい巣（分蜂群 1〜3）または途中の休憩場所（分蜂群 4）まで追跡することができた四つの分蜂群の飛行経路を示している。

た。私はこの巣箱に行くのが楽しみだった。そばに座ると、鮮やかな色の花粉をつけたミツバチが入り口に重そうに着地するのが見られた。羽根であおいで巣の換気をするぶーんという音が聞こえた。熟成中の蜂蜜の芳香が匂った。何千という昆虫が身を寄せあって仲良く一緒に暮らし、おいしい蜂蜜が詰まった精巧な蠟の巣を作っているのは奇跡のように不思議なことで、深く感動した。巣のわきの高い草のなかに寝ころんで見た、数千匹のミツバチがぶんぶんと羽音を立てながら、青い夏空を流星のように縦横に飛んでいるさまは、何より印象的だった。

私がミツバチの魅力にすっかりとりつかれたのは高校生になってから、仲間たちがもっぱらスポーツやオートバイや女の子に興味を持っていたころのことだが、それより前、小学校三年の授業で、学校に来た養蜂家の話を聞いて以来、私はミツバチに強い関心を抱いていた。中学時代に、ボーイスカウトの昆虫研究勲功バッジを受けたときは、本当にうれしかった。時々、シアーズの通販カタログで巣箱とミツバチを注文して、養蜂を始めるという空想にまでふけった。だが、本当に夢中になったのは一九六九年の夏の日のことだ。その日私は分蜂群が木の枝からぶら下がっているのを見つけた。そこで急いで板を釘で打ちつけて粗末な巣箱を作り、その中にハチをふるい落として、家に持ち帰った。ついに、この箱の中で生きている、小さな驚異のきらめきを、私は手に入れた。そっと箱を開ければ、それをつぶさに見ることができる。実際、学校から帰ると毎日何時間もそうしては、ミツバチ一匹一匹の複雑な行動と、大きなコミュニティの調和に心を奪われていた。

一九七〇年秋、私はダートマス大学に入学したが、ミツバチの研究が生業になるとはまだ思っておらず、医者になって養蜂は趣味にするつもりでいた。しかしミツバチの誘惑は強まる一方だった。私は大学のレポートのほとんどを、ミツバチと養蜂をテーマに書いた。ミツバチの化学的（フェロモン）言語の暗号解読をするために、化学を主要研究分野とした。それは当時、ようやく解読が始まったばかりだったのだ。毎年夏にはイサカに帰り、コーネル大学のダイス・ミツバチ研究所で働いた。研究所長のロジャー・A・モース（〝ドク〟）は私のミツバチへの熱意を理解し、大学院進学を考えてみるようにアドバイスをくれた。ダートマス大学での最後の二年、私は医学より昆虫学への関心が大きくなっていることを意識するようになっていた。そのため三カ所の医学部に出願し、合格していたにもかかわらず、ハーバード大大学院に受かって著名な昆虫社会学者エドワード・O・ウィルソン（その一九七一年の著書『昆虫の社会』に私は大きな感銘を受けていた）の下で研究ができることになると、私は興奮でぞくぞくした。

一九七四年秋にハーバードにやってきた私は、幸運に見舞われた。若く優秀で人間的魅力にあふれた、アリの行動の研究者バート・ヘルドブラーが仮指導教員として割り当てられたのだ。バートは少し前にドイツのフランクフルト大学から移ってきていた。自然に生きる動物の詳細な行動観察と、その行動の根本にあるメカニズムの鋭敏な実験的研究とを組み合わせた、カール・フォン・フリッシュ流の動物行動学研究アプローチの種をハーバード大学にまくため、正教授として雇用されたのだった。ドイツでは、バートはマルティン・リンダウアーの下で研究をしており、自身の初恋であるアリと同じくらいミツバチのことも知っていた。バートは私のミツバチ愛を応援してくれ、私たちはすぐに友達になった。

バート・ヘルドブラーにマルティン・リンダウアーとのつながりがあることは、私にとって大きかった。私は博士論文研究で、ミツバチコロニーが一種の超個体として、ひとかたまりで機能する仕組みについてのリンダウアーの研究を深めたいと思っていた。私は特に、ミツバチ分蜂群の意思決定プロセスをより詳しく分析したかった。ダートマス大学にいたころ、私はリンダウアーの小冊子『社会性ミツバチのコミュニケーション』を読み、特に「分蜂群でのダンスによるコミュニケーション」と題した第二章に強い興味を覚えた。この章で著者は、造巣場所の選択方法についての研究を簡潔にまとめていた。私は強く関心をかき立てられ、この研究に関するリンダウアーの報告書全文を突き止めた。それは「Schwarmbienen auf Wohnungssuche」(家を探す分蜂バチ)というタイトルの六二ページの論文で、すべてドイツ語で書かれていた。ここで一つだけ問題があった。私はドイツ語が読めなかったのだ。解決策としてダートマス大学のドイツ語初級講座を受講し、独英辞典を買い、リンダウアー論文のコピーを取って、この大論文を根気よく解読した(私は論文の余白に初出のドイツ語単語の意味を、一つひとつ鉛筆で書き込んだ。このびっしりと注釈がついたコピーは、三八年たった今も、私の論文コレクションの宝物だ)。この論文を熟読するうちに、分蜂群の集団意思決定プロセスについてリンダウアーが行なった草分け的な調査は、この課題の入り口しか明らかにしていないということがわかってきた。そして、すぐれた科学研究がすべてそうであるように、答えよりも多くの疑問を提示していることも。リンダウアーが研究を発表した一九五五年から二〇年近くの間、より深く調査を進めた者がいないことにも私は驚き、そして白状するがうれしくなった。私はそれを自分でやることに決め、博士論文研究を始めた(図1.5)。

新しい巣作りの場所という生死に関わる選択の際、ミツバチ分蜂群の働きバチは、どのように民主的意思決定プロセスを遂行するかについて、一九五〇年代にリンダウアーが、そして私自身や他の研究者が一九七〇年代以降に突き止めたことを生物学者と一般読者の前に示すのが、この本の狙いである。数百万年にわたって働く自然選択による進化の過程で、一つの集団的知能へとまとまるように、ミツバチの行動が形作られたことを本書は明らかにしている。またこのミツバチの物語は、共通の利害を持ち、

図1．5　分蜂群の巣作り場所選びの予備実験を行なう著者。1974年。

よりよい集団意思決定を望むヒト集団に有用なガイドラインを与えてくれる。とは言え、この本が主に目指すのは、ミツバチコロニーという外からはうかがい知れない世界の窓となることだ。世界を花と果実で満たすことへの貢献に加えて、社会的行動の美しさゆえに、この小さな生き物への評価が多少なりとも高められるなら、この本の目的は達せられたと言えるだろう。

第二章　ミツバチコロニーの生活

……ここはアマゾニアン、すなわち女の王国なれば。

——チャールズ・バトラー『女性君主』一六〇九年

セイヨウミツバチ（*Apis mellifera*）は、全世界に分布する二万種近いハナバチの一種で、その仲間は驚くほど多様だ。あるものは米粒より小さく、またあるものはティーカップに半分ほどもある。しかしそれらはすべて、約一億年前の白亜紀初期に生息していた一種類の草食性のハチを原型とする子孫なのだ。まだ巨大な恐竜がのし歩き、花の咲く植物は現われたばかりのころだ。現在でも、多くの種類のハナバチは、狩りバチと外見が非常によく似ている。しかし行動においてこの二つのグループはまったく別物だ。おなじみのアシナガバチやスズメバチのような狩りバチは、ほとんどすべて他の昆虫やクモを（たいてい針で刺して）殺し、産卵する雌や成長途中の幼虫にタンパク源として与える肉食昆虫だ。ところがハナバチは、先祖が持っていた捕食行動を捨ててしまい、タンパク質が豊富な花粉を花から集めるようになった。この花粉食の習慣から、ハナバチの多くが決まって毛がふさふさした、熊のぬいぐるみのような姿をしていることの説明がつく。身体が羽毛状の毛でびっしりと覆われていると、花の中をかき分けたときに花粉粒を効率よく捕らえられるからだ。

ハナバチも狩りバチも定期的に花を訪れる。いずれのタイプも糖分を含んだ花蜜を吸ってエネルギー源にしているからだ。しかし花粉を好むハナバチと顕花植物の間には、両グループが現われてから数百万年以上かけて進化した、強い相互依存関係がある。現在では、この二つは互いのために存在している。ハチは花から十分な栄養をもらい、一方で多くの花は有性生殖をハチに頼っている。毛深い身体を持ち、タンパク源として花に執着するハナバチは、ある花のはじけた葯《やく》から花粉粒を集め、それを別の花のねばねばした柱頭に落とすという植物にとっての空飛ぶペニスの役割を果たす。花のある場所——庭、果樹園、花咲く道ばた、草原——にミツバチの巣箱を持ってくれば、花々の小さな友人たちによる「送迎」サービスが、近隣一帯で朝から晩まで大がかりに行なわれる。

ミツバチはハナバチの中でも独特である。ミツバチは群れ社会で生活し、養蜂家の巣箱に、あるいはあとで見るように適度な広さのある木の空洞《うろ》にぎっしりと大きな巣を作る。対照的にほとんどのハナバチ類は、単独で生活し、植物の茎や砂地に細いトンネルを掘って小さな巣を作る。このような単独性ハナバチの典型的な生活史は、交尾を済ませた雌が越冬場所から現われる晩春から初夏に始まる（雄は前年の秋に死に絶えてしまう）。それから二、三週間かけて、この母バチは、いくつもの部屋がある巣穴を掘り、一つひとつの部屋に花蜜で湿らせたべたべたした花粉だんごを用意し、それぞれの花粉だんごの上に白い卵を一個産みつけると、各部屋をふさいでしまう。生まれた子はその夏いっぱいかけてもりもり餌を食べ、成長する。子どもたちが成虫になって現われ、交尾し、冬支度をするころ、母バチはとうの昔に死んでいる。間違いなくほとんどのハナバチは単独性だ。

複合的生物

ミツバチ観察用巣箱のガラスの壁越しに見るか、普通の巣箱の蓋をそっと開けて中をのぞき込むと、単独性ハナバチとは正反対のものが見える。何千何万というハチが一緒に暮らしているのだ。そのほとんどすべては雌の働きバチであり、その全部が中枢に住む一匹の女王バチの娘たちだ。これら働きバチは、子の世話をする完璧な能力を持つが、卵巣の発達が不十分なので産卵することはまれである。続いて箱の中の巣板を注意深く調べると、やがて女王バチに行き当たる。女王は働きバチに似ているが、少し大きく、腹部と脚が長い。その大きな体は印象的だが、女王を一番目立たせているのは、巣板の上で見せる非常にゆっくりとした、威厳があるとも言える動き、そして娘である働きバチによる扱いだ。女王が進むと、前方の働きバチは退いて道をあける。女王が立ち止まれば、傍らにいる十数匹の働きバチがうやうやしく進み出て餌を与え、身づくろいをし、押し合いへし合いしながら女王をすっかり取り囲む随行団を作る。

働きバチとは対照的に、女王バチは驚くほど多くの卵を産む。コロニーの蜂児（訳註：卵、幼虫、蛹《さなぎ》の全段階を表わす用語）養育がピークとなる晩春から初夏には、一分に一個以上、一日に一五〇〇個を超える（合計すると自分の体重に近い）卵を巣房に産みつける。一つのコロニーの女王は、夏中かけて一五万個ほど、二年から三年生きるとすると、その間には約五〇万個の卵を産むことになる。

女王バチが産む真珠色の卵のほとんどは受精卵だが、中には未受精卵もある。生涯の最初の一週間に、女王はコロニーの巣から飛び立ち、同じ地域の別の巣から生まれた一〇匹から二〇匹の雄バチと交尾して、一生涯分のおよそ五〇〇万の精子を受け取る。女王は精子を仮死状態で、受精嚢と呼ばれる球形の器官にすべて蓄えておく。この器官は女王バチの腹部背面、巨大な卵巣の後ろにある。女王は産みつける卵の一つひとつについて、精子を分配して受精させるか、そうしないでおくかを決める。それにより子の性を決定するのだ。受精卵からは雌が生まれ、未受精卵からは雄が生まれる。受精卵が繁殖しない働きバチになるか、女王バチになって卵を産むかは、待遇によって決まる。普通の大きさの巣房に産みつけられた卵から孵化した幼虫は、普通の質の餌を働きバチから与えられ、成長して働きバチになる。しかし受精卵が、巣板の底から垂れ下がるように作られた王台という特別製の大きな部屋に産みつけられると、孵った幼虫は栄養価の高い分泌物（いわゆるローヤルゼリー）をふんだんに与えられ、女王へと成長する道を方向づけられる。ミツバチの受精卵の運命を定めるのは、餌なのだ。

女王が精子を与えない卵は全体の五パーセントに満たないが、この未受精卵は重要な役割を果たす。これらは女王の息子、コロニーの雄バチになるのだ（図2.1）。コロニーの中でもっともがっしりしたハチで、結婚飛行中の若い女王バチを探し出す大きな目と、最高時速三五キロで女王を追いかけるためのたくましい飛行筋を備えている。彼らはコロニーでもっとも怠惰なハチでもある。働きバチが巣の中の家事全般——巣房の掃除、幼虫への給餌、巣板作り、蜂蜜の熟成、巣の換気、門番など——を行なうのに、雄バチは巣にいるときは暇な時間をのらくらと過ごし、ときたま貯蔵してある蜜を自分で食べに行くか、姉妹である働きバチに食事をねだるだけだ。それでも彼らは、コロニーの繁栄に欠かせない重要な貢献をする。近隣のコロニーの若い女王バチと交尾して、遺伝子を未来の世代に渡すための絶え間ない進化競争に自分のコロニーが勝つための手助けをするからだ。そして、交尾相手を求めることにかけては、雄バチは怠け者どころではない。よく晴れた午後、およそ一二日で性的に成熟した雄バチは、相手を捜しに巣を飛び立つ。未だ謎に包まれた方法で、雄バチは巣から数キロ以内の、昔からミツバチ

図 2. 1　ミツバチ成虫の３つの型。

の交尾が行なわれている場所（「雄バチの集合地」）への道を見つけ、この空中の待ち合わせ場所を飛び回りながら若い女王の登場を待つ。女王バチが現われると、雄バチは羽音も高くあとを追う。首尾よく競争相手に競り勝って女王と接触することができれば、雄バチは高さ一〇〜二〇メートルの空中を飛びながら精子を注入する。接触できなければ巣に帰り、休息と栄養をとってまた運試しに出かける。

ミツバチコロニーを、何万もの個体、たった今述べたように女王バチ、働きバチ、雄バチからなる社会とするのも一つの考え方だ。しかし、ミツバチという種の特徴的な生態を理解するためには、少し違った視点で、つまり単に数万匹の個別のハチとしてだけではなく、統一体として機能する一つの生命体としてもコロニーを考えてみると、色々と都合がいい（図2．2）。言い方を変えれば、ミツバチコロニーを超個体として考えるといいということだ。人体が、多数の細胞からできていながら一つの統一された単位として機能するように、ミツバチコロニーの超個体は、多数のハチか

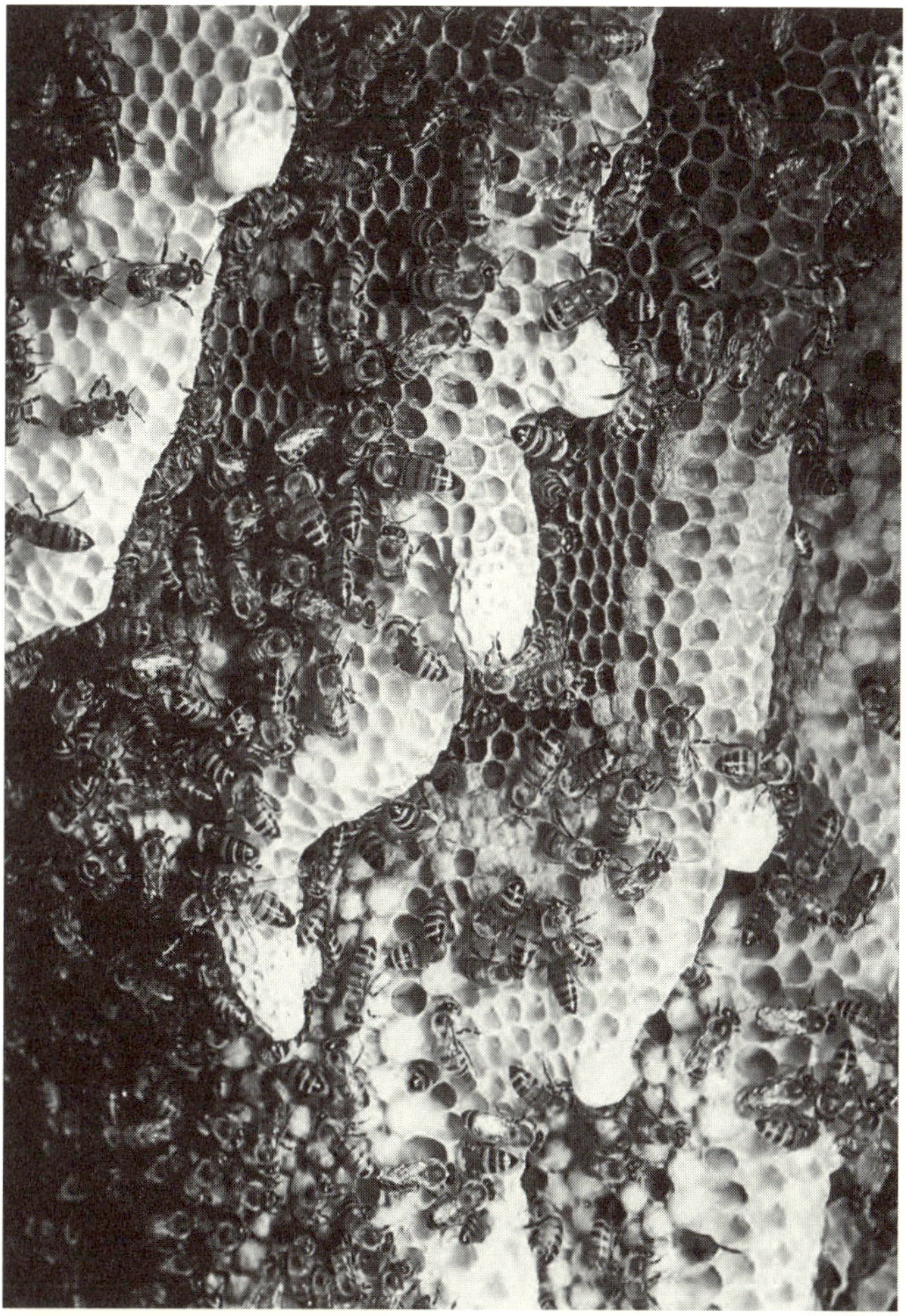

図2. 2　ミツバチコロニーは社会であり、超個体でもある。

らできていながら、一つのまとまった総体として働く。超個体としてのコロニーと社会としてのコロニー、いずれの見方にも説得力があるのは、進化が下位の統一された社会をより上位の単位へとまとめることによって、生物学的組織を作っていったことの表われだ。例えば、多細胞生物が発生する際に、構成要素が競争するのでなく協力するようなある種の細胞の社会に対して、自然選択は有利に働いた。少しずつ、密接な協力が選択されることで、完全に一体化した細胞社会が作り出された。それが現在、例えばヒトであったりヒトデであったりするものになったのだ。一方ある種の動物社会では、極端な協力が同様に選択され、超個体と呼ぶことのできる、完全に協調し円滑に運営される昆虫社会を生み出した。この中にはミツバチコロニーだけでなく、ハキリアリ、グンタイアリ、キノコを栽培するシロアリの巨大なコロニーなどもある。

したがってミツバチのコロニーは、単なる個体の集合にとどまらず、一体化した完全体として機能する複合的な存在なのだ。それどころかミツバチコロニーを、生命を維持するための基本的な生理学的プロセス（食物を摂取し消化する、栄養バランスを保つ、資源を循環させる、呼吸ガスを交換する、水分含有量を調節する、体温を調節する、環境を知覚する、行動を決定する、移動を実行する）をすべて行なっている、重さ五キロの一つの生命体と考えても間違いではない。例えば、体（コロニー）温調節を考えてみよう（図2．3）。冬の終わりから秋の初め、働きバチが蜂児を育てる時期には、周囲の気温がマイナス三〇℃〜プラス五〇℃まで変動しても、コロニーの内部温度は三四〜三六℃と、ヒトの深部体温よりわずかに低いくらいに保たれている。コロニーはこれを、安静時代謝によって発生する熱の発散率を調節することで行ない、極度に寒いときには、代謝を上げて熱生産を増やす。コロニーの代謝は巣に蓄えられた蜂蜜を燃料とする。ミツバチコロニーの高度な統合を示すものとして、以下のようなもの

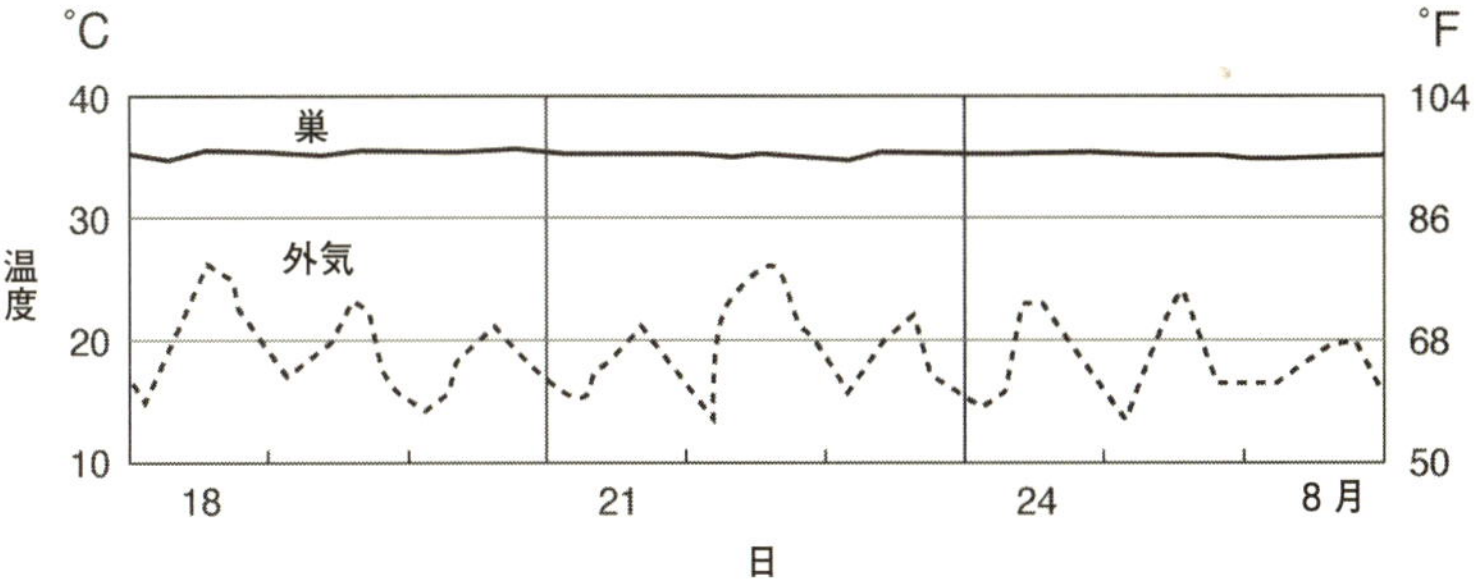

図2. 3　外気温と比較して、ミツバチの巣の内部温度は高く安定している。

もある。**コロニー呼吸**：呼吸によって生じるCO_2の濃度が一～二パーセントに達すると、換気をよくして巣内部にCO_2が蓄積するのを防ぐ。**コロニー循環**：熱生産を行なうハチを中央の蜂児圏に置き、周辺部の貯蜜巣板から運ばれる蜂蜜で適切にエネルギーを供給する。**コロニー発熱反応**：コロニー内の蜂児が危険な菌への感染に見舞われたとき、病気と闘うために巣の温度を上昇させる。だが、ミツバチコロニーの超個体的な性質がもっともよく表われるのは、新しい巣を選ぶ際に高い知能を持った意思決定集団として機能する、分蜂群の能力ではないかと、私は考える。

独特の年間サイクル

ミツバチ分蜂群が住居を選ぶにあたり選り好みが激しい理由を理解する鍵は、ミツバチの独特な年間サイクルにある。コロニーが快適で広い巣穴に住んでいるかどうかで、それがうまくいくかどうかが左右されるからだ。寒冷地に住む他の社会性昆虫とは違ってミツバチは冬眠をせず、自己発熱する巣の中でコロニーを完全に機能させながら冬を越す。この越冬方法を取るために、コロニーは冬になると密集して、だいたいバスケットボール大の断熱性の高い蜂球を作る。蜂球の表面温度は一〇℃以上に保たれる。これは働きバチが寒さで昏睡状態になる限界温度より数度高いため、一番外側のハチも生きていられる（図2．4）。熱は蜂球の内側で、ハチが二対の飛行筋（一対は羽根を上げるため、もう一対は下げるためのもの）を長さを変えないで収縮させて発生させる。こうするとほとんど、あるいはまったく羽ばたかずに大量の熱が産出できる。飛行筋は、ミツバチが持つ驚くほど高出力の熱生産手段である。ハチは、言うまでもなく、羽ばたくことで空を飛ぶ。これは動物の移動方法の中でも一番エネルギーを要するものだ。そのため昆虫の飛行筋は、もっとも代謝が活発な組織の一つとなっている。事実、飛んでいるミツバチは体重一キログラムあたり約五〇〇ワットの割合でエネルギーを消費する。一方オリンピックのボート選手の最大出力は、一キログラムあたり二〇ワットにすぎない。ただし、最大の強度で震えているハチは、常に蜂球の中のごく一部なので、越冬蜂球を作っている約二キログラムのハチの熱発生量は、一〇〇〇ワットではなく、約四〇ワットでしかない。小さな白熱電球一個分の熱生産量だ。熱を奪う風から守られた快適な巣穴の中では、この程度の発熱量でコロニーはまったく問題なく冬を越せる。風雨をしのぐ場所を見つけられず外に巣を作るコロニーが時々あるが、その悲惨な運命を見ると、保護された巣穴に住むことがいかに重要かがよくわかる（図2．5）。ほぼ確実に、そのようなコロニーは冬の到来と共に全滅する。

ミツバチコロニーは一年を通じて、花の力によって動いている。冬の間コロニーの熱生産の燃料となるのは、夏の間に巣に貯えた二〇キログラム以上の蜂蜜だからだ。もし巣箱を秤に載せ、一年間毎日重さを量り続けたら、冬の間はコロニーが蜂蜜を消費するにつれて重さが減り続け、夏にはコロニーが備蓄の補給に忙しく飛び回って、一時的に重量が増えることがわかるだろう（図2．6）。例えばニューヨーク州イサカで私が飼っているコロニーは、主に五月一五日から七月一五日の六〇日間で巣に蜜を補給

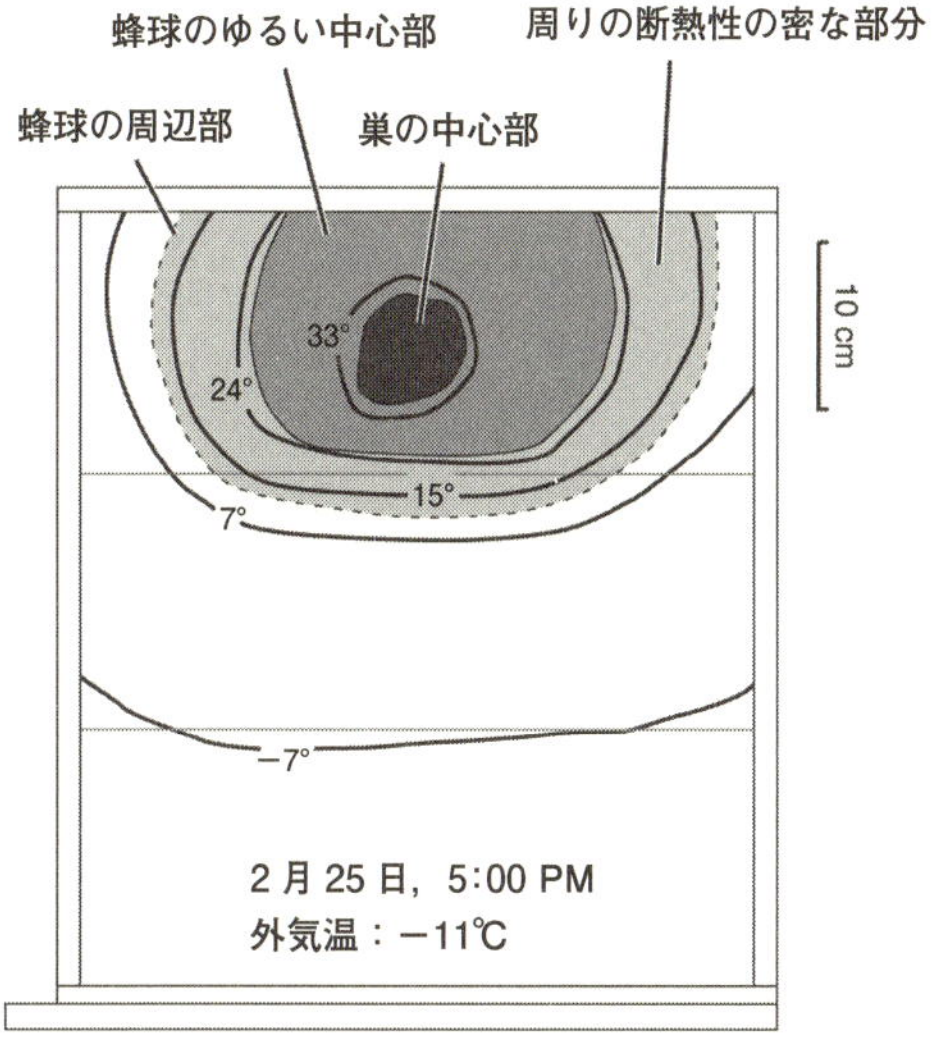

図2. 4　越冬蜂球の内部構造。

図2. 5　保護された巣穴に入れなかったコロニーの巣。

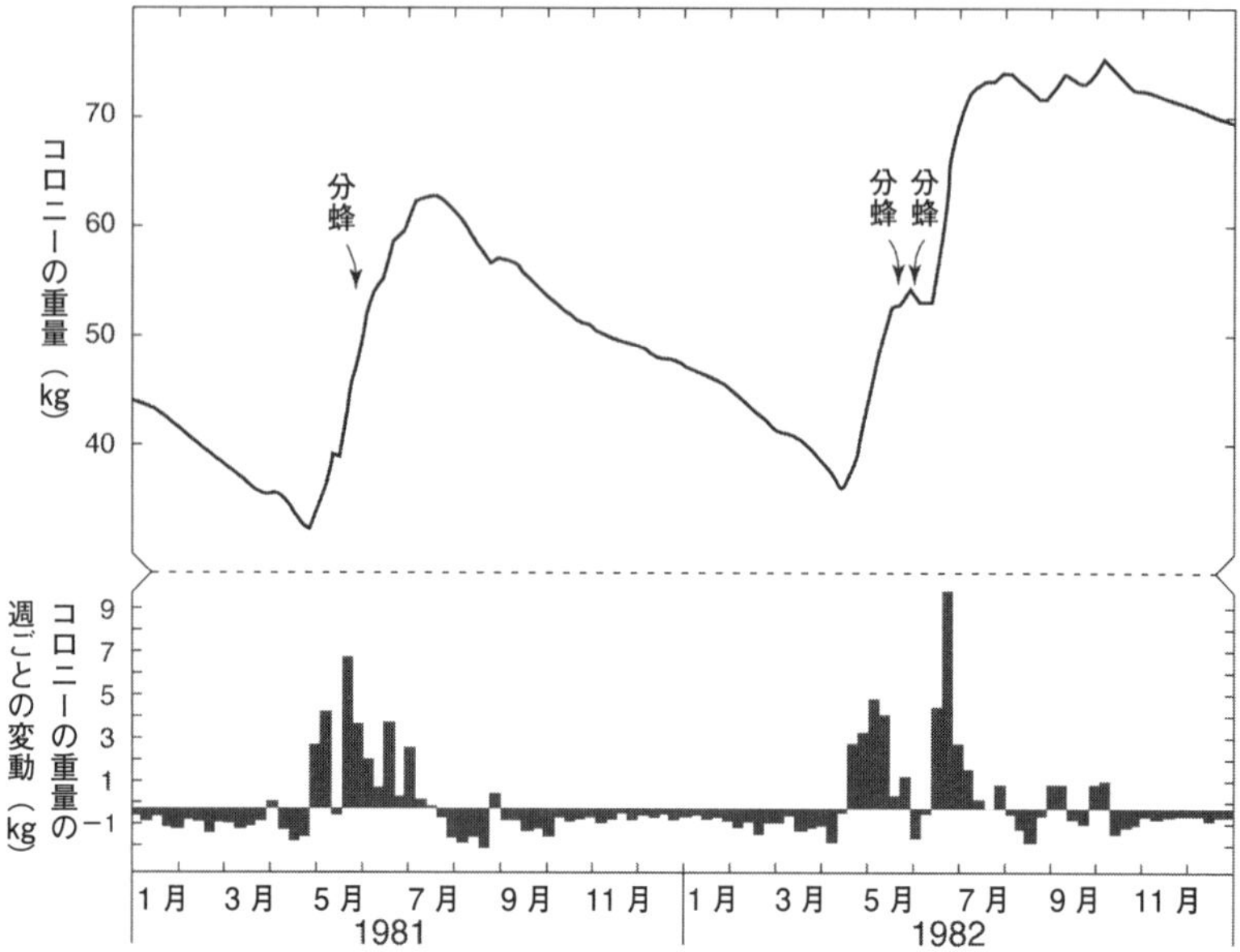

図 2. 6　ミツバチコロニーの重量（巣箱とハチと貯蔵された食料）の週ごとの変動。

する。ニセアカシア、シナノキ、ウルシの灌木、それにタンポポ、ラズベリー、トウワタ、クローバーなどの草花と、多量の蜜を作る植物が次から次へといっせいに花を開く時期だ。空気が暖かく、日射しが強く、花の蜜があふれる日には、台秤に載せてある我が家の巣箱は数キログラムも重くなる。増加分のほとんどが新しい蜂蜜だ。このような日が何日も続くことを、養蜂家は「流蜜期」と呼ぶ。

短い夏の間に冬場の暖房用燃料を十分に貯蔵できるかどうかは、ミツバチコロニーの前に立ちはだかる最大の問題の一つだ。蜂蜜は密度が高くエネルギー豊富な食物だが、二〇キログラムとなると一六リットルのバケツ満杯近く、スーパーマーケットでグレープゼリーの隣に並んでいるプラスチックのハニーベアー（訳註：熊の形をした容器入りの蜂蜜）なら五〇本分以上だ。こんなにかさばるカロリー源を貯えるのに、どれほどの労力と貯蔵スペースが必要なのだろうか？　労力については、集められたばかりの花蜜が（平均して）四〇パーセントの砂糖の溶液で、完全に熟成した蜂蜜がおよそ八〇パーセントの砂糖の溶液であること、また採餌バチが一度に巣に持ち帰る蜜の重さは通常四〇ミリグラム程度であることから、二〇キログラムの蜂蜜を作り出すのに十分な花蜜を集めるためには、コロニーの働きバチがのべ一〇〇万回以上蜜集めをする必要があるという計算になる。そして一回の採餌で飛ぶ距離と訪れる無数の花を考えてみれば、ミツバチが冬の間コロニーを維持するため、夏の間大変な労力を使っていることがわかる。

貯蔵スペースについては、一キログラムの蜂蜜を貯めるのに二五〇立方センチメートルの貯蜜巣板が必要であり、巣板二五〇立方センチメートルにつき〇・九リットルの巣穴のスペースが必要なこと（蜂蜜が詰まった巣板に隣接してハチの通路を収容するため）を考えると、二〇キログラムの蜂蜜を貯蔵するには、少なくとも一八リットルの巣穴が必要だという計算になる。したがって、コロニーが新しい巣穴を選ぶに当たって、これより容積が小さな木の空洞は却下しなければならないということがわかる。蜂蜜が詰まった追加の巣板と、さらに多くの蜂児を育成する巣板を収めるために、もう少し広い巣穴があればなお理想的だ。春になればコロニーは分蜂に備えて労働力を立て直すので、巣房の半分以上を蜂児が占めることもある。ちなみに養蜂家は、ミツバチの本能を利用して、巣を蜂蜜でいっぱいにさせるうまい方法を見つけている。天然のミツバチが必要とするよりもはるかに大きな巣作りのスペース——一六〇リットルほど——がある巣箱に収容することで、コロニーがきわめて大量の蜂蜜をため込むようにしむけるのだ。その量は時には巣箱一つでひと夏に一〇〇キログラムを超える。こうして、養蜂家の巣箱に住む働き者のミツバチのコロニーは、家主に蜜があふれそうな巣板を何十枚も提供するのだ。

ミツバチの年間サイクルは、越冬方法以外でも独特である。冬のさなかにコロニーがどのように労働力の立て直しを始めるかを見てみよう。冬至の少しあと、日は伸び始めたけれども雪がまだ野山を覆っているころ、ミツバチコロニーは越冬蜂球の中心温度を約三五℃に上げる。新しいハチを育てるのにもっとも適した温度だ。蜂球の中心が快適な保育器になると、それまでの寒い時期に蜂蜜を空にした巣房を利用して、女王は産卵を始める。産みつけられて約三日で、卵から幼虫が孵化し、成虫の働きバチから餌を受け取る。初め働きバチは、頭部にある腺から分泌されるタンパク質を含んだ食物を幼虫に与えるが、およそ三日後からは、蜂蜜と花粉を混ぜたものに切り替える。卵から孵化して約一〇日後、幼虫はほとんど巣房いっぱいに成長し、成虫へと変態するための繭を作り始める。成虫の働きバチは、デリケートな蛹の段階にある未熟なハチを守るため、巣房の上に蜜蠟の蓋をする。さらに一週間ほどで変態が完了すると、完全に成長した働きバチは巣房の蓋を食い破って巣房から姿を現わし、拡大するコロニーの労働力に加わる。コロニーが蜂児育成の大事業を開始する真冬には、成長途中のハチが入っている巣房は一〇〇ほどにすぎない。ところが春の初め、最初の花が咲くころには、一〇〇〇を超える巣房に成長途中のハチがおり、コロニーの拡大ペースは日に日に高まっていく。春の終わり、大部分の昆虫がやっと活動を始めるころには、ミツバチコロニーはすでに二万から三万の個体を擁して最大限に発達し、繁殖を始めている。

コロニーの繁殖

ミツバチコロニーの繁殖は奇妙で複雑だ。一つひとつのコロニーは雌雄同体、つまり雄と雌両方の生殖力を持っている。これは、個体が雄か雌のどちらかである私たち人間や大部分の動物とは決定的に違い、リンゴの木のような多くの植物にきわめてよく似ている。実際、ミツバチコロニーの繁殖方法を理解するために、ミツバチコロニーとリンゴの木の有性生殖の方法を比較することが役に立つと私は考えている。根本的な類似点は、コロニーと木のいずれの個体も雄と雌両方の繁殖体を作ることだ。雄の繁殖体は雄バチと花粉粒、雌の繁殖体は女王バチと卵細胞である。あるリンゴの木の花粉粒が別の木の卵細胞を受精させ、生長して新しい木になる胚芽を種子の中に作り出すように、あるミツバチコロニーの雄バチは別のコロニーの女王と交尾し、新たなコロニーのもととなる精子を貯えた女王を作り出す。このように木もコロニーも近親交配にともなう問題を避けるため、異系交配を必要とするのだ。

コロニーと木は、雄と雌とで生殖の仕方が違うことでも似ている。いずれも雄の側の生殖は単純明快だ。晩春から初夏にかけて、コロニーもリンゴの木も大量の雄の繁殖体――コロニーは数千の雄バチ、木は数百万の花粉粒――を作り出し、それが地域一帯に散らばって繁殖を行なう。一匹の雄バチ、一個の花粉粒が女王バチや卵細胞に到達する可能性は低いが、健康な個体（コロニーあるいは木）は雄の繁殖体の大群を送り出すので、小さな雄の遺伝子キャリアーを通じて生殖を成功させる確率は高くなる。

雌の側の生殖に目を向けると、ミツバチコロニーでもリンゴの木でも、もっと複雑なプロセスが見られる。いずれも受精した繁殖体（女王バチあるいは卵細胞）は、雄の繁殖体のように「裸」で送り出されることはなく、それを保護し働きを助けるための大きく複雑な散布媒体に包まれている。リンゴの木の卵細胞は、リンゴの実に包まれて親木から放たれる。卵細胞は、硬い種皮とおいしい果肉を形成する、多数の保護細胞に取り囲まれているわけだ。同じように、ミツバチコロニーの女王バチは、分蜂群に包まれて母群から放たれる。女王は生きたシェルターであり食料供給源である一万匹ほどの働きバチに取り囲まれている。一つの分蜂群あるいはリンゴの実は、雄バチ一匹や花粉粒一個にくらべ何千倍も大きく価値が高いので、コロニーなりリンゴの木なりが毎年生み出す雌の繁殖体が、通常四回未満の分蜂、多くても二、三百個のリンゴの実と比較的少数であることは不思議ではない。しかし、価値の高い雌の繁殖体はしっかりと守られ、生まれつきの素質にも恵まれて、新しいコロニーや木に成長する確率は高い。したがって数は少なくても、分蜂群やリンゴの実は、親の遺伝子を広める上で、雄バチや花粉粒と釣り合った効果を持つのだ。

分蜂

私の住むニューヨーク州北部で、私が飼っているコロニーは四月の末に雄バチを放ち始め、一週間から二週間後の五月初めに分蜂——その一つひとつは一匹の女王と数千の働きバチから成る——が始まる。

基本的に、コロニーの繁殖は冬が終わるとすぐに始まる。例年、分蜂の季節は暖かい日が二、三週間続いてカエデ、ネコヤナギ、ザゼンソウなどがいっせいに咲き乱れるころに始まる。この時期、コロニーは多量の食料を集め、女王はせっせと産卵し、働きバチは急速に増員されている。台秤に載せた巣箱の六カ月にわたる重量低下がようやく止まり、新鮮な花蜜と花粉で再び重さが増え始めるタイミングを見ることで、私はかなりの確率で最初の分蜂がいつ起きるかを予想できる（図2.6）。

分蜂は初夏に始まる。新しいコロニーは次の冬を越すために、やることがたくさんあるからだ。具体的には、分蜂群（新コロニー）は適切な巣穴を見つけだし、確保し、蜜蠟の巣を作り、新しい働きバチを育て、冬を過ごせるだけの貯えを用意しなければならない。早めに始めれば、コロニーは間違いなくこうした問題を乗り越えやすくなるだろう。それでも痛ましいことに、多くの新コロニーが十分な蜂蜜を貯えられず、初めての冬に餓死する。一九七〇年代半ばの三年間、私はイサカ周辺の木や家屋に住む数十の野生ミツバチコロニーの運命を追跡した。すると、次の春まで生き残る「新設」コロニー（分蜂群が新たに作ったコロニー）は二五パーセント未満であることが明らかになった。一方、「既存」コロニー（すでに少なくとも一年間居住しているもの）の約八〇パーセントは冬を越していた。これは明らかに、前年の夏に一から始める必要がなかったことによる。養蜂家たちは、分蜂群の前に立ちはだかる時間とエネルギーの不足を、かなり残酷な三行詩で描写している。「五月の分蜂は干し草の山、六月の分蜂は銀の匙、七月の分蜂は蠅にも劣る」。

五月であれ六月であれ七月であれ、コロニーが分蜂に備えて行なう最初の作業は、一〇匹以上の女王（すべて母女王の娘）を育てることだ。女王の育成は、王椀という小さなボウルを伏せたような形のものを蜜蠟で作るところから始まる。これは普通、蜂児を育てる巣板の下側に設けられる。これを土台にして、下を向いた大きなピーナッツ型の巣房（王台）が作られる。次に、女王バチが十数個の王椀に産卵し、働きバチは孵化した幼虫が確実に女王へと成長するように、ローヤルゼリーを与える。コロニーが女王を育て、分蜂プロセスの準備を始めるように刺激するものは何か、正確なところは今も謎のままだ。巣箱内部（成虫の過密、未成熟なハチの増加、食料貯蔵量の拡大）と外部（豊富な餌、春の到来）の何らかの条件が、分蜂のための女王育成と関係していることを、養蜂家は知っている。それでも今日なお、具体的にどのような刺激を働きバチが知覚し、まとめ上げて、分蜂プロセスの開始という重大な決定をするのかは誰にもわからないのだ。

新女王の成長はきわめて早く、卵が産みつけられてから、成虫になった女王バチが巣房から姿を現わすまで、一六日しかかからない。娘女王が成長する間、母女王には分蜂群とともに旅立ちに備えた変化が起きる。日に日に働きバチから与えられる餌の量が減るのだ。産卵数も減少し、成熟卵で膨れていた腹部は目に見えて小さくなる。さらに、働きバチは母女王に対して軽い敵意を見せるようになり、揺すぶったり、押したり、軽く嚙んだりする。働きバチが女王を揺するときには、女王を前肢で押さえ、自分の身体を一秒ほど激しく震わせ、一〇回から二〇回の激しい振動を女王に送る（図2.7）。このような手荒い扱いは、やがてほとんど絶え間なく（一〇秒に一回ほど）行なわれるようになり、女王は巣の中を歩き回らされる。これにより運動量が増え、同時に餌の量が減らされているため、女王の体重は二五パーセント減少する。こうすることで、普段飛ぶには大きく重すぎる母女王は、空を飛べる引き締まった体になるのだ。

娘女王が成長し、母女王が減量している間、働きバチも、母女王と数千の働きバチが分蜂群としていっせいに飛び立つのを目前に控え、準備を整えている。古巣を離れてもエネルギーを十分に得られるよ

図2．7　女王を揺さぶる働きバチ。矢印は背腹方向の振動を示す。

うに、働きバチは減量とは正反対のことをする。身体に蜂蜜を貯め込んで、腹部を目に見えて膨らませるのだ。ある研究で、分蜂の準備をしているコロニーの働きバチの胃を入念に解剖したところ、ほとんどのハチが一、二滴（三五～五五ミリグラム）の蜂蜜で胃を満たし、そのため体重は約五〇パーセント増加していることが明らかになった。したがって分蜂群が新しい造巣場所へと旅立つとき、その重量のおよそ三分の一は食料備蓄となる。分蜂を前にして調整を行なう働きバチの目に見える変化は、太ることだけではない。働きバチの腹部の四つの腹板にある蠟腺が肥大して、新しい巣穴で巣作りに必要となる蠟の大量分泌に備えるのだ。分蜂の準備中のコロニーから働きバチを抜き出して裏返してみると、白い鱗状の蜜蠟が、腹板の重なりの間から突き出しているのがわかる。

しかし分蜂直前の働きバチの変化でおそらくもっとも顕著なものは、無気力になることだろう。動作がのろくなった働きバチの多くは巣板の上にじっとぶら下がっているか、巣箱の入り口の外に厚い蜂球を作って休んでおり、養蜂家に分蜂が近いことを知らせる警報として役立っている。生物学者で漫画家のジェイ・ホスラーは、この奇妙な活動休止期間を「分蜂の前の静けさ」とうまく言い表している。しかし活発なハチも何十匹か残っており、山野のあらゆる方角に五キロ以上にわたって、新しい巣の候補地を求めて探索を始める。こうした積極的な個体、巣作り場所の探索バチこそがこの本の主人公であり、第四章でそれがどのようなものであるかを見ることにする。

造巣場所探索バチが分蜂の次のメインイベントを引き起こす、つまり母群の巣から分蜂群が爆発的に飛び立つ際に中心的な役割を果たしていることを、二〇〇七年の夏、私は突き止めた。研究パートナーは教え子の大学院生の一人ジュリアナ・ランゲル、聡明で陽気で勤勉な、優れた科学者だ。私たちは、探索バチが分蜂群の大移動を引き起こす能力に特に長けていることを知った。彼女らは特殊な役目を持っているため、巣の中と外の両方で過ごしている。外では新しい巣の候補地を探し、中では栄養を補給して休憩する。内部と外部両方の情報を持つハチだけが、分蜂群が出発する絶好のタイミングを知ることができるのだ。巣の中にいるとき、探索バチは、成長途中の女王がいつ蛹の状態になり、その巣房に蓋がされたかがわかる。外にいると晴れて暖かな、旅に絶好の時を知ることができる。分蜂のための条件が両方とも満たされると、探索バチは一気に行動を開始する。まず巣門のすぐ外の蜂球で、興奮した探索バチは冷静な姉妹の中を這い回り始める。数秒ごとに、探索バチはじっとしているハチのそばで立ち止まり、胸部を相手に押しつけ、飛行筋を震わせて二〇〇〜二五〇ヘルツ（サイクル毎秒）の振動を一秒間ほど発生させる。この信号を「働きバチの笛鳴らし（ワーカーパイピング）」と言う。これは（高調波のため）F1レーシングカーがフル加速したときのエンジンのような音を立て、活動していないハチに、分蜂群の出発に備えて飛行筋を震わせ、いつでも飛び立てる温度の三五℃まで温めておく時が来たことを知らせる。探索バチの笛鳴らしは、初めは断続的で弱いが、「さあ、準備運動だ！」というメッセージを発する探索バチが増えていくに従い、その後一時間ほどで徐々に一定して大きくなる。最後に、興奮した探索バチは、仲間が全員飛行準備を完了したことを――おそらく適度に温まったハチに触れ続けることで――感知すると、その時点から第二の覚醒信号、「ブンブン走行（バズラン）」を発し始める。このとき、非常に興奮した探索バチは巣の中を走り回り、曲がりくねった通路をたどりながら断続的にブンブンと羽音を立て、動きの鈍いハチの間に割り込みながら進む。今度は「さあ、出発だ！」というメッセージだ。

そしてハチたちは出発する！　ほとんどすべての働きバチが興奮し、走り回り、出入り口の開口部へと殺到すると、そこからどっと吐き出されて飛び立つ。このとき母女王も押し出され、養蜂家が「先発分蜂」と呼ぶものを形成する（図2．8）。この中には一万匹ほどのハチがいる。コロニーのハチの約三分の二だ。この分蜂バチは、飛びながら激しく渦を巻くように互いの周りをぐるぐる回り、直径およそ一〇～二〇メートルの雲を作る。女王はその中のどこかを飛んでいる。ハチたちは遠くには行かない。すぐに一部の働きバチが木の枝や似たようなものに止まり、女王がそこに加わる。それから一〇分から二〇分で、ハチの群れ全部が集結し、あごひげ状の塊を作る。働きバチは女王の匂いと、最初に止まったハチが発香器官（腹部末端近くにある）から発し、羽であおいで拡散させる誘引フェロモンの強いレモンのような匂いに引き寄せられる。その後の数時間から数日、分蜂群のハチの大部分はここで静かにぶら下がっている。一方で探索バチは新しい住処の候補地を探し、ふさわしい住居を選ぶために忙しく働く。探索バチは民主的な意思決定を済ませると、全分蜂群に飛び立つことを促し、新居へと案内する。

母巣には二、三〇〇〇匹の働きバチ、十数個の王台、数千の働きバチの蜂児、大量の食料が残されている。居残り組の働きバチには、現在女王がいないが、新女王の誕生まで何日もかからない。それを待っている間に新しい働きバチが現われるので、母群の働きバチの数は再び増える。多くの働きバチが羽化してきて、最初の処女王が蓋をされた王台から出現するまでに、コロニーの勢力が回復していることも少なくない。コロニーが勢力を取り戻している場合、働きバチは最初の処女王を残っている王台から

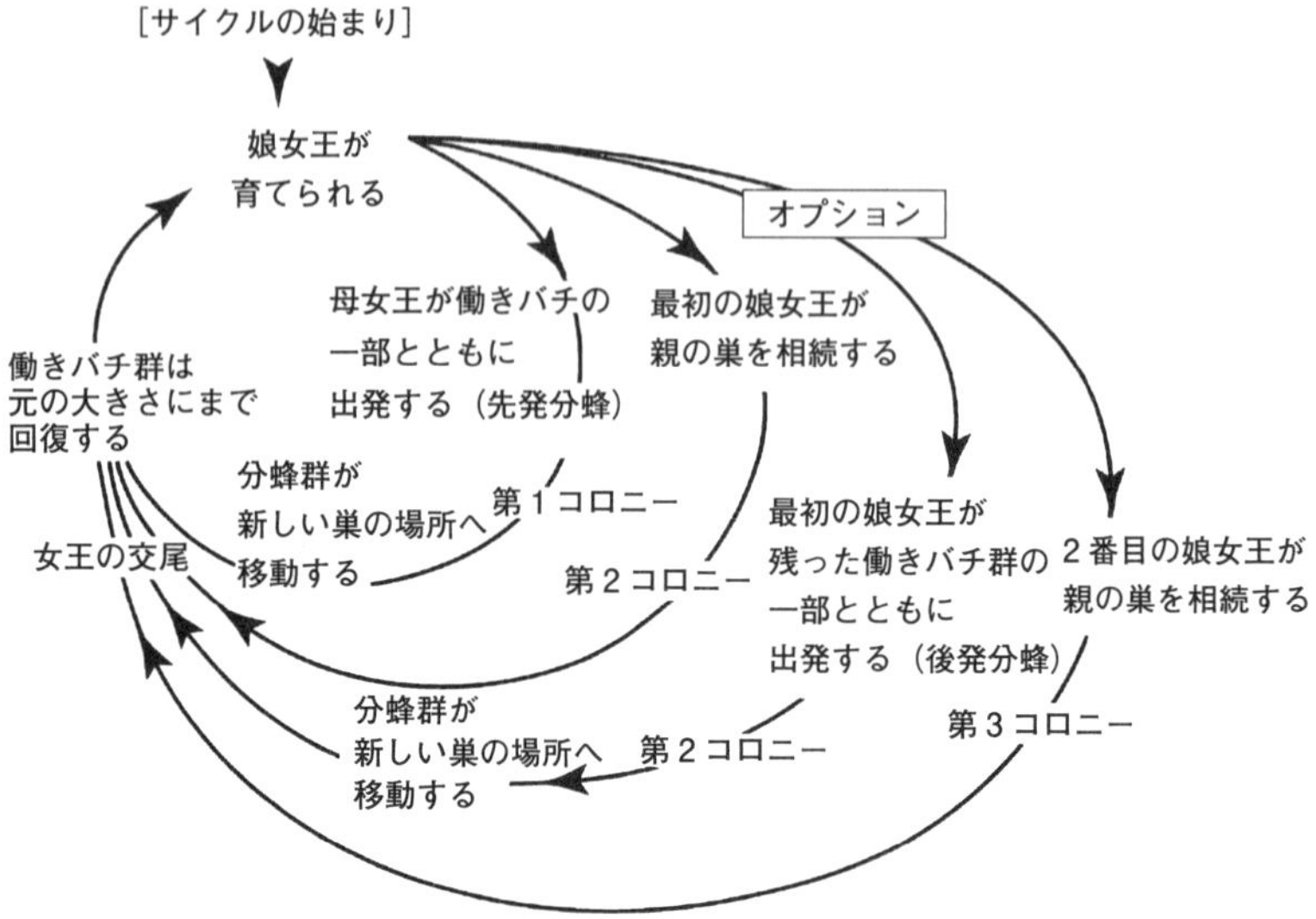

図2. 8　ミツバチコロニーの生活環における主な出来事。

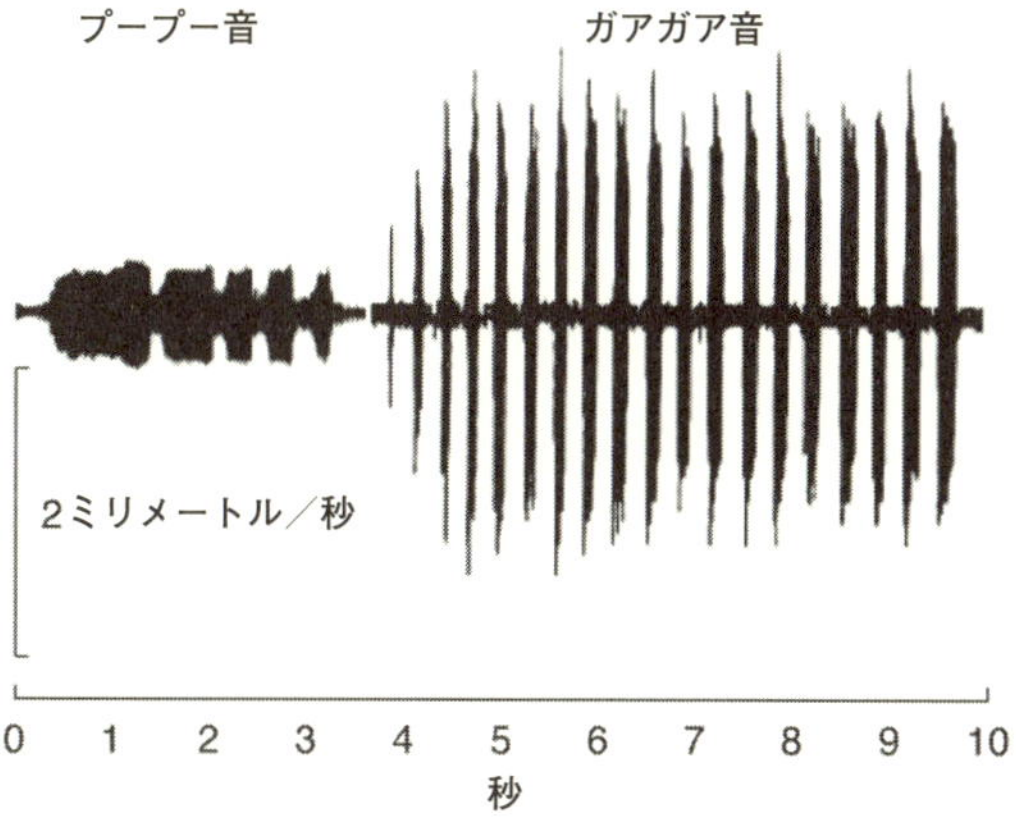

図2. 9　巣板の震動として捉えられた女王の笛鳴らし信号。処女王は巣板の上を歩き回ってプープー音を発し、それがまだ巣房に閉じこめられた他の処女王のガアガア音を誘発する。縦軸の単位（ミリメートル／秒）は音響エネルギーの大きさを示す。

追い払い、破壊されないようにする。また働きバチは、他の処女王たちが出られないように、王台の蓋から蠟と繭の繊維をかじりとらずにおく。閉じこめられた女王たちが、王台の小さな隙間から舌を差し出して要求するたびに、働きバチは餌を与える。同時に、最初の処女王は「プープー」という女王の笛鳴らし信号で自分の存在を知らせる。女王は働きバチと同じように胸部を他のものに押しつけ、飛行筋を動かして笛鳴らしをする。しかし女王の場合、他のハチではなく巣板に身体を押しつける。おそらく信号を広い範囲に聞かせるためだろう。また、女王の笛鳴らし信号は複数の信号を含むため、働きバチのものより長い（図2．9）。最初の処女王が笛鳴らしを行なうと、働きバチはただちにその信号が続く間すべての動きを止める。これは無数の足音が作り出す雑音をできる限り小さくするためと思われる。王台に閉じこめられた処女王たちはこれに応える笛鳴らしを行ない、最初の処女王の「プープー」音よりいくぶん長い低音の「ガアガア」という音を発する。このガアガア音で処女王は確実に、自分の命を奪おうとする競争相手の存在を知る。

この悪い知らせを聞いた最初の処女王が、二度目の分蜂群と共に巣を出ていくこともある。これを養蜂家は「後発分蜂」と呼ぶ。これにより最初の処女王は、母巣に豊富で理想的な資源——蜜蠟の巣板、働きバチの蜂児、蜂蜜の備蓄——を放棄して、新しいコロニーを築くという危険な道を歩むことになる。だがこの行動は、巣に留まって、必死に挑んでくる危険な敵をすべて殺そうとするよりも、おそらく危険性が少ない。間もなく働きバチは最初の処女王を揺すりだし、飛び立つ準備をさせる。二、三日後、よい天気が続けば、働きバチは女王を巣の外へ押し出して、第二の分蜂群が旅立つ。このプロセスは、女王バチが出現するたびに、コロニーが弱ってそれ以上の分蜂ができなくなるまで続けられる。その時点でまだ複数の処女王が巣にいれば、働きバチはそれを自由に羽化させる。最初に外に出た女王はたいてい、まだ王台の中にいるものを殺そうとする。巣板の上を駆け回って他の女王が入っている巣房を見つけ、側面をかじって小さな穴をあけ、中身を針で刺すのだ。しかし二匹以上の処女王が同時に出現した場合、針で刺そうとつかみ合って、どちらかが死ぬまで戦う。女王バチは取っ組み合い、もつれ合いながら、自分の姉妹の腹部に毒針を突き立てようと猛然と争う。最終的に一方の女王が勝利を収め、もう一方は致命的な一突きを喰らって動けなくなり、巣板から落ちて間もなく死ぬ。情け容赦ない姉妹殺しは、ただ一匹の処女王が生き残るまで続く。数日後、勝者は結婚飛行を行ない、十分な数の雄バチと交尾をすると、卵を産み始める。念願かなって手に入れた母巣に、すぐに女王の娘たち息子たちが増えていく。後発分蜂で出ていった処女王も、働きバチと共に新居へ移ると、同じように結婚飛行を行なう。女王が巣の中で交尾することは決してないからだ。

第三章　ミツバチの理想の住処

もう一日でも
もう一年でも
君のためにそこにいると
胸を張って言えるとすれば

それは僕が
みんなに比べて小さいけれど
すきまや穴を選ぶときに
本能的にきちょうめんだから

——ロバート・フロスト「ドラムリン・ウッドチャック」一九三六年

ロバート・フロストのウッドチャック（訳註：北米産のリス科の動物。半地下性）のように、ミツバチコロニーも住処について「本能的にきちょうめん」だ。ある決まった性質の木の空洞《うろ》だけが、捕食者からしっかりと守り、厳しい物理的条件、特に強い風と激しい寒気をさえぎってくれるからだ。住居候補地の六つを超える個別の性質——空洞の容積、入り口の高さ、入り口の大きさ、前のコロニーが残し

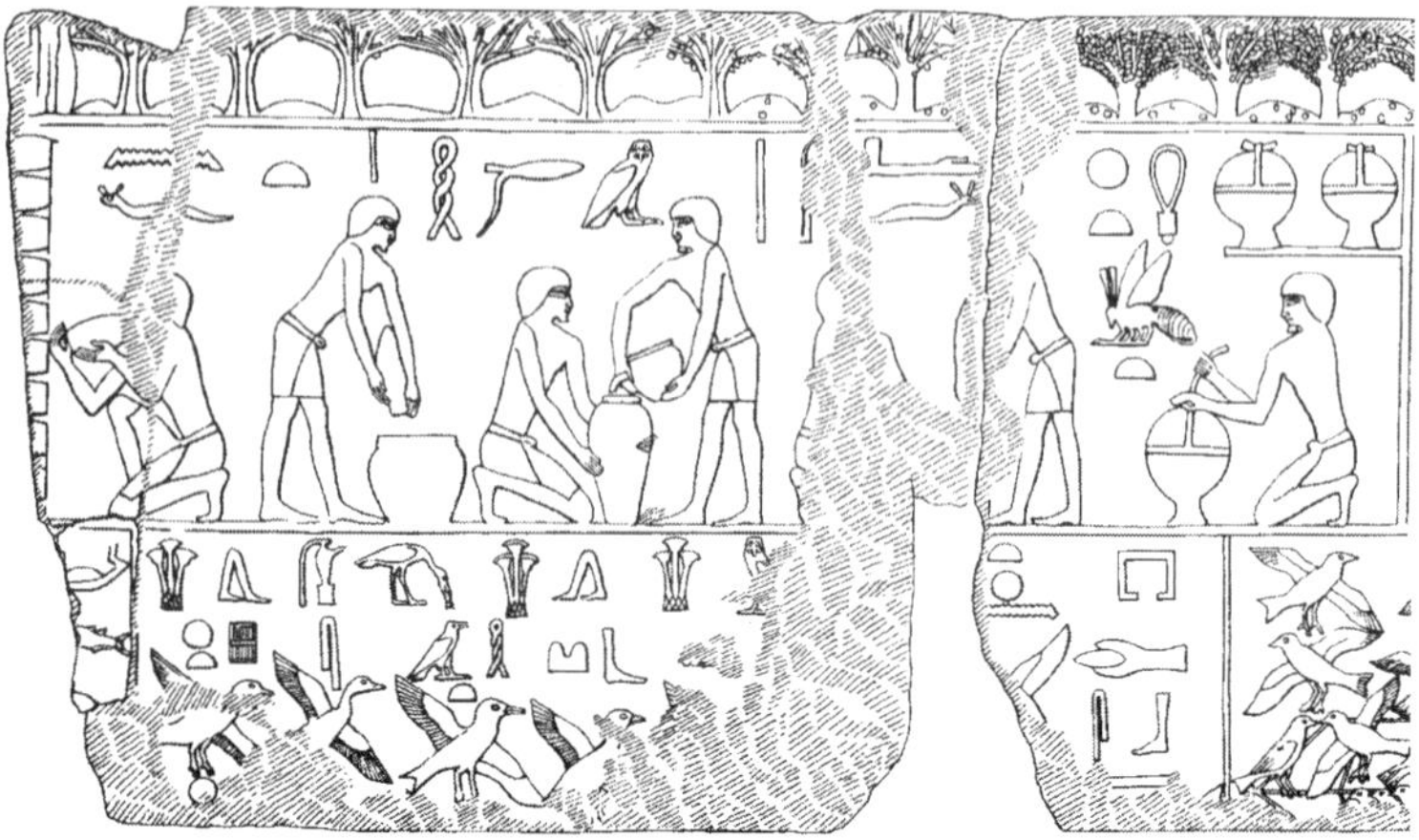

図 3. 1　現存する最古の養蜂と蜂蜜作りの絵。エジプトのアブグラブに紀元前 2400 年ごろ築かれたニウセルラー王の太陽神殿にあったもの。左では円筒形の巣箱を積み重ねたものから蜂蜜を収穫し、真ん中で処理し、右で貯蔵している。

た巣板の有無など——が検討され、巣穴の質が総合的に判断される。ミツバチが住処を選ぶにあたって何に注目するかがわかったのは、ほんの三〇年前のことであり、人類が太古よりミツバチを飼っていることを考えると、これは意外に思われるかもしれない。最近になるまでミツバチの家選びの好みがわからなかった理由は、養蜂とは要するに、養蜂家が作って都合のいい場所に置いた巣箱で、コロニーを育てることだからだ。養蜂が行なわれていた最古の確実な証拠は、紀元前二四〇〇年ごろのエジプトのもので、農民が積み重ねた円筒形の粘土の巣箱から巣板を取り出して、蜂蜜を壺に詰めている様子が、寺院の石に浅浮き彫りで描かれている（図3．1）。こうして約四四〇〇年の間、ミツバチともっとも深く関わりながら生活する人々は、人間の目的にかなうように、ハチの住居の設備を工夫することに力を注いできたが、ハチ自身が住処に何を求めているかはほとんど無視されていた。例えば、人工の巣箱は通常、自然の巣穴より大幅に広く、そのため養蜂場に住むハチは自然に暮らすハチより多くの蜜を貯え、分蜂することが少ない。同様に、養蜂家の巣箱は地面の高さに置かれ、人間には都合がいいがハチにとっては危険である。地面の高さに住むミツバチコロニーは、クマのような破壊力の大きい捕食者に簡単に見つかり、襲われてしまう。

野生のコロニーの巣

一九七五年に、私が博士論文研究としてミツバチの民主的な家探しプロセスの研究に着手したとき、ミツバチコロニーの理想的な巣の立地条件を特定することが、当然の第一歩だと考えた。そうすれば、いくつもの候補地を探し出して、その中から最高のものを選ぼうとするときに、分蜂群が何を求めているのかがわかるだろう。ミツバチコロニーにとっての完璧な居住地を特定するのは難しいだろうと、私は考えていた。ハチは各候補地のいくつもの性質を評価するだろうし、場所の善し悪しを総合的に判断するにあたり、それぞれの性質を重要視する度合いが違うかもしれない。それでも、もしどのような性質がハチにとって重要かがわかり、それぞれの性質についてどのような好みを持つかがはっきりすれば、目標に近づくだろうと思った。

また、ミツバチの住まいの好みを特定するために、ミツバチの野生コロニーが住む木を探して切り倒し、巣が収まっている部分を開いて、自然の居住空間を詳しく調査することから始める必要があると私は考えた（図3.2）。コロニーは自然では探索バチが選んだ場所に住んでいるので、野生コロニーの巣作り場所に一貫して見られるものが、ミツバチの好む巣の立地条件についての手がかりとなると考えるのは合理的に思われた。それに、こうした好みがミツバチの家探しプロセス全体の中心にあることは、

図3. 2　ミツバチが住む木。巣の入り口となる節穴が左の股の上に見える。

ほぼ間違いない。このような好みこそが、適切な巣穴にある住居に分蜂群を導くからだ。

一九五五年にリンダウアーは、ミュンヘン近郊の開けた山野で行なった実験を報告している。その際リンダウアーは、一度に一つの分蜂群の前に、いくつか性質の異なる点のある二個の巣箱を置き、どちらが群れの探索バチの関心を引くか観察した。この実験で得られたのは、ごく初歩的な知見にすぎなかった。リンダウアーは、ある特定の性質についてのテストを、それぞれ二、三回ずつしか試せなかったからだ。それでもこの実験で、ミツバチは防風、巣穴の広さ、アリの有無、日当たりの違いを見て巣箱を選んだことがわかった。リンダウアーは、ハチが巣の候補地の望ましさを評価する際、さまざまな性質に注意を払っているらしいことに感心し、ミツバチにとっての理想の住処とはどのようなものかと考え、この謎を解くために「この件についてハチ自身に尋ねるのがもっともいいだろう」と述べた。私はハチの巣を調べることで、ハチに尋ねようとしていた。

森の中に住む野生のミツバチコロニーの巣を詳しく記述できるかもしれないという期待は、理屈だけでなく情緒的な理由からも私を引きつけた。学部生のころ、私は化学を専攻しており、有機化学、生化学、生物物理学でいくつかの小規模な研究プログラムを行なった。もちろん、こうした研究はすべて屋内の、清潔で明るく照らされた、ほとんど生き物がいない研究室で行なわれた。しかし今、生物学の新米大学院生として、駆け出しの動物行動学研究者として、私はフォン・フリッシュ＝リンダウアー式動物行動学研究法と呼ばれているものを用いて、屋外で研究したくてたまらなかった。その自伝的著作『蟻の自然史』で、バート・ヘルドブラーとエドワード・O・ウィルソンは、フォン・フリッシュとリンダウアーが拠って立つ研究哲学を、次のように述べている。

それは、生き物の持つ「感覚」――とくにそれが、いかにして生物を、まわりの自然環境に適合させているか――に対する愛情ある関心だった。この方法論すなわち「生き物まるごとを把握する」アプローチはこう教える。君が選んだ種から、君ができるすべてのやり方で学びなさい。生物の行動や生理が現実の世界にいかに適応しているか理解する努力を、いや最低でも想像する努力をしなさい。それから解剖学で行なうように、分解や分析が可能な行動の一部分を選択しなさい。自分で何か確固たる現象を発見できたら、もっとも可能性のある方向で研究を推し進めなさい。(『蟻の自然史』辻和希、松本忠夫訳、三一ページ　朝日新聞社)

私の論文指導教員だったバート・ヘルドブラーは、このような研究態度をハーバード大学の動物行動学コースで披露し、何より、アリの社会性行動についての目覚ましくすばらしい研究を通じて、その力量を示していた。なので、大学院での最初の年の終わりには、私はやる気満々だった。私は自然に暮らすミツバチについての感覚を養い、その家探し行動をさらに詳しく分析し、マルティン・リンダウアーが約二〇年前にやり残したところから調査を進められるかどうかやってみたかった。

春学期の期末試験を終えたら、私はハーバードから姿をくらまし、コーネル大学のダイス・ミツバチ研究所に戻るつもりでいた。学部生だった前の年までの四年間、私はそこで夏中働いていた。研究所長のロジャー・A・モース教授は実に寛大な人物で、戻ってきた私を喜んで迎え、机を割り当て、強力なチェーンソー、鋼鉄製のくさびと大槌、研究所が所有する緑色のピックアップ・トラックの一台など、計画に必要な道具をいくつか貸してくれた。何より重要なのは、〝ドク〟モースが、昆虫学部技術スタッフの一人であるハーブ・ネルソンの協力を取りつけてくれたことだ。ハーブは十代のころメイン州の森で木こりとして働いたことがあり、下敷きになって死なないように大木を伐採するやり方を知っていた。

ハーブと私はまず、私が高校時代に実家の周りの森を探索して見つけたミツバチの木の中から、何本か選んで手をつけた。その他に、私が地方紙の『イサカ・ジャーナル』に募集広告を出して探し出したものが、これに加わった。広告というのはこんなものだ。「**ミツバチの木**求む。生きたハチの群れが住む木一本に一五ドル、または蜂蜜一五ポンドを支払います。電話六〇七‐二五四‐五四四三」。電話が一本も来ないいんじゃないかと心配したが、一週間のうちに、行かれる範囲内にあるイサカ周辺の森で、ミツバチが住む木一八本の権利を手に入れた。二人の所有者には現金で支払った。あとの人たちは全員蜂蜜を欲しがった。

巣を集める手順は単純だが、少々危険だった。日の出の少し前、ハチがまだみんな巣にいるうちに、シアン化カルシウム粉（シアノガス）の缶、使い古しのスプーン、ぼろ布数枚を持ってミツバチの木に向かう。巣の入り口が木の高いところにあって登れないときには、アルミの繰り出し梯子も持っていく。シアン化物の粉をスプーンですくって巣の入り口から入れ、すぐにぼろ布でふさぐというのが私の狙いだ。シアン化カルシウム粉末は空気中の水分と反応して青酸ガスを発生し、ハチを殺すが、すべて計画通りに行けば私は死なない（一度、シアノガスの缶を梯子の上から落とし、中身がごっそりこぼれてしまったことがあるが、私はなんとか息をこらえて梯子を下り、缶の蓋を戻して、拡がる猛毒ガスの蒸気の中から飛び出した）。まずハチを殺しておけば、そのあとで木を切り倒して巣を収集しても、猛攻撃を受けずに済む。このやり方だと、巣を解体したときに野生コロニーのハチ個体数を調べることもできる。

ハチを殺したら、ダイス研究所にハーブを迎えに戻り、チェーンソー、くさびと大槌、ロープ、スロープ板、巻き尺、方位磁石、三五ミリカメラ、ノートといった、その日必要な道具をトラックに積み込む。目的は先ほどの木を切り倒し、巣が収まっている幹の部分を切り取ってトラックの荷台に引きずり上げ、研究所に持ち帰ることだ。ハーブが自信たっぷりに森の中深く、ミツバチの木の近くまでトラックを乗り入れ（「丸太ん棒を乗っけちゃえば、帰りは重みがかかって滑らないからな」）、木を切る前に慎重に傾きと樹冠を調べていた（「木がどっちの方向に倒れたいかわからなきゃだめだ」）のが、印象深かった記憶がある。ハーブの木こりの技術はなまっておらず、どの木も彼が選んだ林間の空き地へと弧を描いてきれいに倒れた。木を地面に倒してしまうと、次に巣が入っている部分を切り取る作業に移る。巣の入り口の上下を、離れたところから横に何度も切っていく。だんだん出入り口に近づけていって、チェーンソーが焦げ茶色の朽ち木か黄褐色の蜜蠟を吐き出したら、巣穴に切り込んだ証拠なので、そこでやめる。それから巣の入った丸太——時には長さ二メートル、太さ一メートルもある大きな木の幹だ——を転がしてトラックに乗せ、研究所に持ち帰って割り開く（図3.3）。最後にむき出しになった巣を屋内に運び込み、十分な照明の下でそれを注意深く解剖しながら、巣穴の重要な特徴とその内容を調べる。空洞の容量を計測するために、私は巣板をはずしたあと、そこに一リットルずつ砂を流し込んだ。壊れた巣とハチの死骸をくまなく探っていき、やがて死んだ女王が見つかると、コロニーを丸ごと殺してしまったことに心が痛んだが、同時に自分が野生のミツバチの巣について詳細に記述する最初の人間になるとわかって、興奮もした。

一九七五年のひと夏をかけて、私は二一個のハチの巣を集めて解剖した。森に生活する野生のコロニーの巣について概略を知るには十分だ。さらに一八個の巣を木の中に見つけ、切らずにおいて、出入り

図3．3　図3．2で示したミツバチの木の中にあった天然のハチの巣。巣が収まっている部分を割って、蜂蜜（上部）と蜂児（下部）が入った巣板を見せている。出入り口は左側の、空洞の下から3分の2ほどの場所にある。

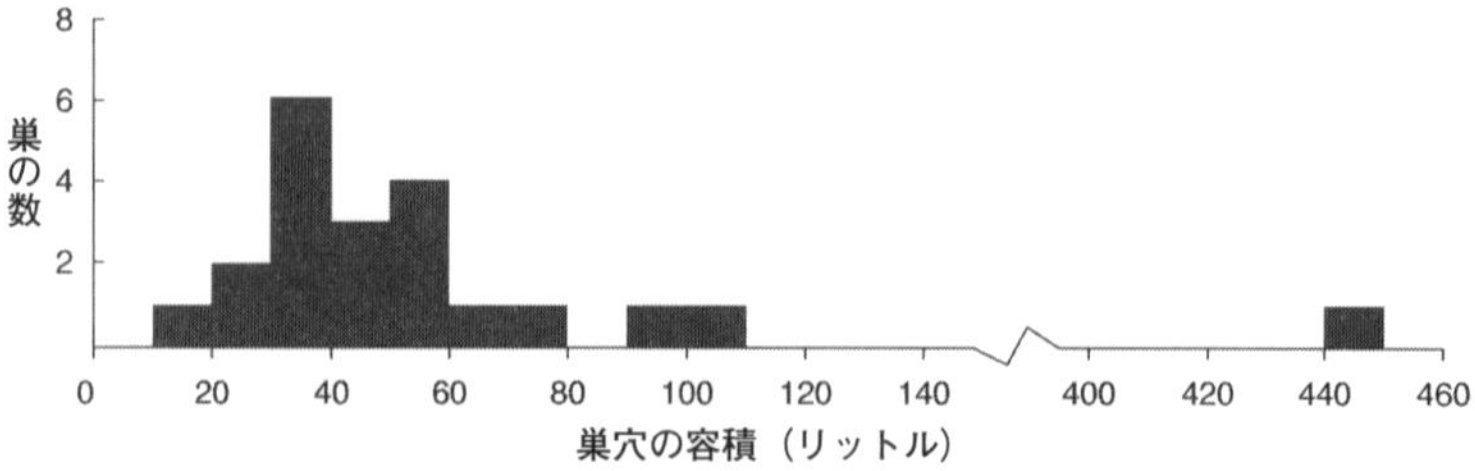

図 3．4　木の空洞に作られた 21 の巣穴の容積の分布。

口の穴の情報だけを集めた。巣の出入り口はコロニーの住処の「正面玄関」であり、ミツバチにとって特に大切なもののようなので、私は格別に注目していた。ミツバチは、カシ、クルミ、ニレ、マツ、ヒッコリー、トネリコ、カエデなど、様々な種類の木に巣を作ることがわかった。ミツバチは特定の種類の木に強い好みを示さないのだ。

意外なことではないが、ハチが住む木の空洞はたいてい縦長の円筒形で、木の幹の形と一致していた。だが意外だったのは、こうした野生コロニーのほとんどが、養蜂家が用意する巣箱よりもはるかに小さな空洞に住んでいるという発見だった。巣穴の平均的な大きさは直径二〇センチメートル、高さ一五〇センチメートルにすぎない。つまり容積はわずか四五リットルだ（図3．4）。この大きさの空洞では、居住空間は養蜂家が用意する巣箱の四分の一から二分の一しかないだろう。ミツバチは比較的小さくこぢんまりとした巣穴、おそらく冬場に暖かく保つのが楽な巣穴を好むということだろうか？　コロニーの中には巣の空間が二〇から三〇リットルしかない空洞に住むものもあったが、一二リットルを下回る空間は一つも見られなかった。一二リットルの下限は、あまりにも窮屈な場所、冬を越すために必要な蜂蜜を貯めておく余地が十分にない場所をハチは用心深く避けることの表われなのだろうか？　明らかにこのような木の空洞に住むミツバチは、居住空間を有効利用しており、どのコロニーも巣穴をいくつもの巣板でほぼ一杯にしていた。それぞれの巣板は（一般的に）狭い木の空洞の隅から隅まで詰まっている。ハチが狭い通路を巣板が空洞の壁に接するところに作り、巣板から巣板へ楽に這っていけるようにしていることには感心した。ハチたちが巣板の用途を、蜂蜜を巣の上部に、育成中の蜂児は下部にという養蜂家にはおなじみの形で構成していることは明らかだった。巣を収集したのは八月だったので、ほとんどのコロニーで冬の暖房燃料の備蓄はかなり進んでいた。私が解剖した巣は、平均一四キログラムの黄金色の蜂蜜を貯め込んでいた。残念なことに、すべてシアン化物が混ざっていたが。

出入り口の穴にも、巣作り場所の好みがハチにある可能性を示す一貫性があった。ほとんどの巣の出入り口は、総面積わずか一〇から三〇平方センチメートルのただ一つの節穴か裂け目だった（図3.5）。そして縦長の空洞の底面近くに位置し、木の南側の地面に近いところにあるのが一般的だった。サイズが小さく、底面の高さにあり、南向きであることはどれも非常に納得できた。たいていの捕食者は巣穴に入れず、すきま風が入りにくく、おそらく日光で温められるだろうからだ。どれもコロニーにとって好都合だ。しかし巣の入り口が地面から数十センチのところにあることに何の利点があるのか、私は非常に悩んだ。入り口の位置が低ければ、コロニーが捕食者に見つかりやすくなるに違いないと私は考えていた。例えばクマのような、破壊力のある捕食者に。北アメリカに移入されたミツバチの故郷であるヨーロッパ北部（ドイツ、ポーランド、ロシア）の森では、木々の間に置いた巣をクマに襲われることが、中世期には森林養蜂家にとって大きな脅威だった。そこで彼らは、蜂蜜好きのクマを殺す恐るべき仕掛けを考案した。その一つが、ハチの巣の外に蝶番がついた台を据えたものだ。クマがそこに上がって巣を襲おうとすると台が倒れ、クマは縦横にずらりと並べた、とがった杭の上に転げ落ちて死ぬ。

そのため私は最初、木の高いところにある巣がまれであることに混乱した。しかしすぐあとで説明す

図3．5　図3．2で示した木にできた巣の出入り口。ハチが中にいるのが見える。開口部の大きさは幅約５センチメートル、高さ約８センチメートル。

るように、ミツバチは実際に出入り口が地面から高いところにある巣穴を非常に好むことが、今ではわかっている。また、ほとんどの巣が地面の近くにあるという私の最初の報告が、意図しない偏りによって生じた誤りであることもわかっている。それは、野生の巣の母集団をサンプル抽出する際の、私のやり方に原因があった。私が調査した巣は、何気なくミツバチの木のそばを通り過ぎた人が気づいたものであり、人間は木のてっぺんよりも地面の高さにある巣に出入りするハチに気がつきやすいので、私は知らず知らず出入り口の位置が平均よりずっと低い巣を研究していたのだ。数年後に自分がミツバチハンターになり、昔から伝わるハチ追いの技術（花に来た採餌バチを餌でおびき寄せて、巣へ戻るところを観察し、ミツバチの木の位置を突き止めるというもの）を習得したとき、私はそれを確信した。ハチを追っていくと、最後には必ず図3．2のような木の高いところにある巣に出入りするハチの様子をうかがうことになったからだ。これまでに私は二七本のミツバチの木をハチ追いで突き止めた。その経験から、巣の出入り口の高さは平均六・五メートルだということが言える。言うまでもなく、今では私は、意図しないサンプリングの偏りの隠れた危険性に用心している。

ミツバチが好む場所

野生ミツバチの巣のデータを採取・記述する研究は、破壊を伴うものだったが、今でも私が気に入っているものの一つだ。それによって私は野生のミツバチに触れ、研究者としての自信をある程度持つことができたからだ。それはまた、ミツバチ分蜂群が巣作り場所をどのように選ぶかという研究の、次の段階全体を貫く指針となった。つまり、それまでに見つけた巣の場所のパターン――空洞の容積、出入り口の面積、出入り口の高さなど――は、探索バチが選り好みした結果なのか、手に入った木の空洞がたまたまそうだったにすぎないのかを試験するのに役立ったのだ。この試験の構想は、東アフリカと南アフリカにおける養蜂についての本を読んで考えついた。これらの地域では、養蜂家は巣箱（普通、出入り口の穴を残して両端をふさいだ空洞の丸太）を木にぶら下げ、分蜂群が住み着くのを待ってハチを手に入れる。北アメリカで「捕獲巣箱」を使って分蜂群を捕まえている人のことは、聞いたことも読んだこともなかったが、それができるなら、巣箱を二個か三個ずつ同時にしかけることで、巣作り場所の好みをハチに訊くことができるだろうと考えた。各グループの巣箱は、ただ一つの性質、例えば内部の容積なり出入り口の地面からの高さなり以外、まったく同じものにする。野生の分蜂群の探索バチが並べられた巣箱を見つけて、その中からある性質を持ったものを選び、一貫してそこに住み着けば、ハチの住居の好みがはっきりするだろう。

実証研究を行なう際には、ほぼ必ず、費用のかかる大規模な調査の前に、どのようなやり方をすればうまく行くかを確かめるため、小規模で費用のかからない予備実験から始める。一九七五年夏に私は、自分の実験プランに成功の可能性がそこそこあるくらいの頻度で、野生の分蜂群が捕獲巣箱に入るかどうかを見るため、予備実験を行なった。

ダイス研究所からもらってきた廃品の合板で、私は六個の巣箱を作った。それぞれ縦横高さが三五センチメートルの単純な立方体の箱で、正面に直径四・五センチメートルの出入り口の穴をあけた。私はこの巣箱を、ミツバチの木で見られる巣穴を真似て設計した。私の巣箱は鳥の巣箱を拡大したようなものだった。違いは入り口に金網を張って、ハチは入れるが鳥は入れないようになっているところだ。私はエリス・ホローにある自分の「庭」のようなお気に入りの場所へ巣箱を持って行き、大木の地上約五メートルのところに取りつけた。二、三週間たった六月末、その時感じた胸の高まりを、私は今も鮮明に覚えている。カスカディラ川沿いのニレの枯れ木にかけた巣箱を調べると、褐色のミツバチが何十匹も、巣門をせわしげに出入りしているのが見えた。分蜂群が引っ越してきたのだ！　やった！　それから二、三週間で、さらに二個の巣箱に分蜂群が住み着くと、私の興奮はさらに高まった。この予備実験は単純だったが、私の実験計画がうまく行きそうだとわかるという大成功を収めた。これで次の夏の計画は明確になった。様々なデザインの巣箱を数十個も設置して、ハチの理想の住処とはどのようなものか「ハチに尋ねる」のだ。

計画はうまく行った。一九七六年と一九七七年の夏、私は二〇〇を超える緑色の巣箱をトンプキンズ郡一帯に設置した。いずれの年も、巣箱グループの半分以上に野生の分蜂群が、少なくとも一つは入った。各グループの巣箱は約一〇メートルの間隔をあけて、同じくらいの大きさの木に取りつけた。もっといいのは電柱だ。見つけやすさ、風当たりなどが完全に同じになるからだ（図3．6）。各グループの巣箱は一つの巣作り場所の特徴を試験するために設計され、典型的な自然の巣作り場所の特徴（例えば平均的な出入り口の面積、平均的な内部の容積など）とすべて一致する巣箱と、特徴の一つが典型から外れている他は最初のものと同一の巣箱一、二個の中から分蜂群に選ばせるようになっている。このように箱によって条件を一つだけ変えたものの中で、野生の分蜂群の好みを試す。例えば、出入り口の大きさの好みを試すために、私はまったく同じ立方体の巣箱を一組設置した。ただし一方の出入り口は標準的な面積の一二・五平方センチメートルで、もう一方は普通より大きな七五平方センチメートルとした。同様に、巣穴の大きさの好みを試すためには、三個一組の立方体の巣箱を設置した。そのうち一個は一般的な巣穴の容積である四〇リットルで、あとの二個は、巣穴の容積の分布で両極端に位置する一

図 3. 6 電柱に設置した 2 台の巣箱。右の箱の出入り口が左よりも小さい（12.5 平方センチメートルと 75 平方センチメートル）以外、2 つは同一条件（巣穴の容積と形、出入り口の高さと向きなど）の巣作り場所である。

表 3. 1　分蜂群による巣箱の利用をもとにした巣作り場所の性質に対するミツバチの好み

性質	**好み**	**機能**
出入り口の大きさ	12.5 ＞ 75cm^2	コロニーの防衛と温度調節
出入り口の向き	南向き＞北向き	コロニーの温度調節
出入り口の高さ	5 ＞ 1m	コロニーの防衛
出入り口の位置	穴の下部＞上部	コロニーの温度調節
出入り口の形	丸＝縦長のすきま	なし
巣穴の容積	10 ＜ 40 ＞ 100 ℓ	蜂蜜の貯蔵スペースとコロニーの温度調節
巣板の有無	あり＞なし	巣作りの労力節減
巣穴の形	立方体＝縦長	なし
巣穴の乾燥度	湿っている＝乾いている	ミツバチは水が漏れる巣穴を防水できる
巣穴の通風性	高＝低	ミツバチは隙間や穴をふさぐことができる

A ＞ B は A を B より好むことを表わし、A＝B は A と B で好みに差がないことを表わす。

〇リットルと一〇〇リットルにした。

研究に必要なたくさんの巣箱を作るため、私は一九七五年のクリスマス休みの大半を、ダイス研究所の木工場でノコギリをひき、くぎを打ち、ペンキを塗って過ごした。そうして作った巣箱の数は二五二個、使った合板は七〇枚を超え、小さな家が建つくらいだった。このたくさんの巣箱を使って、私は一九七六年から一九七七年にかけて一二四の分蜂群を捕らえることになる。

表3．1に示したように、分蜂群は次のような巣作り場所の条件に対して好き嫌いを示した。出入り口の大きさ、出入り口の向き、地面から出入り口までの高さ、巣穴の床から出入り口までの高さ、巣穴の容積、巣板の有無だ。ミツバチが好む出入り口は、比較的小さく南向きで、地面から高いところにあり、巣穴の低い位置に開いたものであることがわかっていた。出入り口についてのこれら四つの好みは、間違いなくミツバチコロニーが冬の寒さと危険な捕食者という脅威から生き残るために役立つ。小さな出入り口は守るに易く、外気を巣から遮断する役割を果たす。木の高いところに出入り口があれば、地面近くよりも捕食者

に見つかりにくく、空を飛べるか木に登れるものでなければ手が届かない。出入り口が巣穴の底にあれば、上にあるよりも、対流によってコロニーから失われる熱が低く抑えられるだろう。入り口が南向きであれば、太陽の熱で温められた玄関で、採餌バチは飛び立ち、また着陸できる。ちなみに養蜂家は巣箱を南に向け、気候が寒いときでもハチが飛び立ちやすくしている。南向きであることは、冬の数カ月は特に重要になる。この時期、ハチは晴れた日に外に出て、欠かすことのできない「浄化飛行」、つまり排泄を行なうからだ。アルバータ州を拠点とするカナダのミツバチ研究者、ティボル・サボーが南向きと北向きの巣に住むコロニーを比較したところ、南向きの巣では冬場に出入り口が氷でふさがりにくく、春には個体数がより多くなっていることがわかった。

分蜂群が巣箱に住み着くパターンは、ミツバチが一〇リットルより小さい、あるいは一〇〇リットルより大きい巣穴を避けること、四〇リットル（だいたいゴミバケツのサイズ）の巣穴、特にすでに巣板を備えているものを非常に好むことを示していた。おそらく巣穴の容積に関して主に問題となるのは、小さすぎる巣穴を避けることだ。ほとんどの木の空洞は、コロニーが冬を越すために必要な蜂蜜を貯えておくには小さすぎる（約一五リットル未満）からだ。この主張を裏付ける証拠は、私が兄弟の一人、ダニエル・H・シーリーと行なった小さな研究により得られた。一八〇〇年代に伐採されたが、今では立派なサトウカエデとブナの木に覆われたバーモント州にある丘の斜面一帯をダニエルは所有している。一九七六年の一〇月、ダンと私は伐採道具を車に積んで、マサチューセッツ州ケンブリッジから車で北へ向かい、バーモント州ロックスベリーで小春日和の数日、探索バチが家探しの最中に出会う可能性が高い巣穴の大きさを調査した。〇・三二ヘクタールの範囲をしらみつぶしに調べ、太さ三〇センチ以上の木を全部切り倒して、倒した木を一二〇センチの長さに切り、空洞があれば開いてみた。私たちは三九本の木を解剖し、外に口が開いていて探索バチが入り込める空洞を一四個見つけた。この一四の空洞の中で、二つ（一四パーセント）だけが一五リットルより大きく、それぞれ三二リットルと三九リットルだった。

巣板――冬を越せなかった以前のコロニーが作ったもの――のある場所を好むのは疑いもなく、巣板がすでにそろっている場所に住み着けば、コロニーは大幅にエネルギーを節約できるからだ。節約した分のエネルギーは、新しいコロニーが最初の冬を越すために必要な大量の蜂蜜として貯えられる。これは以下の計算で示すことができる。ミツバチの木の標準的な巣には、八枚前後の巣板に並べられた一〇万個ほどの巣房があって、その総表面積は約二・五平方メートルになる。この見事な構造物を作るために、約一二〇〇グラムの蜜蠟が必要だ。蜜蠟を砂糖から合成するときの重量対重量効率を最大約〇・二〇とすると、標準的な巣の巣板を作るために約六・〇キログラムの砂糖、したがって約七・五キログラムの蜂蜜が必要だと推定される。これだけの蜂蜜は、コロニーが冬の間に消費する量の約三分の一に当たる。この七・五キログラムの蜂蜜を巣板のために消費せず、冬の備蓄食料とすれば、コロニーが最初の冬を乗り切れる確率は飛躍的に高まる。イサカ周辺で木の空洞に新しく巣を作ったコロニーの七六パーセントが最初の冬で死滅し、そのほとんどすべてが餓死だったという私の調査結果を思い出して欲しい。

選り好みがないことがわかった巣作り場所の特徴は、出入り口の形、空洞の形、巣穴の風通し、巣穴の乾燥度だった。たぶんミツバチは風が入らず乾燥した巣穴を好むのだろうが、すきま風や水が侵入するひび割れや裂け目を、コロニーは樹脂でふさぐことができるので、このような特徴をあまり気にしない。反対に、巣穴の容積、出入り口の高さ、出入り口が向く方角を変えることはコロニーにはできないので、必要を満たした巣穴を手に入れるために、造巣場所探索バチは候補地を評価する際、こうした特

図 3. 7　通風性が低い巣箱（右）と高い巣箱（左、壁にいくつも穴があいている）のどちらを巣穴として好むかを試験するために使った 2 台の巣箱。

徴に細心の注意を払わなければならない。すきま風が入ったり湿っぽかったりする巣穴を改良するミツバチコロニーの能力は、私の実験巣箱に住み着いた分蜂群のハチたちが、手際よく実演して見せた。私はいくつかの巣箱の前面と側面に、直径六ミリメートルの穴を七・五センチメートル間隔で無数にあけ、風が入るようにした（図3．7）。別の箱には、一個につき水をたっぷりしみこませたおがくず二リットルを床に敷いて、湿っぽくした。すきま風の入る巣箱に引っ越してきた分蜂群はどれも、私があけた穴をすべて樹脂でふさぎ、すぐに風が通らなくした。同じように、湿っぽい箱に住み着いた群れはどれも、私が中に入れた湿ったおがくずを全部運び出し、たちまち乾かしてしまった。ミツバチが実にきちんとしていることには、大いに感心させられた。

無料《ただ》でミツバチを手に入れる方法

ミツバチを研究していて楽しいことの一つは、好奇心で始めた研究からわかったことが、思いがけずきわめて実用的価値を持つ場合がしばしばあることだ。私にとってこの現象のもっともいい例は、アジア産ミツバチの排泄習慣について知ったことが、一九八〇年代当時、アメリカとソビエト連邦の緊張緩和に一役買ったことだった。この話は一九七〇年代後半、私が大学院を修了し、海外へ出てアジア熱帯地域に生息する珍しい種類のミツバチであるトウヨウミツバチ（*Apis cerana*）、コミツバチ（*Apis florea*）、オオミツバチ（*Apis dorsata*）についての研究に意欲満々だったころに始まる。ナショナルジオグラフィック協会の支援を得て、私は妻のロビンと共に、タイに住むアジア産ミツバチ三種のコロニー防衛戦略の一〇カ月にわたる研究に着手した。私たちは、タイ北東部にある広大なカオヤイ国立公園の原生林にキャンプを設置した。ここでは今も、そびえ立つフタバガキの木の間にサイチョウが飛ぶ姿を、小道に染みついたトラの尿の不吉な匂いを、日没直後に響きわたるホオジロテナガザルの声を、アジア産ミツバチの不思議な生態を体験できる。それぞれのミツバチの種がオオスズメバチ、ツムギアリ、ハチクマ、ツパイ、アカゲザル、マレーグマなどの天敵からコロニーを防御するために取る、魅力的で複雑な行動の数々について、私たちは少しずつイメージを組み立てていった。これは純粋に生物学の目的のために行なった野外生物研究であり、そして新婚の二人にとってはすばらしい冒険だった。だが、学術誌『エコロジカル・モノグラフス』に発表した、アジア産ミツバチについてのきわめて詳細な二一ページの報告書を熟読した生物学者は、全世界に五、六人でもいるだろうか。

ところが数年後、驚いたことに、私たちが得たアジア産ミツバチの知識が、世界中の多くの読者にとって重大な意味を持つことになった。一九八一年、レーガン政権の国務長官アレクサンダー・M・ヘイグは、タイに隣接する二カ国、ラオスとカンボジアの共産主義政権の敵対勢力に対して、ソ連が化学戦を実行あるいは幇助していると主張した。もし事実なら、これは一九二五年のジュネーブ議定書と、一九七二年の生物兵器禁止条約という二つの国際軍備制限条約に違反する。ヘイグが持ち出した主な証拠は、「黄色い雨」と呼ばれる物質だった。直径六ミリに満たない黄色い染みが、攻撃があったとされる場所の植物の上に見つかり、カビ毒を含んでいるのではないかと考えられたのだ。しかし私は、アメリカ政府高官が黄色い雨と呼ぶものが、自分がミツバチの糞と呼ぶ黄色い染みと見分けがつかないことに気づいた。二つは大きさ、形、色がまったく同じなのだ。さらに調査を重ねると、両方ともミツバチの毛を含んでおり、またタンパク質が消化された花粉が大量に入っていた。最終的に、ハーバード大学の分子遺伝学教授で生物化学兵器の専門家でもあるマシュー・メセルソンが、黄色い雨は間違いなくミツバチの糞であって化学戦ではないと断定したが、私はその手助けをすることができたのだ。冗談の好きなある人は、われわれは「ＫＧＢ」の行動を暴いたぞと言った。黄色い雨がハチの糞だとわかってすぐの一九八四年、国務省高官は、ソ連が生物化学兵器関連の軍備制限条約二つに違反していると非難するのをこっそりとやめた。

黄色い雨の話は、純粋に好奇心から行なった研究が思いがけず実用的な知識となることの極端な例だが、実社会の利益がしばしば基礎研究から湧き出てくることは、決して珍しくない。個人的な興味を追求していて実用的な成果という思わぬボーナスを得ることを初めて経験したのは、ドク・モースと分蜂群の巣作り場所の好みを研究していたときのことだ。一九七六年の夏、私たちはトンプキンズ郡一帯の一〇〇カ所以上に巣箱を設置し、六〇を超える分蜂群を捕らえた。この高い成功率を見て、ミツバチの巣作り場所の好みについてわかったことを、野生分蜂群を捕らえる捕獲巣箱の作り方と置き場所に関する勧告として、養蜂家に伝えるべきだとドクは考えた。私たちは簡単な設計図（図３．８）と捕獲巣箱

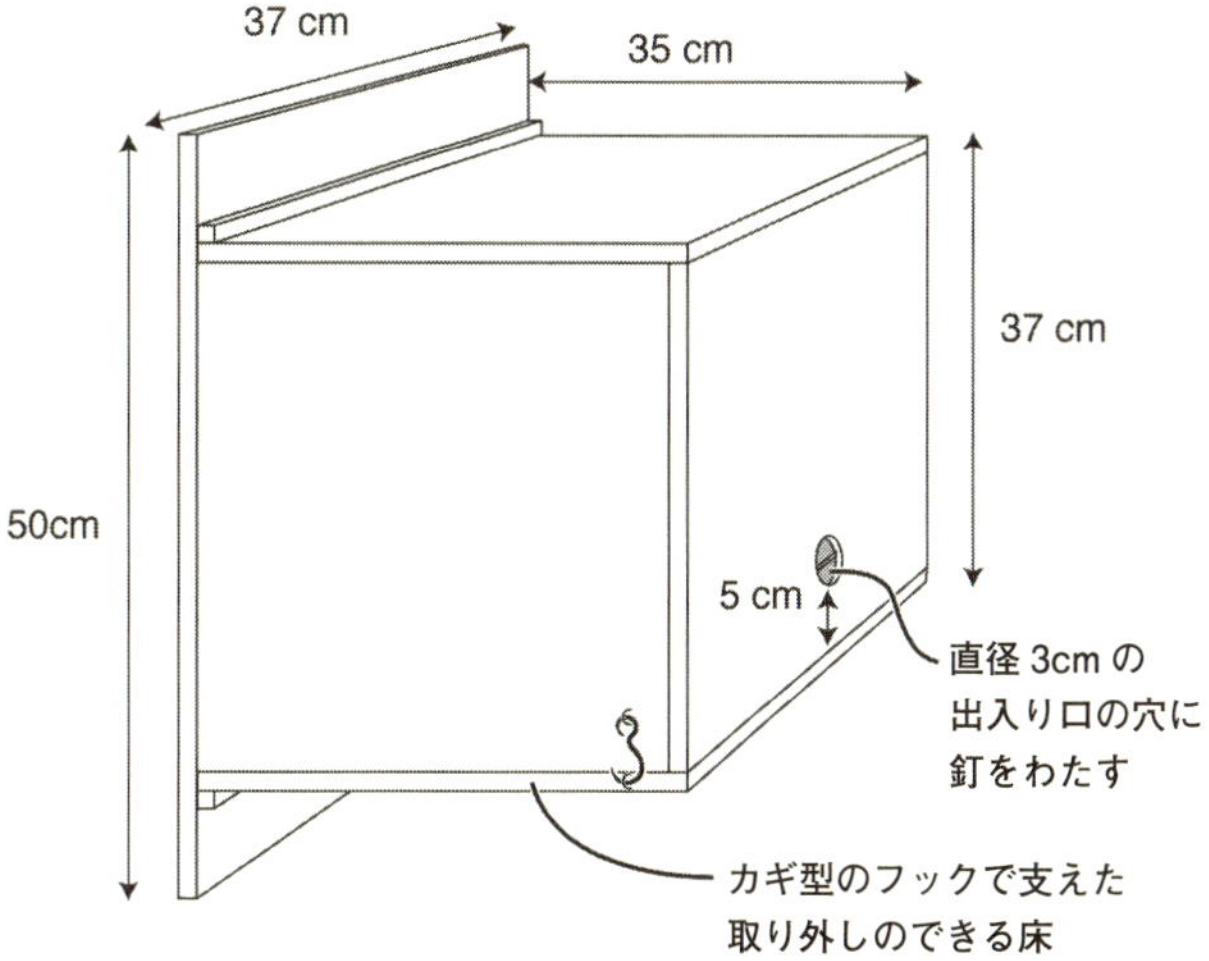

図 3. 8　ミツバチの巣作り場所の好みをもとに設計した捕獲巣箱。

を置くためのガイドラインを用意した――よい置き場は地上五メートルで、よく目立つが完全に木陰になり、南向きであること。そしてこれを養蜂専門誌『グリーニングズ・イン・ビー・カルチャー（養蜂落ち穂拾い）』で、またコーネル大学協同拡張紀要として公表した。養蜂家の反応は熱烈なものだった。これまで、養蜂家が野生の分蜂群を捕らえようと思ったら、群れがどこそこに止まっていると知らせてもらい、ハチが巣作り場所を決めて新しい巣穴に飛んでいってしまう前に、急いで行って巣箱に入れてしまわなければならなかった。だが、捕獲巣箱があれば、自動的に分蜂群を集めることができるのだ。

最近、他のミツバチ研究者がより安く、軽く、丈夫な強化木材パルプ製の捕獲巣箱を設計し、またシトラール、ゲラニオール、ネロール酸+ゲラン酸の一：一：一混合物がポリエチレンの小瓶から少しずつ発散して、匂いで誘引する装置を考案している。この匂い誘引物質は、探索バチが気に入った巣穴に印をつけるために発香器官から放出する誘引フェロモン（詳しくは第八章で論じる）をまねたものだ。アリゾナ州ツーソンにあるアメリカ農務省ミツバチ研究センターのジャスティン・シュミットによる実験は、匂い誘引物質のある捕獲巣箱が、ないものに比べて五倍多く分蜂群を引き寄せることを示している。おそらく人工誘引フェロモンの働きで探索バチに発見されやすくなるからだろうが、より気を引くからかもしれない。木材パルプの捕獲巣箱（「分蜂トラップ」とも呼ぶ）と匂い誘引物質は現在商業生産されており、養蜂器具の販売業者が取り扱っている。毎年夏、私は五、六個の捕獲巣箱を置いている。いつも余分なコロニーがいくつか必要だからということもあるが、主な理由はタダでハチを手に入れるのが好きだからだ。

不動産鑑定

地域の課税額査定官が不動産の評価額を決定するために、宅地の大きさ、床面積、ベッドルームやバスルームの数などの情報をどのようにしてまとめるのか、家の持ち主ならおそらく誰でも気になったことがあるのではないだろうか。私は一九七四年に探索バチが巣の候補地を細かく調べているのを観察していて、同じことが気になりだした。私がハーバード大学の大学院に入る直前の夏のことだ。私はコーネル大学ダイス研究所のドク・モースのもとで研究を楽しんでいたが、博士論文の研究テーマ選択を少し心配していた。それは、分蜂群の巣作り場所の選び方に関するマルティン・リンダウアーの研究を、さらに深めるというものだった。過去二〇年間、リンダウアーの研究が提示した多くの謎に取り組んだ者はなく、ましてそれを解き明かした者などはいなかった。そこにはすばらしいチャンスがあることに間違いはないが、それをものにすることが自分にできるだろうか？　自分に何ができるか考える手始めに、私はひたすら、目をしっかり開いて、分蜂群による民主的な意思決定プロセスが行なわれるのを観察することにした。ドクのもとで研究していて、私は人工的に分蜂を起こす方法を学んでいた。コロニー（女王と働きバチ）を揺すって籠の中に追い込み、宿無しにしてから糖蜜をふんだんに与えて、野生の分蜂バチのように胃を食料で満たしてやるのだ。私は分蜂群を用意し、エリス・ホローにある実家の裏に置いた（図1．5）。それから廃品の合板で作った巣箱を、およそ一五〇メートル離れたストローブマツの木にかけ、分蜂群の探索バチが見つけて新居に選んでくれることを願った。探索バチが来たときに観察がしやすいよう、巣箱は目の高さに設置した。

この分蜂群を見張っていた週末は、私の人生の転機となった。群れの探索バチは、すぐさまいくつかの巣の候補地をダンスで宣伝し始めた。そしてほどなくして、一匹のハチがひときわ熱心に、すぐ近くの北の位置をダンスで示した。私の巣箱だ！　このハチの活発なダンスを見て数匹のハチが巣箱に群がった。私は分蜂群に戻って、私の巣箱の方角をダンスで伝えているハチの中から何匹かの胸部と腹部に、それぞれ違う色を組み合わせて、塗料で印を付けた。この単純な方法で、これらの個体は単なる*Apis mellifera* の一員ではなく私の個人的な知り合いとなり、その行動は私にとって最大の関心事となった。分蜂群では、探索バチがひとしきり激しく踊り、蜜のしずくを要求するために触角をきびきびと動かして、他のハチと交信し、あるいはこびりついた塗料片をこすり落としてから、また二〇～三〇分の飛行に出かける様子が見られた。戻ってくると、探索バチはまたダンスをすることもあるが、分蜂蜂球の中でただ静かにじっとしていることもある。巣箱では、標識をつけたハチが着陸しては興奮したように入り口の穴へ駆け込んでいき、一分ほどして慌ただしく戻ってくると、出入り口の周りを少し這い回ってから、ひょいっと中に戻ったり、巣箱から数センチのところをたいてい箱のほうを向いて、ゆっくりとした速度でふわふわと周りを回ったりしている。巣箱の構造を目で詳しく調べているようだった（口絵2）。情報を集めようとこれほど根気強く集中しているミツバチの行動を見たことは、それまでなかった。私はすっかり興味をかき立てられた。同時に、論文テーマの選択についての心配もほとんど消え失せた。探索バチが巣作り場所を検査する方法を調べる自信を、私は持ったからだ。

翌年の夏、一九七五年六月から、私は巣作り場所探索バチの検査行動を詳しく研究し始めた。そのために私は、五月上旬からミツバチの木を探し、野生の巣を記述しながら忙しく駆け回っていた。森に覆われたイサカの山野を離れ、天然のミツバチの巣穴がほとんどないアップルドア島（図3．9）へと移る必要があった。岩がごつごつした吹きさらしのこの島は、長さわずか九〇〇メートルで、メイン州南部の海岸から沖合一〇キロの大西洋上にある。コーネル大学とニューハンプシャー大学のショールズ海洋研究所がここに置かれている。私がアップルドアに惹かれたのは、定住しているミツバチがおらず、大きな木がないからだ。代わりに約一〇〇〇つがいのセグロカモメとオオカモメが棲み、高さ三メートルになるツタウルシの藪、もつれあったブラックベリー、風に痛めつけられたサクラの低木に覆われ、いずれもカモメがたっぷりと落とす肥料が効いている。この灌木の島に分蜂群を連れてくれば、ハチはもっぱら、私が与える人工の巣箱から巣作り場所を探すしかないだろうと考えたのだ。そうすれば、その行動を管理された状態で観察し、巣の候補地をどのように評価するか知ることができるだろう。

アップルドア島での最初の目標は、巣作り場所を検査する探索バチの行動を詳しく記述することだった。この観察によって、巣作り場所の重要な性質を探索バチがどのように評価するかがわかるだろうと、私は期待した。巣穴の容積や、巣穴の底から出入り口までの高さのようなものを、探索バチがどうやって測るかを知るためには、巣の候補地の内部を観察できるようにすることが特に肝心だ。そのために、

図3. 9　上：一番手前がメイン州アップルドア島。後ろにショールズ諸島の残り８つの島のいくつかが見える。下：岩と灌木とカモメの棲む島、アップルドアの霧に覆われた朝。

図 3. 10　探索バチが巣の候補地を調べるところを観察するために作った巣箱の内部。光を通さない小屋の窓に赤いフィルターを張り、その外側に巣箱を設置した。ミツバチに赤い光は見えないので、邪魔をすることなく観察し、数字を振った格子を参照して動きを記録することができた。

私は光が入らない小屋を建て、その外壁に立方体の巣箱を取りつけた（図3.10）。巣箱は赤いフィルターで覆われた窓の外側についており（ハチには赤い光が見えない）、探索バチの邪魔をせずに箱の中をのぞき込むことができる。箱の内面には格子を描き、探索バチが穴に入っている間にどこに行くかを記録できるようにした。小屋を島の片側にある谷に設置してから、私は小規模な分蜂群（二〇〇〇匹ほど）を島の中央に置いた。ハチには個体識別ができるように、色コードを使って塗料の印をつけてある。それから私は小屋で探索バチを待った。

最初にこれを試したとき、午前中いっぱい小屋で待っていたが、探索バチが来ることはなかった。私は驚き、がっかりした。昼になって分蜂群のところに戻ると、私はさらに落ち込んだ。数匹の探索バチが、小屋とは反対の方向にある場所を示すダンスを長々と踊っていたのだ。なんてこった！　いったい何を見つけたっていうんだ？　私はハチのダンスが示す場所の方角と距離を慎重に測り、その位置を地形図で割り出した。私はさらに深く落ち込んだ。ハチのダンスは間違いなく、島の南岸に二軒あるロブスター漁師の小屋の一つ、具体的にはロドニー・サリバンの小屋を示していたのだ（図3.11）。数日前アップルドア島に到着し、新しい環境について案内を受けたとき、漁師の私有地には決して近づかないようにと言われていた。特にロドニーの家には。ロドニーはプライバシーを重んじており、玄関ドアの陰に弾を込めたショットガンを置いているからだ。どうしよう？　研究所の所長であるジョン・M・キングズバリー教授に相談すると、わざわざ私を連れてロドニーの家まで行き、互いを引きあわせてくれることになった。私たちはボートで行ったので、ロドニーには私たちが正面（海側）から近づいてくるのが見えただろう。たとえ私のハチが後ろ（陸側）から「襲って」いても。ロドニーはボートが近づく音を聞きつけ、ポーチに出て、上がって来いと私たちに言った。私たちが岩を登って家にたどり着くと、

図3. 11　島にあるロブスター漁師ロドニー・サリバンの小屋。窓が並んで4つある横、屋根にかけたはしごから、著者がどのようにして煙突に近づき、ハチ除けの網を張ったかがわかる。

ロドニーは非常事態だと言った。ハチが何百匹も薪ストーブの煙突の中でブンブンいっているんだと。「こんなの見たことねえよ！（この間の）嵐で飛ばされてきたんじゃねえか？」。私は質問には答えず、何とかしましょうと申し出た。ロドニーがストーブを焚いてハチをいぶし出す一方で、私は急な屋根に登って（まだ乾いていないカモメの糞だらけでつるつる滑った）、網戸の網をテープで煙突に取りつけ、ハチが二度と入れなくした。ロドニーは喜んだ……私はほっとした。

ロドニーの家に気をそらすことがなくなると、私の分蜂群の探索バチは観察巣箱に姿を現わすようになり、そして顕著な検査行動を取り始めた。探索バチが巣の候補地を検査するには一三から五六分（平均三七分）を要することがわかった。完全に検査するには合計一〇回から三〇回巣穴内部を回る。一回にかかる時間は通常一分以内で、同様に手短な外部の検査と交互に行なわれる。探索バチが巣穴を出たり入ったりするこの最初の検査を、私は発見時検査と呼ぶ。発見時検査が済むと探索バチは分蜂群に戻り、その候補地が好ましいものであれば尻振りダンスで宣伝し、それから通常は約半時間間隔で候補地をくり返し訪れるが、その後の訪問は一〇分から二〇分（平均一三分）しかかからない傾向があり、それほど頻繁に出入りをしない。

巣穴の中で発見時検査を行なっているとき、探索バチはほとんどの時間（約七五パーセント）をもっぱら内側の表面をくまなく歩くことに費やす。早足で歩き回っては時々止まって休み、身づくろいし、発香器官から誘引フェロモンを放出し、また短く跳ねるように飛ぶ。暗い穴の中は、飛び回るのに向かない場所のように思えるが、ハチはこうした持続時間が一秒以内の短い飛行を行ない、巣穴の壁、床、天井の一点から一点へと移動する。探索バチの動きの幾何学的パターンを見ると、発見時検査の初期では、内部を探索する際に主に出入り口付近を歩いている。それが後半になると、巣穴の一番奥まで入り込むようになる（図3．12）。個々の探索バチが歩いた経路を三次元で再現すると、検査が終わったときに探索バチは六〇メートル以上穴の中を歩きまわり、内面をくまなく踏破している。

私は一九七五年にアップルドア島で四週間を過ごし、探索バチが巣作り場所候補をどのように評価するかという謎は解けぬまま帰路に就いた。それでも私は、満足のいく進歩があったと思った。私はこの離れ島での分蜂群を使った研究方法を学んだ。ここでは強い風としつこい霧が研究を妨げることもあるが、潮風、岩場に砕ける波、にぎやかなカモメがいつも元気を与えてくれた。そして私は、探索バチが巣の候補地を検査するとき、どのように行動するかを明らかにできた。この行動がわかったことは、アップルドア島での将来の実験研究を計画する上で計り知れない価値があるだろう。一九七六年に島に戻った私は、巣穴の大きさはハチにしてみれば広大なのに、探索バチはどうやって巣の候補地の大きさを

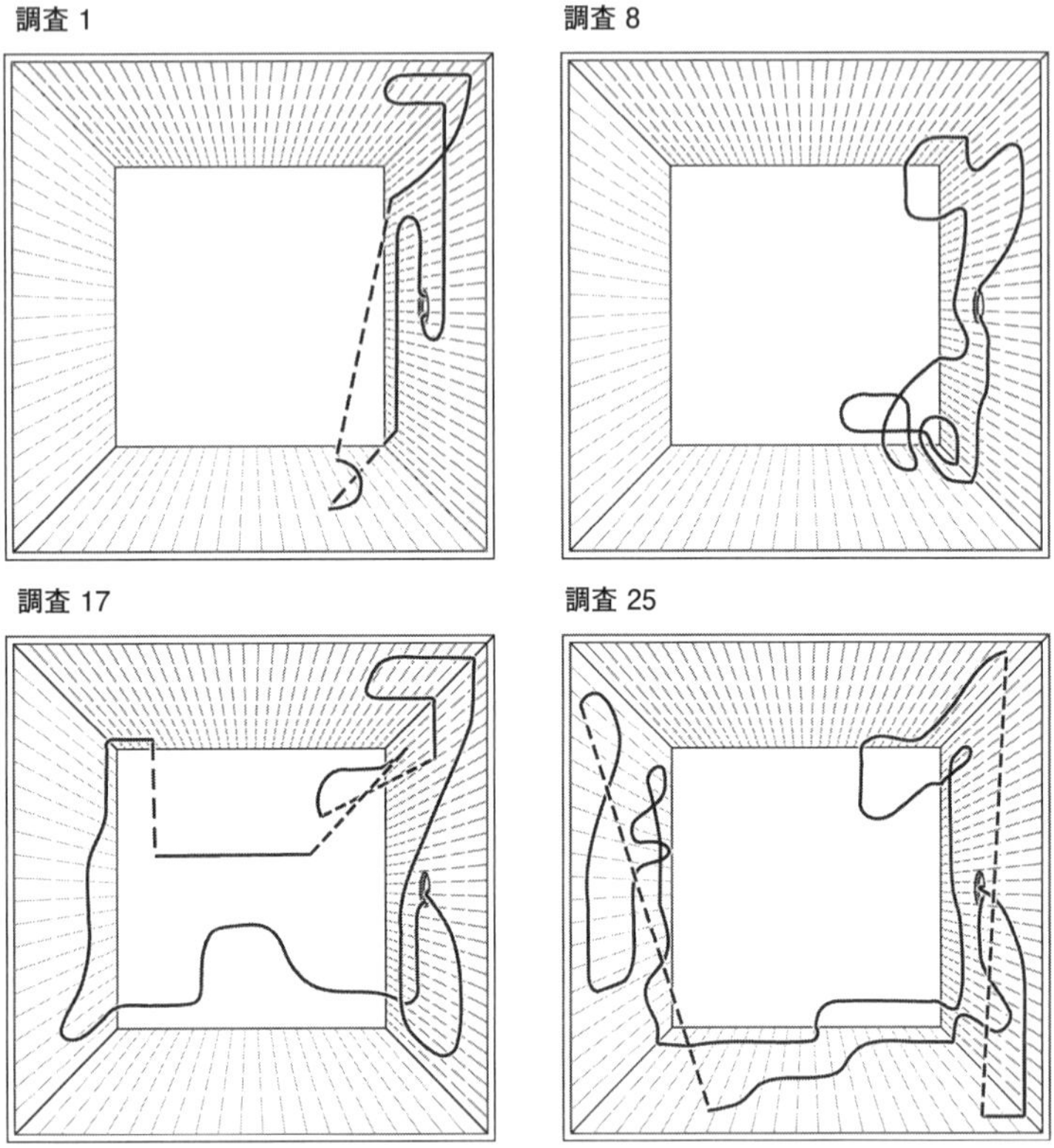

図 3. 12　探索バチによる巣穴候補地の調査方法を、1 匹のハチが観察巣箱を最初に調べた 25 回の行程から 4 回の経路で示している。実線はハチが歩いたところ、破線は飛んだところを示す。

測ることができるのかという疑問に集中して取り組んだ。巣穴の容積は、コロニーの長期的な生存のために、おそらくもっとも重要な候補地の特徴となる。一〇リットル以下の巣穴に住むコロニーは、冬を越せるだけの蜂蜜を貯えることができないからだ。そこで私は、ミツバチが巣穴の容積を正確に測る方法を進化させたのではないかと考えた。

探索バチはどのように巣穴の容積を測るのか？　最初の検査の過程での長い歩行は、推定のための基礎となりうる。だがもう一つの仮説は、ただ中に入って見回すだけというものだ。私は、内部の光量と歩くことのできる面積を変えられる巣箱（光量は出入り口から入る光の量を変えることで、面積は表面が滑ってハチが登れなくなるテフロンの一種のフルオンという素材で内壁を覆うことで）を使って、最初の実験を行なった（図3.13）。すると、巣穴の容積を測るために、探索バチは〇・五ルクスを超える内部の照度（だいたい満月くらいの照度）か、または自由に歩き回れる内壁のどちらかを必要とすることがわかった。一般的な木の空洞の中はどんな条件だろうか？　確かに空洞内部の木の内壁を、探索バチが歩き回るのは容易だ。探索バチが検査するような空洞の光量を測るため、私は野生の巣の計測結果を基にした模型を作った。それにはいくつか穴が開いており、そこから照度計が入れられる。日光が射し込む出入り口付近を除き、内部の照度は〇・五ルクス未満であることがわかった。明らかに、野生では探索バチは主に歩き回って候補地の容積を測っているのだ。

この仮説をもっと直接的に試すため、穴の中のある一点から一点まで移動する歩行距離を操作して、探索バチの巣穴の容積に対する認知を変えることを試した。そのために私はミツバチ用ランニングマシーンを開発した。円筒形をした巣箱を回転台に縦に置き、探索バチが中にいるときに、箱をよどみなく回転させることができる（図3.13）。てっぺんが窓になっており、中を覗けばハチがどの方向に歩いて

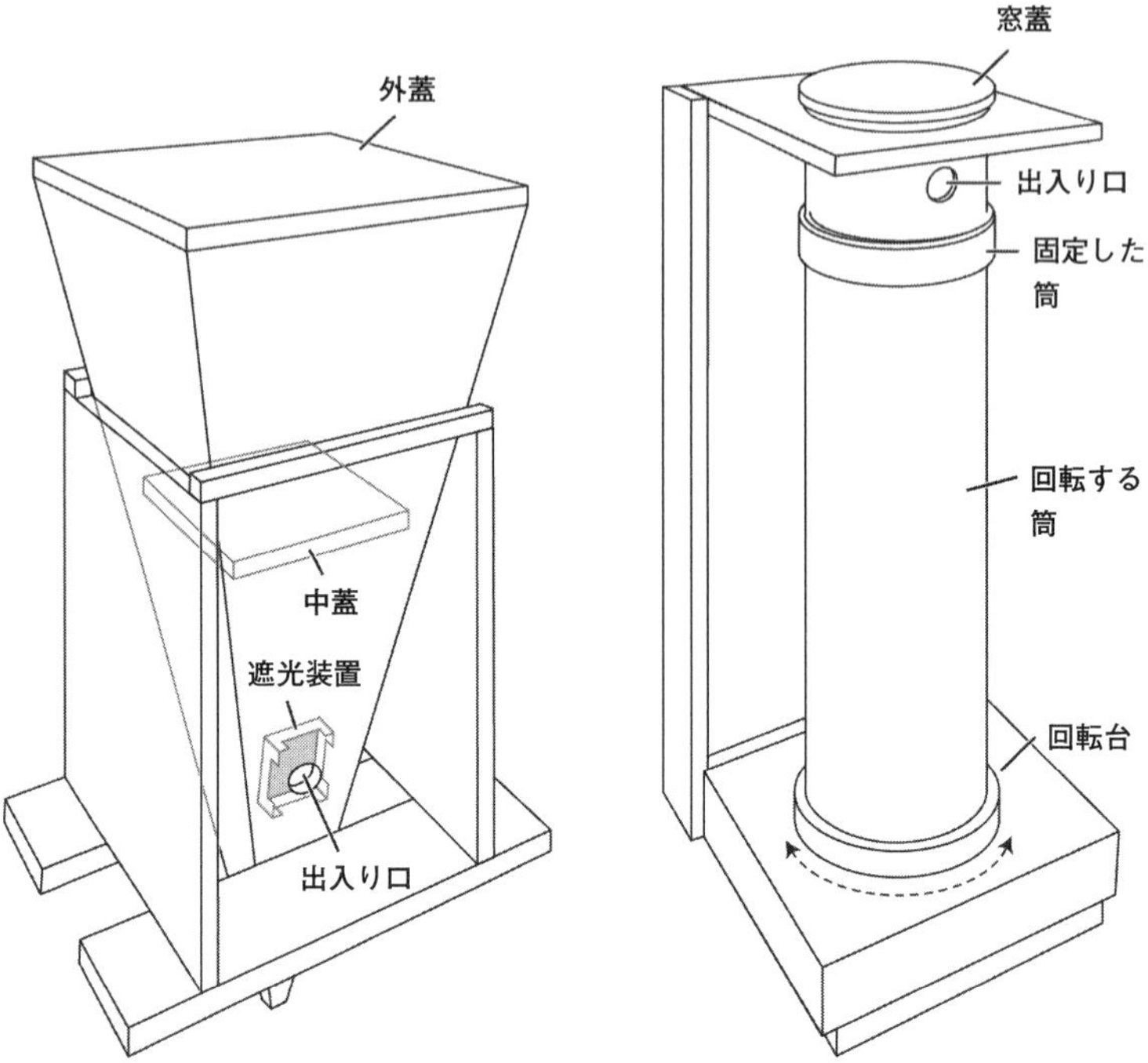

図 3. 13　探索バチが巣穴の容積をどのように測るかを調べるための実験器具。左：巣穴の容積を 5 リットル（中蓋を閉じたとき）と 25 リットル（中蓋を開けたとき）に変えられる装置。遮光装置は、出入り口からはいる光の量を調節して、探索バチが主に視覚に頼ることなく巣穴の大きさを測ることができるかどうかを見るためのもの。内壁を覆うことによって、箱の中の歩くことができる範囲を変え、歩行の重要性を評価する。右：円筒形の巣穴の壁が回転し、探索バチが 1 周するために歩かなければならない距離を延ばしたり縮めたりできる装置。

いるかわかる。それから壁を回せば、ハチが水平に一周するために歩かねばならない距離を、思うままに増やしたり減らしたりすることができる。探索バチが出入り口から入ったとき私がハチの進行方向に壁を回せば、ハチは一緒に回っていき、すぐに入り口近くまで戻ってしまう。進行方向と反対に回せば、一回りして出入り口まで戻るためには、余計に歩かなければならなくなる。装置全体は私の光が入らない小屋に据えつけ、短いトンネルで巣箱の出入り口と小屋の壁の開口部をつなげた。巣箱に入ってくる光は入り口からのものだけで、この一点の明かりが箱の中の探索バチにとって、箱からの出口を見つけるためと周回するときの進み具合を測るための、視覚的な基準点となる。

この実験巣箱の容積は一四リットルで、小さすぎて受け入れられない巣穴と、十分な大きさのあるものとの境目にある。もし歩行が容積の認知に寄与するなら、最初にこの箱を見つけた探索バチは、普通の一四リットルの空洞より多く歩かされるか少なく歩かされるかによって、その実際の容積が持つよりも魅力を大きく、あるいは小さく感じるはずだ。そのハチによる巣箱の評価の分析結果は、最初のハチに招集されて巣箱を訪れる他の探索バチの数が示す。その箱が十分に大きいと思ったら、小さすぎて受け入れられないと考えた場合よりも多くの探索バチを招集するはずだ。それこそまさしく、この実験を四回試すことで私が観察したものだった。ハチを多く歩かせると、九〇分後に七ないし九匹が招集されてきた。だが少なく歩かせると、九〇分後に招集されるのは〇ないし一匹だった。明らかに、「長く歩いた」ハチだけが巣箱は十分に広いと判断し、仲間の探索バチに熱心に推薦したのだ。したがって、探索バチが推定した巣穴の容積が、一周するのに必要な歩行量に比例することは明らかだと考えられる。一歩一歩が測定になるのだ。

探索バチが、巣穴の中で歩いたり飛んだりという行動で集めた情報から、穴の広さを判断するのに使っているらしい単純な方法を、イギリスのブリストル大学とアメリカのアリゾナ大学の生物学者、ナイジェル・R・フランクスとアンナ・ドーンハウスが近ごろ提唱した。いかなる空間においても、空間を横切ってすべての方向に引かれた線の平均自由行程長（MFPL）は、空間の体積（V）の四倍を内部表面積（A）で割ったものに等しいことが、物理学者の間では以前から知られている。すなわちMFPL＝4V／Aだ。したがって体積は、平均自由行程長に内部表面積を掛けたものに比例し、V＝（MFPL×A）／4となる。探索バチが広範囲に歩き回ることは、巣穴の内部表面積を推定する手段である可能性がある。また、探索バチが行なう短く跳ねるような飛翔――これについては私も報告していたが、容積推定プロセスとは結びつけていなかった――は、壁に当たるまでにどれだけ飛べるかを試す、つまり平均自由行程長を推定する手段の可能性もある。もし二つの可能性が正しいと証明されれば、巣穴が十分な大きさを持つと確かめるために、探索バチは、巣穴が内部表面積と平均自由行程長の適切な組み合わせを備えているかだけ確認すればいいことになるだろう。明らかに、壁が回転する巣箱を使った私の実験の結果は、この仮説と矛盾しない。出入り口に戻るまでにハチを余計に歩かせれば（それによってハチによる内部表面積の推定値を増やしたからか？）、結果として箱の容積の推定値は大きくなる。フランクスとドーンハウスは、そのアイディアの独創的な実験方法を提案している。巣箱の幅いっぱいに近い、しっかりしたカーテンを中に吊るし、表面をフルオンで覆って探索バチが上を歩けないようにする。カーテンは、巣箱の中を飛ぶときの平均自由行程長を短くするが、容積と歩くことができる内部表面積は変わらない。こうして、ハチは巣箱が小さくなったかのように振る舞うかどうかを観察することができる。この実験が近いうちに行なわれ、それが提唱されている経験則を支持してくれることを期待している。なぜならそれが、手強い問題をエレガントに解決する方法だと思うからだ。

第四章　探索バチの議論

民主主義の経験は、人生そのものの経験に似ている——常に変化し、無限の多様性に富み、時に激動し、そして逆境に試されてよりいっそう価値を持つ。

ジミー・カーター、一九七八年のインド国会における演説

ミツバチの分蜂群は将来の住処を選ぶとき、直接民主主義の名で知られる形式の民主主義を実行する。意思決定に参加を希望する共同体の個々の成員が、代表を通してではなく直接参加するというものだ。したがってミツバチ分蜂群の共同的意思決定は、ニューイングランドのタウンミーティングに似ている。タウンミーティングでは、通常年に一度、地域の問題に関心を持つ登録有権者が集会で面と向かって、自治問題について討論し、採決し、共同体に拘束力のある決定がもたらされる。もちろん、分蜂群とタウンミーティングでは、直接民主主義の機能の仕方に違いがある。例えば、分蜂群の探索バチは共通の利害を持ち（どのハチも手に入る中で最良の巣作り場所を求めている、など）、合意形成によって意思決定に到達する。しかしタウンミーティングに参加する人間は、たいていの場合利害が対立しており（例えば、町立図書館に助成金を出して欲しい人もいれば、そうでない人もいる）、一人が一票を持ち、すべての票は重みが同じで、多数票を得た選択肢が勝つという多数決原理を使って意思決定に至る。分

蜂群とタウンミーティングには、もう一つ基本的に異なる部分がある。分蜂群の探索バチは、ミーティングの市民とは違って、集団の中で討論する際の各々のやりとりを追って、議論の全体像を大筋で把握することができない。ミツバチはただ分蜂蜂球内で隣り合ったハチの動きを観察し、反応することができるだけだ。だからハチは、仲間の分蜂バチの間を伝わる情報全体を知ることなく動く。

このような違い――利害が共通するか対立するか、知識が部分的か全体的か――が分蜂群とタウンミーティングには確かにあるのだが、ミツバチと人類の直接民主主義の間にある、いくつかのきわめて重要な類似が、それで薄れるわけではない。第一に、昆虫とヒトいずれの集団の意思決定においても、未来の行動方針に関わる決定は、自発的に行なわれ等しく重みを持つ何百もの個体／個人の寄与を反映している。言い換えれば、集団の行動を統制する力が少数の指導者に集中するのではなく、多数の成員に分散されているのだ。第二に、多数の個体／個人がフルに関わっているので、集団は複数の情報源（それがあちこちに散らばったものであっても）から同時に情報を受け取り、処理することができる。例えば、あらゆる意思決定プロセスの最初の段階を考えてみよう。そこでの重要な課題は、手に入る選択肢を明らかにすることだ。多数の個体／個人に問題を検討させ、可能性のある解決策を出させるため、分蜂群もタウンミーティングも、幅広い選択肢を見つけだす上で、一匹のハチや単独の人間よりはるかに高い能力を持つ。そして選択の幅が広ければ広いほど、本当に最良の選択肢が含まれている可能性も高まるのだ。第三に、これがもっとも興味深い点なのだが、分蜂群にせよタウンミーティングにせよ、集団が未来の行動方針を選ぶ方法は、提案された選択肢を公開で競争させることである。ある個体／個人が選択肢を提案し、聞き手がそれぞれ提案を独自に評価して賛否を決定する。賛成する者は自分も提案を支持することを表明する。こうして承認されると、この選択肢がさらに支持者を呼ぶことが多い。提案がよければ、それだけ支持者を引き寄せ、十分に幅広い支持を集めて共同体の選択とされやすくなる。

家探しをするミツバチの場合、異なる提案の支持者の間で起きる競争は、激しいものであることが多い。ある探索バチがすばらしい木の空洞《うろ》の支持を力強く訴えていると、分蜂蜂球表面のわずかハチ数匹分離れたところでは別の探索バチが、第二、第三、さらには第四の好ましい住処を熱心に宣伝している（この章の後半で、どのようなハチが巣作り場所探索バチという「職業」に従事し、何がこれらのハチを危険な仕事に駆り立てるのかを見ることにする。かいつまんで言えば、巣作り場所探索バチは年を取ったハチで、以前は普通の採餌バチとして働いていたが、コロニーが分蜂の準備をしていて、もうこれ以上の食料は必要ないことを感知し、その仕事を辞めたものたちだ）。しかしそれは常に「友好的な」競争である。探索バチの間には理想的な巣の条件についての合意があり、手に入る中で最高の巣作り場所を選ぶという目的のために協力している。情報は一切包み隠さず共有され、最終的に新居をどこにするか完全な合意に至る。私たちがミツバチから学ぶことのできる有益な教訓の一つは、意見を率直公平に戦わせることで、個人の集まりの中に散らばった情報を集め、それに基づいて意思決定を行なうという問題が、うまく解決されることだ。

リンダウアーの分蜂群

分蜂バチが散らばった情報をまとめるために討論を行なうことは、一九五一年から五二年にかけてマルティン・リンダウアーが発見した。リンダウアーはカール・フォン・フリッシュの許可を得て、ミュンヘン大学動物学研究所の裏の庭園にある巣箱から発生した分蜂群をすべて使えることになった。こうしてついにリンダウアーは、かつて一九四九年の春に興味を抱いた、分蜂群の表面でダンスする土まみれのハチを、詳しく研究できることになったのだ（口絵3）。研究所のミツバチコロニーはその役目を果たし、リンダウアーは五、六、七月にわたって一七の分蜂群を観察することができた。分蜂群の多くは通りを渡って植物園に飛んでいき、そこで様々なものに止まった。リンダウアーは、一つひとつの分蜂群に、その野営場所から取った楽しい名前をつけた。一九五一年五月一八日のボダイジュ分蜂群、一九五一年七月九日のサンザシ分蜂群、一九五二年六月二二日のバルコニー分蜂群といった具合だ。リンダウアーの当面の目的は、分蜂群の上でダンスするハチが巣作り場所探索バチかどうかを確定することだった。しかし最終目標は、分蜂群がどのように新しい巣作りの場所を見つけるかを理解することにあった。動物の行動の調査は「じっくりと見て、疑問を持つ」ところから始まり、その際、根気よく広い範囲にわたって観察を行なうことが、予想外の発見を生む。リンダウアーはその大切さを知っており、それぞれの分蜂蜂球の上で尻振りダンスを行なうミツバチを、明け方から夕方まで見張っていた。また、分蜂するハチの世界に入るためには、ダンスバチを一匹一匹見分けたいとも考えた。リンダウアーはそれぞれのダンスバチの背中に塗料で印をつけた。カール・フォン・フリッシュは一九一〇年代に、五色の塗料だけで一から五九九までハチに番号を振ることができるマーキングの仕組みを考案していた。リンダウアーはこのシステムを使って、小さな絵筆でシェラック塗料の小さな点を一個から四個、ダンスバチに一匹ずつ巧みにつけていった。

分蜂群上でのダンスを記録するというリンダウアーの試みは、初めは楽なものだった。ダンスバチの数は少なく、そのダンスは断続的だったからだ。だから当初、リンダウアーは一回のダンスの時間、ダンスバチの個性、その個体がダンスによって宣伝している場所などをノートに記録することができた。

ところが次第に、分蜂バチのダンス行動を記録する作業は、不可能に近いほど難しくなった。やがて十数匹あるいはもっと多くのハチが、分蜂群の上でダンスする場面に出くわすようになったのだ。ダンスバチが増えて対処しきれなくなったリンダウアーは、記録対象を絞ることで切り抜けた。新しい標識をつけていない）ダンスバチが見つかった時間と、新しいハチのダンスが示す場所だけを書き留めたのだ。ダンスする分蜂群の観察、ラベリング、記録を何時間も、時には何日も続けて独りで行なうのは、消耗の激しい作業だった。しかしその意義はとてつもなく大きかった。第一章で、リンダウアーがどのようにして分蜂群の上でダンスしているハチは、巣穴の候補地を宣伝している巣作り場所探索バチだという直感を試したかを見た。分蜂群が新しい巣作りの場所に向けて飛び立つ直前に、ダンスバチが全員一致で示した位置が、その新しい住処と一致することをリンダウアーは突き止めたのだ。それ以上に驚くのは、新しい巣を選ぶために、分蜂群の探索バチが活発な討論を行なうのを発見したことだ。

図4．1はそのような討論の一例を示している。これはエック（地名）分蜂群で行なわれたものだ。この分蜂群は一九五一年六月二六日の午後一時三五分に母巣を離れ、すぐにイボタノキに止まり、探索バチが巣を探しまわっている四日近くをそこにぶら下がっていた。一日目、リンダウアーが観察して標識をつけたダンスをする探索バチは、一時三五分から三時の間に二匹しかいなかった。一匹がおよそ一五〇〇メートル北の候補地を報告し、もう一匹は南東に三〇〇メートルの第二の場所を提案した。午後三時になると、空は暗い雨雲に覆われ、空気が冷たくなってきたので、探索バチはその日の探査をやめた。翌日、昼近くなって雲が切れ、日射しが戻るまで探索バチは不活発だった。図4．1には、リンダウアーが正午から午後五時までの間に一一匹のダンスバチに新たに標識をつけ、そのうち三匹が一五〇〇メートル北の、二匹が三〇〇メートル南東の場所を、残りの六匹が方角も距離もまちまちな別の六カ

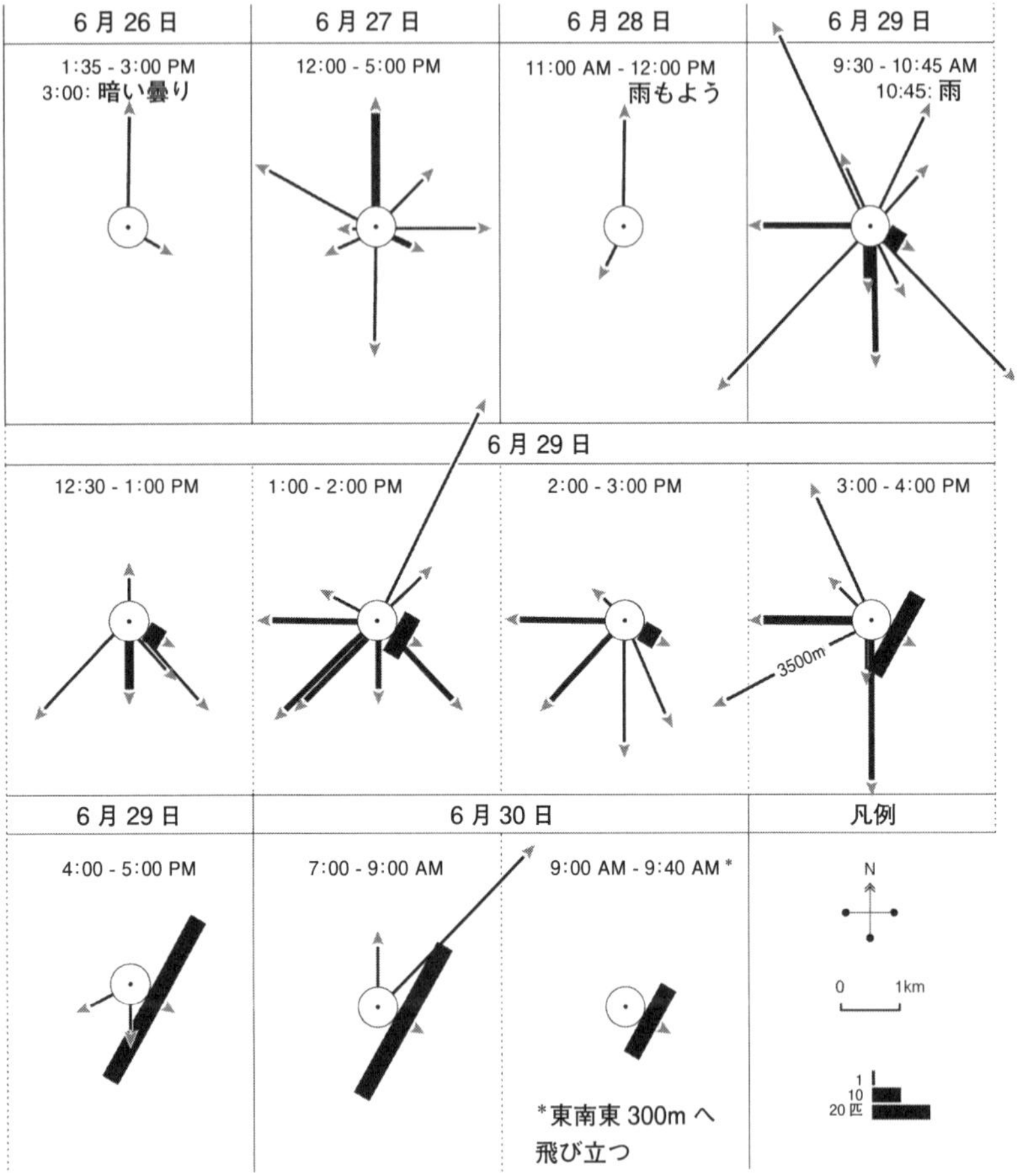

図 4. 1　エック分蜂群の探索バチが行なったダンスのパターン。1951 年 6 月のリンダウアーの観察による。矢印はダンスバチが示す候補地の方角と距離を表わす。矢印の幅は、表示の時間帯にその候補地を支持した新参ダンスバチの数を表わしている。

所を宣伝したことが示されている。この二日目の討論では、ダンスバチの間で何の合意も得られなかったのは明らかだ。三日目、天気はほとんど雨で、リンダウアーは新しいダンスバチを二匹しか記録していない。いずれも昼近くだった。一匹は北の場所を宣伝しており、ダンスバチの間でわずかな差でリードを保つこの場所に一票を加えた（これまでで合計五匹）。もう一匹は新しい場所、南西四〇〇メートルを報告していた。

四日目、空は晴れ、気温は上がり、ハチは活発になった。二〇を超える新たな候補地が報告されたが、意外にも北へ一五〇〇メートルの場所を示すダンスバチは増えなかった。おそらく雨漏りのする穴だったため前日の雨水がしみこみ、巣穴としての魅力がなくなってしまったのかもしれないと、リンダウアーは示唆している。二〇の新候補地のほとんどは、報告しているのがそれぞれダンスバチ一匹だけで、討論の中で真剣に取り上げられなかったが、二、三は複数のハチの興味を引き、重要な候補地になった。例えば、午前九時三〇分から午後四時の間に九匹のハチが、西へ一五〇〇メートルの場所を宣伝した。しかしここでも、ハチの興味はやがて薄れた。午後四時から五時の間、リンダウアーは西の場所を支持する新しいダンスバチを一匹も記録していない。ただ一つの場所、東南東に三〇〇メートルのものが一日中ハチの興味を引いており、この場所を支持するダンスバチが、一時間ごとに分蜂群の上で新しく標識をつけられていった。図4．1は、東南東の場所を支持するダンサーをリンダウアーが記録する割合が、その日一日で徐々に高まっていること、午後四時にはこの場所が圧倒的に優勢になったことを示す。しかし、東南東の場所へ招集する探索バチが他を完全に圧倒したのは、ダンス活動の最後の一時間、午後四時から五時の間のことだ。このとき、新しいダンスバチの実に六一匹が東南東の場所を宣伝し、他の場所に招集しているのは二匹にすぎなかった。この状況は翌朝も変わらず続き、八五匹中八三匹の新たなダンスバチが南東の場所に賛同していた。六月三〇日午前九時四〇分、ついに分蜂群は飛び立ち、東南東に三〇〇メートル飛んで、爆撃で破壊された建物の壁に住み着いた。

リンダウアーが報告したエック分蜂群の全体的なパターン――初め、いくつもの巣作り候補地を指示す新しいダンサーが分蜂群の上に現われ、それから少しずつ新しいダンサーは一つの場所に集中していき、最後に支持を得た場所の方角に分蜂群が飛んでいく――は、観察した一七の分蜂群について典型的なものであることが明らかになった。しかしリンダウアーは時々、討論があまり順調に進まない分蜂群に出会うことがあった。例えば、探索バチが二つの場所を発見し、それらをめぐって同じように力強いダンスがほとんど同時に始まることがある。このような場合、どちらの場所にも新たに招集されるハチは多数にのぼり、それぞれ支持する新たなダンサーが分蜂群上に増え続け、それが何時間にも及ぶ。もちろんこれは、ダンスバチが合意に達することをきわめて難しくする。

図4.2は、分蜂群の探索バチが、同じ勢力のダンサーのグループを二つ発生させた場合に、討論が長引く様子を表わす一例である。プロピュレーン（地名）分蜂群の物語は一九五二年六月一一日、午後二時一四分に母巣を離れたときから始まる。その日の午後いっぱいかけて、探索バチは一一の候補地を見つけ、報告した。その一つがもっとも多くのダンサーを引きつけた。北北東に九〇〇メートルほど離れたその場所を支持するダンスバチ一五匹に、リンダウアーは標識をつけたが、それ以外の一〇カ所を支持するものは合計でわずか一四匹しかいなかったことがわかる。だから当初この分蜂群の探索バチは、三時間にも満たない議論で合意に近づいたかに見えた。ところが二日目の午前、力強くダンスするもう一つのグループが現われ、そのメンバーは南西一四〇〇メートルの場所を宣伝した。リンダウアーはこのように報告している。「そのダンスはやはり活発で長く続いた。二つのダンス群の主導権争いを見る

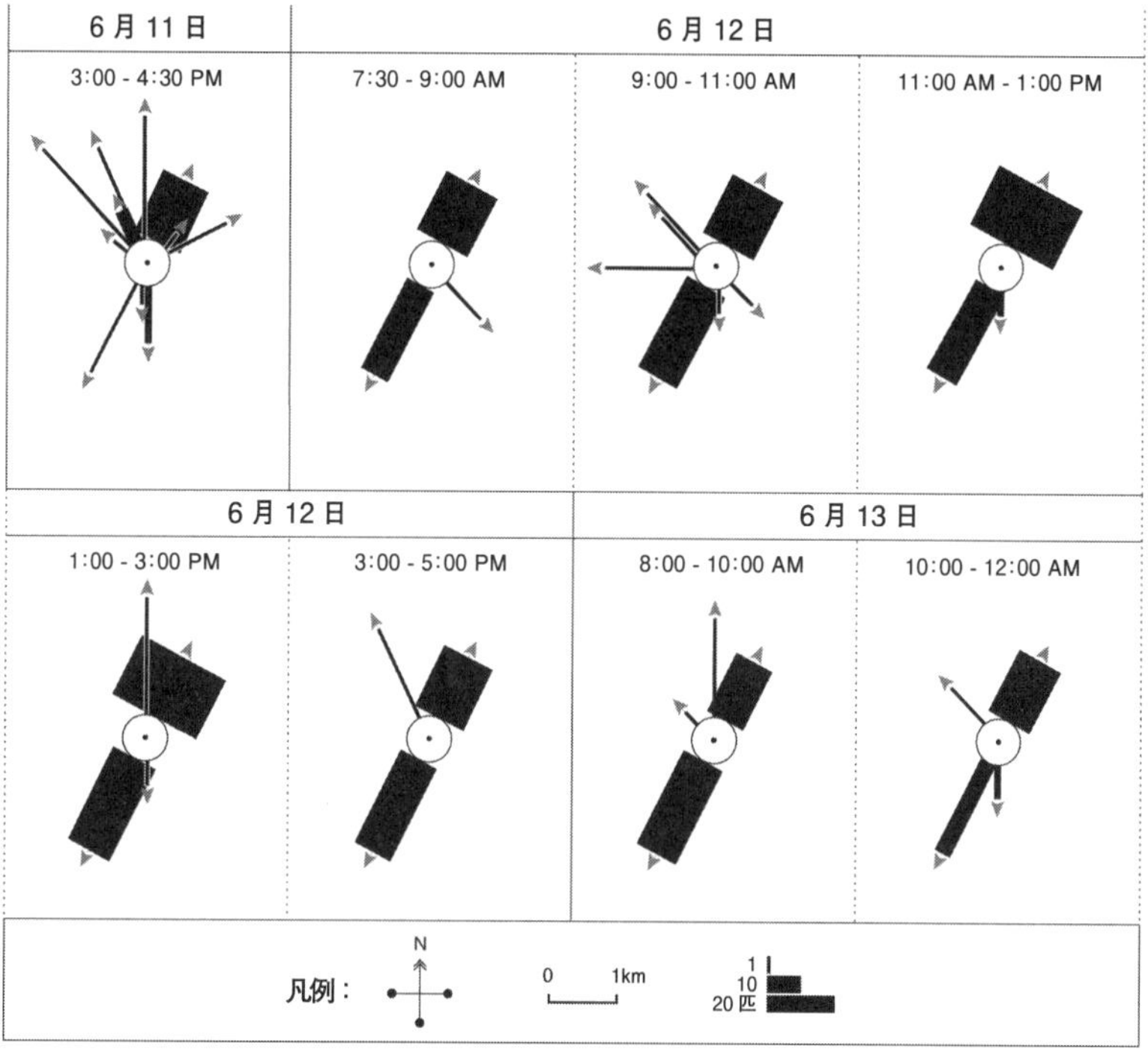

図 4. 2　プロピュレーン分蜂群の探索バチが行なったダンスのパターン。1952 年 6 月のリンダウアーの観察による。この分蜂群の探索バチは、優勢なダンスバチ集団を 2 つ形成したため、ダンスバチの合意が遅れた。

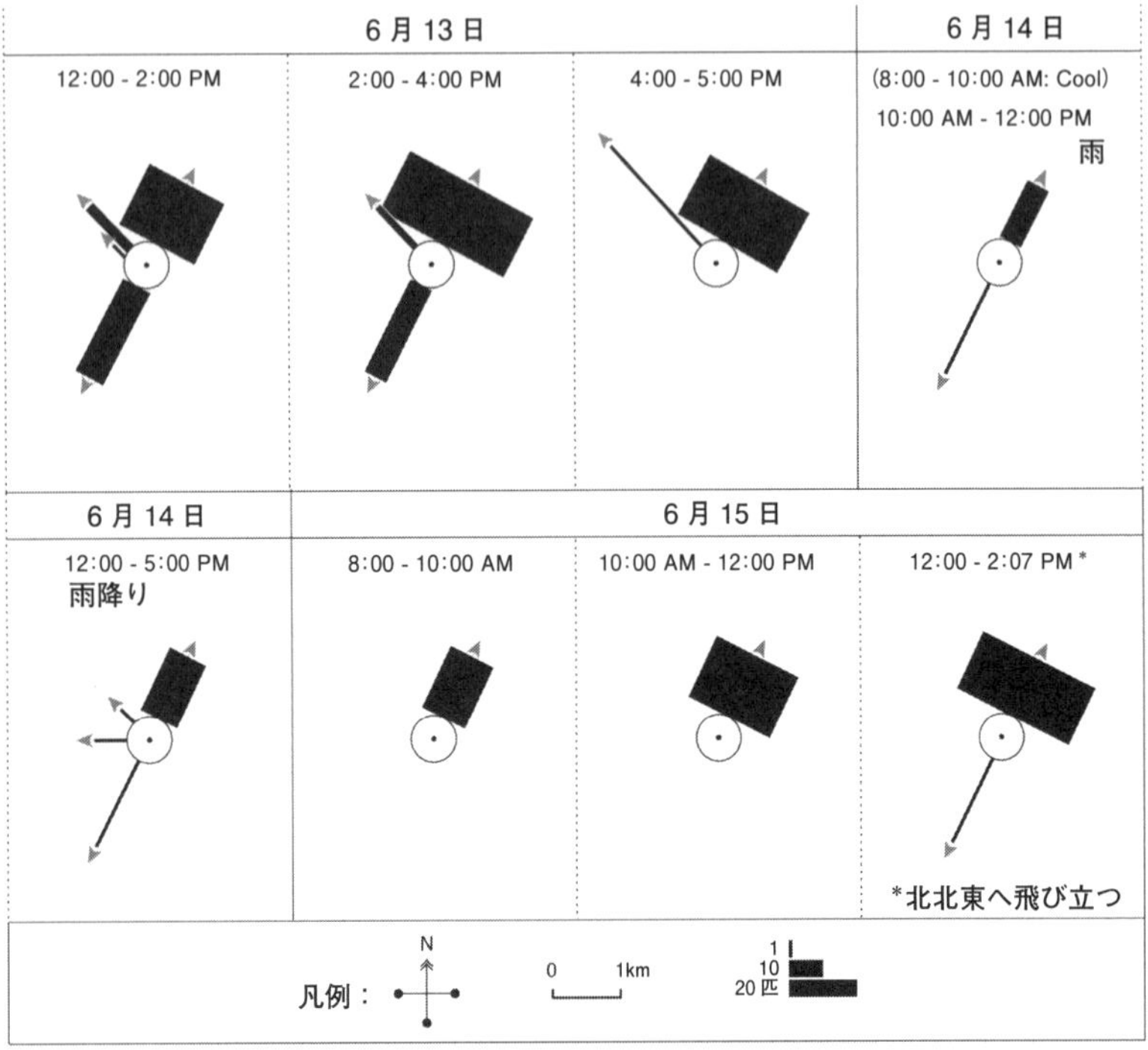
6月13日
6月14日
12:00 - 2:00 PM
2:00 - 4:00 PM
4:00 - 5:00 PM
(8:00 - 10:00 AM: Cool)
10:00 AM - 12:00 PM
雨
6月14日
6月15日
12:00 - 5:00 PM
雨降り
8:00 - 10:00 AM
10:00 AM - 12:00 PM
12:00 - 2:07 PM *
*北北東へ飛び立つ
凡例：
N
0
1km
1
10
20 匹

のは、観察者にとって神経のすり減る仕事だった。勝利の見込みが一進一退しながら、それは延々二日にわたり続いたからだ」。二日目いっぱい、北北東と南西の場所をそれぞれ支持する新しいダンサーは、ほぼ同じ割合で出現した。そして三日目、六月一三日の昼近くなってようやく、均衡が破れ始めた。何かの理由で、南西の場所を支持するダンスの力が少し弱まったに違いない。新たに標識がついたこの場所を支持するダンサーは非常に少なくなり、午後いっぱいかけて北北東の場所を支持する新たなダンサーの招集が、南西の場所を支持するものを上回った。当初（一二時から午後二時）二五対九だった新しいダンサーの数は、四一対七（午後二時から四時）になり、最終的に三四対〇（午後四時から五時）になった。三日目の終わりには合意に達したことがわかるのだが、残念ながら、分蜂群が新居へと飛び立つには、この日はもう遅すぎた（分蜂群が午後五時以降に飛ぶことはほとんどない。日暮れが間もないのに移動するリスクを避けるためだろう。分蜂群の女王は休憩のために緊急着陸が必要になることがあり、そうなると空中の分蜂群の働きバチが集団飛行をやめ、行方不明の女王を見つけだし、その周りに再集結するために一時間以上かかるかもしれないからだ）。プロピュレーン分蜂群は意思決定が遅れたために、翌日まで留まらざるを得なくなった。翌日は気温が低く雨だったので、ようやく北北東の新居に飛んで行けたのは六月一五日の午後、分蜂群が母巣を出てからまる四日後のことだった。

リンダウアーは、合意に至れなかった分蜂群も観察している。つまり、議論で優位を占めるダンサー群が出現せず、ただ一つの候補地を支持する新しいダンサーに、リンダウアーは注目することができなかったのだ。それは一九五二年六月二二日のバルコニー分蜂群だった（図4.3）。プロピュレーン分蜂群のように、この群れの探索バチは均衡した競争に入っていた。第一のグループは北西六〇〇メートルの場所を主張し、第二のグループは南西八〇〇メートルの場所を支持した。四時間の間（一二時から午

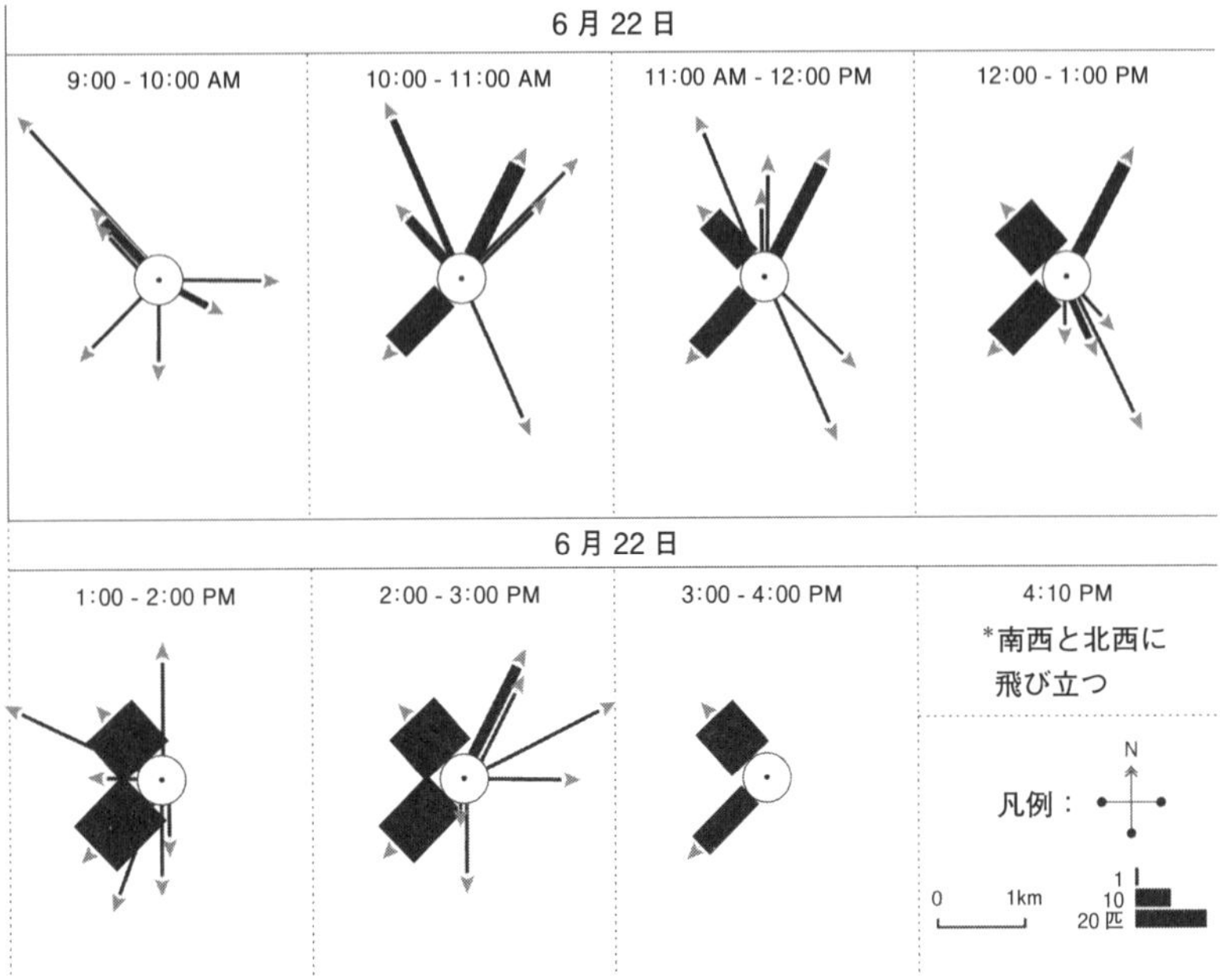

図4. 3　バルコニー分蜂群の探索バチが行なったダンスのパターン。1952年6月のリンダウアーの観察による。この分蜂群の探索バチは合意に達することがなかった。

後四時)、どちらのグループも決定的に優位を得ることができなかった。それでも午後四時一〇分、分蜂群は飛び立った。そして取った行動は、リンダウアーには目の前で起きていながらほとんど信じられないものだった。「分蜂群は……分裂しようとした。半分は北西に、もう半分は南西に飛んで行きたがっている。いずれの探索バチの集団も、分蜂群を自分が選んだ巣作り場所へ拉致しようとしているようだ」。そしてどちらのグループも途中までは成功した。空中のハチの半分は、南西の中央駅の方角に向けて移動を始め、あとの半分は北西のカールシュトラッセに向かった(図1.4)。しかしいずれのグループも希望の方角へ飛び続けることができなかった。おそらくどちらにも女王がいなかったからだろう。やがて渦を巻いた二つのハチの群れは、出発点の空中で再会した。そしてすさまじい綱引きが二つのグループの間で始まった。それからの三〇分、一方のグループがまた北西へ行こうとし、一〇〇メートル飛んで引き返すと、もう一方は南西に一五〇メートル飛んで、またやはり元の場所に戻る。ここに至ってハチたちは、先ほどまで蜂球を作っていたバルコニーに再び止まった。不幸にも分蜂群の女王は、空中での綱引きの最中にいなくなっていた。それから数時間かけて、分蜂蜂球はだんだんと解散し、女王を喪ったハチたちが母巣へと帰って行くのをリンダウアーは見た。

不運なバルコニー分蜂群の経緯は、ミツバチ分蜂群とその意思決定プロセスのいくつかの特徴を浮き彫りにしている。女王を喪って分蜂群が解体した悲劇から、新しいコロニーの遺伝子を卵巣と受精嚢に持つ分蜂群の女王が、分蜂群の存続に絶対必要であることがわかる。探索バチが合意形成に失敗したことから、分蜂群が意思決定を絶対に誤らないわけではないことがわかる。たまに分蜂群の意見が割れることがある。しかし通常これは一時的な状態であり、分蜂群は問題を解決することができる。第七章で見るように、意見が分かれたときの分蜂群は飛び立ってもどちらの場所にも行かれず、また止まってさらに討論を行ない、合意に至るのが普通である。リンダウアーは一七の分蜂群を観察し、そのうち二つだけ（バルコニー分蜂群とモーザッヒャー分蜂群）で意見が割れた。合意に至らなかったのはバルコニー分蜂群だけで、その理由は女王を喪ったからであり、したがって分蜂群の意思決定が完全に失敗することはまれだと考えられる。最後に、バルコニー分蜂群が、ダンサーの間で合意に達する前に飛び立ったことから、はっきりとわかることがある。ダンサーの合意は、観察している人間にはわかりやすいけれども、ハチ自身は別のものを見て、決定のときが終わり、実行のときが来たことを感知しているのだ。ハチがこの切り替えを実際にはどのように行なうかについては、第七章で明らかにする。

私の分蜂群

偉大な科学的発見というものは、輝かしい洞察を生み出し、その洞察の光はあいまいさを退け、新しい道を拓き、未知の地平を示してくれる。ミツバチ分蜂群が新しい巣作り場所を議論によって選び、その際に巣作り場所探索バチが自分の主張を尻振りダンスで表現することを突き止めたマルティン・リンダウアーの発見も、そのようなものだった。リンダウアーは分蜂群の上で行なわれるダンスの機能を明らかにし、分蜂バチの意思決定システム解明への道筋を照らした。そして、もっとも重要なのは、私たちをまったく新しい科学の領域、ヒト以外の動物による高度な集団意思決定の研究へと導いたことだ。

リンダウアーは間違いなく行動生物学のパイオニアであり、そしてあらゆるパイオニアがそうであるように、使える時間も道具も、新たに発見した領域をくまなく探究するには不十分だった。そのため、そのミツバチの民主主義の研究が、多くの面で不完全であったことも不思議ではない。それが一番はっきりと現われているのは、器材（ノート、時計、塗料セット）の制約から、分蜂群の上に新しく現われたダンサーしか記録できなかったことだろう。意思決定プロセスの各段階で分蜂群に現われたダンサーをすべて（新しいものも古いものも）記録し、異なった場所を支持するダンス間の力関係の全体像を得られれば理想的だった。そうすれば、各候補地の支持者の総数――新しい支持者の出現数だけでなく――が時間と共にどう変化するか、最後にどのようにして、おそらくはただ一カ所をダンスバチが支持するようになるのかがわかっただろう。図4．1と4．2の数字は、分蜂群が飛び去る直前、すべての新しいダンサーが、勝った候補地を宣伝していることを表わす。だが、これらの記録から、最終的に勝った候補地を、すべてのダンサーが、つまり古いダンサーの全部と新しいダンサーの全部が宣伝していたかどうかはわからない。意思決定プロセスは、実際にほぼすべてのダンサーが一つの候補地、つまり勝った候補地を支持して、きちんと終わるのだろうか？　リンダウアーは、そうであることをほのめかしている。負けた方の候補地を推す探索バチは、最終的に「招集をあきらめた」とリンダウアーは書いている。おそらくダンスを終えたのだろうが、ハチがダンスをやめたとは言っていない。また負けた候補地の支持者が、いつダンスをやめたのか、どのようにやめたのかも説明していない。だから、分蜂群上でのダンスを完璧に描写することは、大きな意味があるだろう。また、個々のダンサーの行動を完璧に記録し、それぞれのダンサーの動きを最初のダンスから続けて追跡できるようにすることにも、大きな価値があるだろう。ハチは何回もダンスを行なうのだろうか？　ダンスの総回数が、宣伝している場所の質と関係があるのだろうか？　ダンスをやめるとしたら、どうしてやめようと決めるのか？　周りで起きていることに関係なく自分からやめるのか、それともより活発にダンスをするハチに出会ったからやめるのか？　リンダウアーの研究は、巣作り場所を探すミツバチがどのように共同意思決定を行なうかを初めて調査した、驚くべきものであったが、審議を行なう際に巣作り場所探索バチが従う手続き規則について、答えの出ていない疑問が数え切れないほど残っていた。

一九九六年、私はこの疑問に取り組むことを決心した。私がミツバチの巣作り場所の好みと、巣穴の候補地の容積を推定する方法に関する博士論文研究を終えてから、二〇年近くが経っていた。私がなぜ七〇年代半ばから、リンダウアーの研究の欠落に目を向け始めなかったのかと言うと、リンダウアーによる分蜂群の意思決定分析を先へ進めるために必要なことがわかっていた録画機材を、どうやって手に入れたらいいかがわからなかったからだ。その当時、カラーのビデオカメラ、レコーダー、モニター（そのころこれらは全部別のユニットだった）は何千ドルもして、駆け出しの研究者だった私がもらえる少ない助成金では、とても手が届かなかった。それで私は研究対象を変えたのだが、社会性動物がどのように共同的意思決定を行なうかというテーマを、捨てたわけではなかった。別の形のミツバチによる共同的意思決定の研究に移ったのだ。それは、周囲の野原に多種多様な花が万華鏡のように咲き乱れる中で、ミツバチコロニーが採餌バチをもっともうまく散開させる方法だった。これは違う性質の集団的選択だ。巣を持たない分蜂群は、ただ一つの選択肢（巣作り場所の候補）を選ぶことについて「合意による意思決定」を行なうのに対し、蜜を集めるコロニーは、複数の選択肢（食料源の候補）の中で、どのように採餌バチを割り当てるかについて「組み合わせ意思決定」を行なう。採餌バチの配分をコロニーがどのように決定するかという問題に私が興味を覚えたのは、一つにはそれが根本的には巣作り場所の選択と似て、異なる選択肢（巣作り場所の代わりに食料源）を宣伝するダンスバチ集団間の競争に基づいているからだ。また一つには、それが巣作り場所の選択に比べて扱いやすく思われたこともある。分蜂は長くても二、三日しか続かない束の間の出来事だ。一方、採餌は夏じゅう続けられる。だから一五年ほどの間私は、一つの巣箱のハチたちが統一体としてどのように協力して餌を集めるか、特に、いかにうまく自分たちを花畑の間に配分するかを、楽しく調べていた。一九九五年に私はこの研究を一冊の本『ミツバチの知恵』にまとめた。この本を完成させると、私はミツバチ分蜂群の共同的意思決定研究を再開できると楽しみにしていた。

私の出発点は明白だった。探索バチの討論がどのように展開するか、全貌を明らかにするため、分蜂群による新居選択の始めから終わりまで、探索バチのダンスの完全な記録を取ることだ。このように分蜂群での探索バチの行動をはっきりと記述すれば、リンダウアーが提示した記述のギャップが埋まり、おそらく重要な発見もあるだろう。そして実際その通りになった。四〇年前のリンダウアーや二〇年前の私とは違い、今の私は高性能の録画装置やスロー再生機器を持っており、おかげで探索バチのダンス活動を幅広く記録することができる。また今の私は、数千匹のハチに個体識別用のラベリングを行なう方法も知っている。プラスチック製のカラー番号札を胸部に接着し、腹部に塗料の印をつけるという、ミツバチの採餌研究の中で磨いた技術だ（図4．4）。分蜂群のハチをそのように一匹ずつラベリングすれば、意思決定プロセスの始まりから終わりまで、各個体のダンスの履歴をたどることができるはずだと私は考えた。しかしこの計画を成功させるためには、恐ろしい量の綿密な作業が必要になる。分蜂群一つ当たり数千匹のハチに一匹ずつラベルをつけ、巣作り場所を選んでいる間ずっと分蜂群とビデオ機材の番をし、一つひとつのダンスについての情報（ダンサーの識別番号、宣伝されている場所、ダンスの継続時間）を録画から手作業で抽出しなければならない。この点で私は大変な幸運に恵まれた。きわめて聡明で根気強いコーネル大学の学部生、スザンナ・ブーアマンがこの試みに加わったのだ。彼女はこの計画に欠かせないパートナーとなった。一九九七年の夏いっぱい一緒に研究を続け、私たちは成果

図4. 4　個体識別のために標識をつけた働きバチ。

を上げた。

　私とスザンナは、三つの分蜂群で探索バチの審議を立ち聞きし、各分蜂群の意思決定のために行なわれたダンスの完全な記録を得ることができた。図4．5は分蜂群1で記録された討論を示す。これは六月一九日の午前一〇時に発生している。巣作り場所探索バチは、見つけた場所の報告を午後一時から三時の間に報告しはじめ、この日の終わりには七カ所の候補地（A～G）が検討対象に挙がったが、熱烈な支持を引き出したものはなかった。翌日、探索バチは活発になった。正午までに、さらに四カ所（H～K）が議論に加えられ、三カ所——G（二二〇〇メートル南東）、H（二六〇〇メートル東）、I（四二〇〇メートル南）が複数のダンスバチから承認を得た。候補地Gは差を広げているらしく、九匹のハチが宣伝しているが、まだダンスで優勢を占めている候補地はなかった。一二時から午後二時で情勢は目に見えて変わった。候補地Iが二五匹中二三匹のダンサーの支持を得て突出していた。この状況は午後いっぱい続いたが、新たな有力候補が二カ所提示され（候補地L、M）、その日の終わりまでダンスバチは候補地Iと同じくらいに候補地K、L、Mへの支持を示していた。ところが翌朝、ダンスバチの間に候補地Iを支持するという明確な合意ができ、そして午前九時一〇分に分蜂群は南へ飛び立っていった。疑いもなく目的地は候補地Iだ。

　分蜂群1での討論は、リンダウアーが記述したエック分蜂群を思わせる形で進んだ。意思決定プロセスの前半では、探索バチが分蜂群から見て様々な方角と距離にある候補地をいくつも報告する。それから討論の後半で、探索バチのダンスは速やかに、そして順調にただ一つの候補地に絞り込まれる。最終的に、ダンスバチはほぼ全員一致し、分蜂群は合意した候補地へと移動した。図4．5が描いているのは、各候補地を支持する新しいダンサーだけでなく、各候補地を支持するダンサーの時間ごとの総数だ

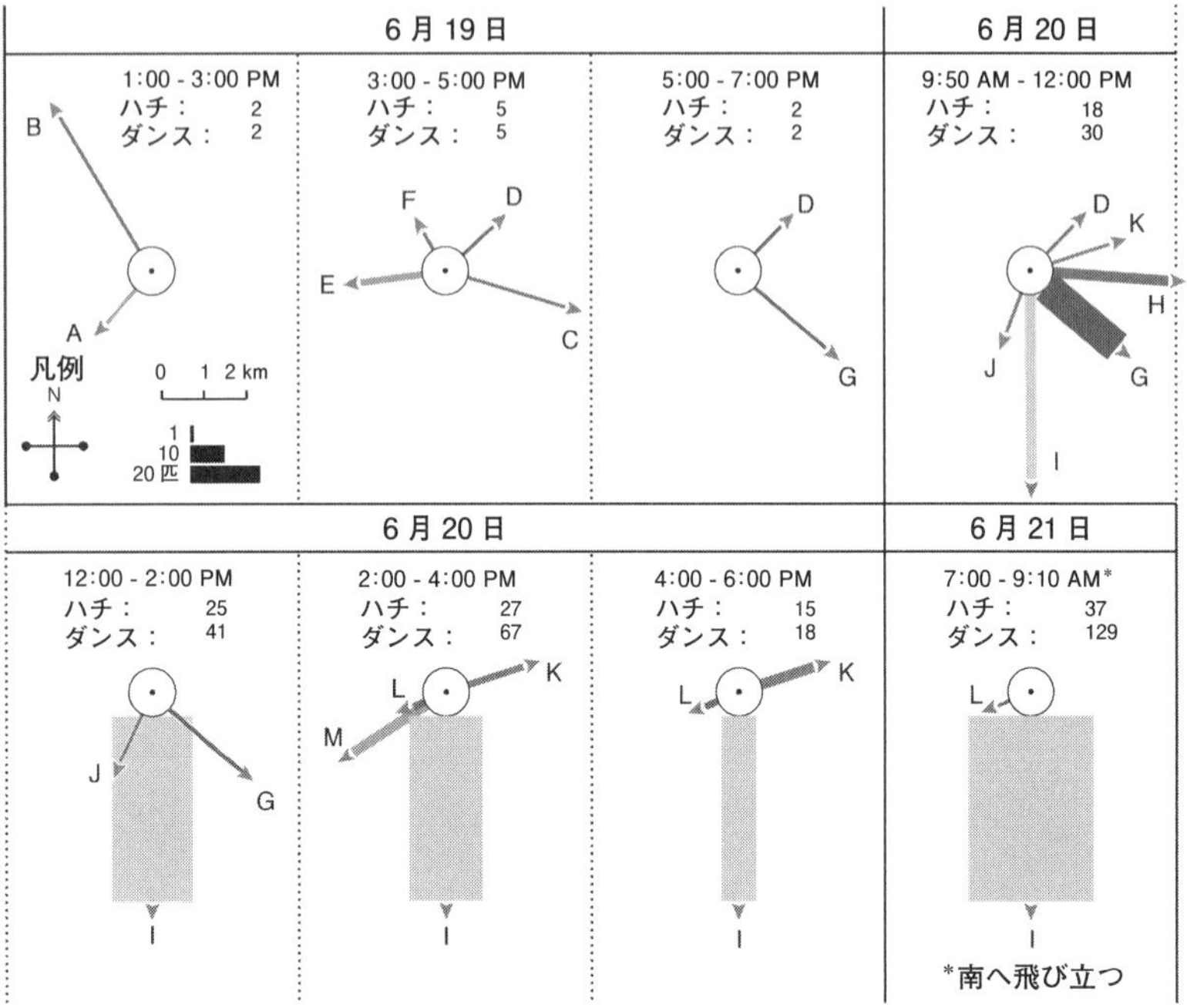

図4. 5　分蜂群1の探索バチが行なったダンスのパターン。1997年6月のシーリーとブーアマンの観察による。矢印の幅は、表示の時間帯にその候補地を支持したダンスバチの総数を表わしている。この分蜂群の探索バチはすぐに合意に達した。

ということは、強調に値する。したがって、この分蜂群の意思決定の結論は、ダンスバチの間で真の合意に達したことで区切りがつけられたと、自信を持って言える。

私とスザンナが観察した中でもっとも興味深い探索バチの討論は、分蜂群3で起きた。この群れでは二つのダンサー群の間で激しい競争があり、どちらの一派が勝利するか長時間はっきりしなかった（図4．6）。この分蜂群は七月一九日の午後二時三〇分に発生しているが、探索バチが巣の候補地をダンスで宣伝し始めたのは、翌日の昼頃だった。六カ所（A～F）が午前一一時から午後一時までに報告され、その一つ（候補地A、二二〇〇メートル東）を八匹のダンスバチが売り込んで、すぐに大差をつけた。それから四時間の間に、さらに三カ所の候補地（G、H、I）が議論に加えられ、四カ所（A、B、D、G）をそれぞれ数匹ずつのハチが宣伝し、前向きに検討されていた。しかし候補地B（九〇〇メートル南）と候補地G（一四〇〇メートル南西）が着々と支持を集めるにつれて、候補地Aは初めの優位を失っていった。午後三時から五時の間に、ダンスで候補地Aを支持するハチは四匹しかいなかった。一方、一七匹がダンスで候補地Bを支持し、一〇匹が候補地Gを支持していた。午後五時、この分蜂群のダンサー群の論争はまだ決着がつかないようだった。その日の残り二時間で、情勢は大きく変わった。ハチたちは新しく報告された二カ所（J、K）を含む九カ所を支持するダンスをしていたが、候補地BとGだけが複数のダンスバチから支持を得ていたのだ。この二カ所の支持者が他の七カ所を推すハチを大きくリードしていることが、私とスザンナにはわかった。そこで、翌日にはBグループとGグループのどちらが勝つか、私たちは賭けをした。私は候補地Bに、スザンナはGに賭けた。勝ったほうはイサカに新しくできたアイスクリーム屋のベン＆ジェリーズで、トリプルスクープ・アイスクリーム・コーンをおごってもらうことになった。

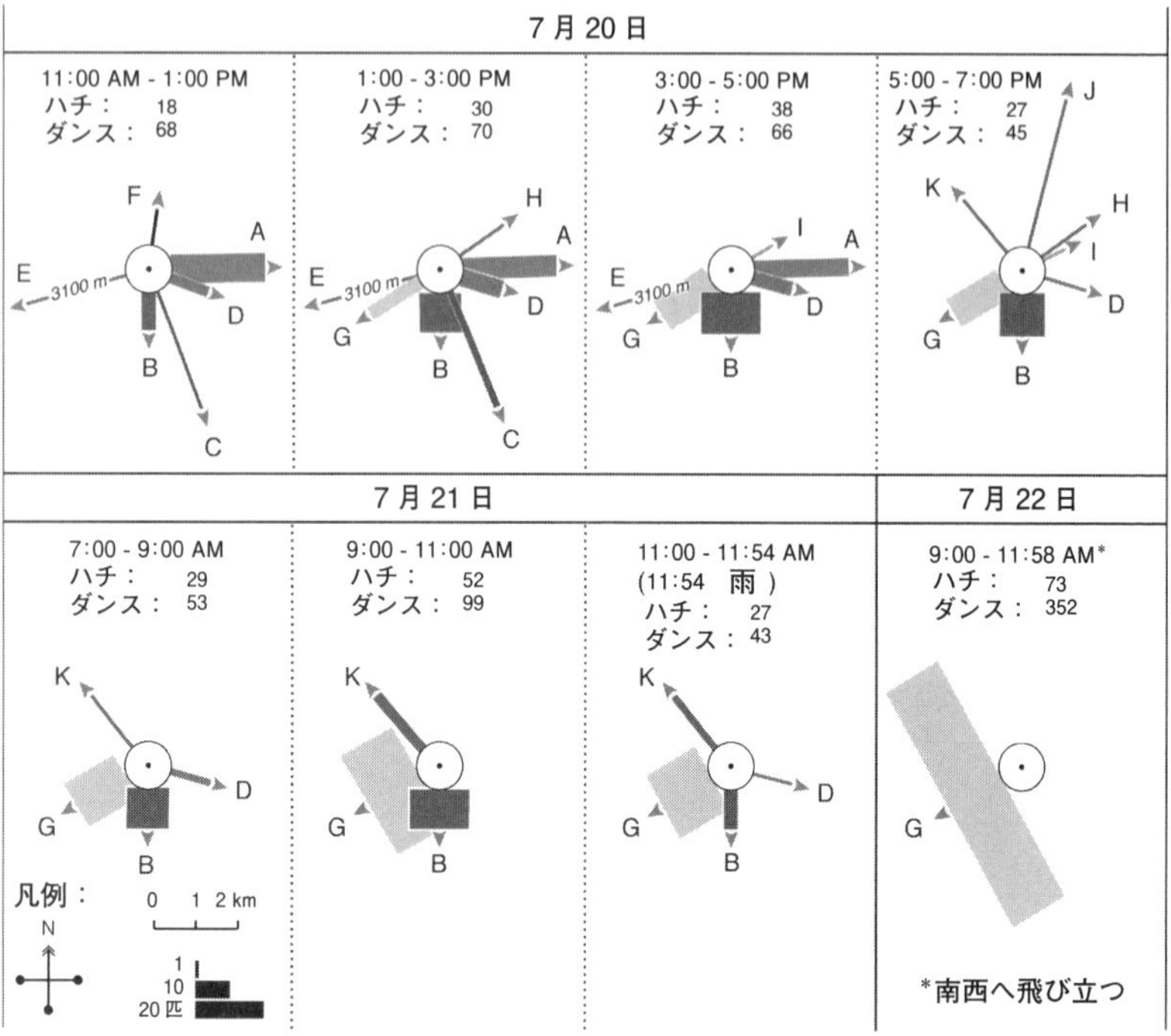

図4. 6　分蜂群3の探索バチが行なったダンスのパターン。1997年6月のシーリーとブーアマンの観察による。この分蜂群の探索バチは、候補地BとGの探索バチの長い競争の末に合意に達した。

翌朝、気持ちは高ぶっていた。私たちは日の出直後に研究所に着くと、探索バチが討論を再開できるようになる前に録画機材を設置し、ささやかな賭けの勝負がつくときを今か今かと待ちかまえた。最初の二時間、午前七時から九時までは、二人ともまだ望みがあった。どちらの候補地も十数匹のダンスバチが宣伝していたからだ。だが午前九時ごろから、私の見込みはなくなり始めた。スザンナの候補地Gを支持するダンサーは、私の候補地Bのハチを大きく引き離し始め、午前九時から一一時の間に三二対一七、そして一一時から一一時五四分（このとき雨が降り出した）の間には二〇対四となった。何らかの理由で、候補地Gのハチが候補地Bのハチを圧倒することに成功したのだ。雨は午後いっぱい、そして夜も降り続き、翌朝八時ごろに止んだ。探索バチは午前九時少し過ぎにダンスを再開した。今度は南西のG候補地に全員一致――七三匹中七三匹！――の支持を示していた。正午少し前にハチは南西へと飛び立ち、正午を少し回ってから私とスザンナは車でベン&ジェリーズに向かった。

探索バチのダンス競争を見るのはとても楽しかったが、四八時間の録画から必要な情報をすべて抽出し、何週間もたって作成した図4.5や4.6のような図表を分析することには、さらに奥深い楽しみがある。これらの図表は、探索バチの意思決定プロセスの主な特徴をはっきりと見せてくれた。第一にハチの討論には、情報集積段階からゆっくりと始まる傾向があることを示している。このとき探索バチは、広範囲に点在するかなりの数の選択肢を議論の「テーブル」に載せる。私とスザンナが観察した三つの分蜂群では、検討された場所の数はそれぞれ一三、五、一一だった。これらの候補地は分蜂蜂球からの方角も距離（二〇〇〜四八〇〇メートル）もさまざまだった。つまり、これら分蜂群の果敢な探索バチが、住処になりそうな場所を求めて約七〇平方キロメートルの山野を探し回ったことになる。ほとんどの候補地は審議の前半で提出されるが、分蜂群1の候補地LおよびM（図4.5）に見られるように、議論のかなり後になって持ち出されることもある。確かに分蜂群は、選択肢のすべてを同時に確認できないが、第五章で見るように、このような非同時性が原因となって分蜂群がまずい決定を下すことは通常ない。

第二に、探索バチの討論は、すべての、あるいはそれに近いダンスバチが一つの場所を支持したとき、つまり合意が見えたところで終わることを、ダンス記録の図表は示している。ここで重要な問題がある。別々の選択肢を支持するグループ同士の熾烈な競争は、どのようにして協調的な合意に変わるのか？具体的には、ある候補地（第五章で見るように、通常は最良のもの）でダンサーの数が増え、同時に他の候補地すべてでゼロになるのはなぜか？　ハチが巧みな計略を用いて、こうしたことを実現する方法については、第六章で見る。

第三に、ミツバチの意思決定プロセスは、数十匹から数百匹の個体が参加して行なわれる、きわめて分散型で、したがって民主的なものであることを私たちの分析は示している。私とスザンナは、調査した三つの分蜂群で、それぞれ七三、四七、一四九匹のハチがダンスするのを観察した。しかしこの数は、分蜂群の一般的なダンスバチの数をたぶん過小評価している。私たちは個々のハチにラベリングできるように、普通では考えられない小さな分蜂群――それぞれ三二五二匹、二三五七匹、三六四九匹――を使ったからだ。天然の分蜂群には一般に六〇〇〇から一万四〇〇〇匹のハチがいる。私たちがラベリングした分蜂群のダンスバチの割合は平均して二・八パーセントだった。これは、やはり熱心なコーネルの学部生で、探索バチの正体を調査したデイビッド・ギリー（次節参照）が報告した、五・四パーセントという天然分蜂群の数字に近い。分蜂群の三から五パーセントのハチがダンス討論に参加しているとすると、一般的な一万匹ほどの分蜂群では約三〇〇から五〇〇匹の個体が意思決定プロセスに寄与していると考えられる。

果敢な探検者たち

造巣場所探索の仕事は、毎年数日だけ、普通晩春から初夏にかけて行なわれる。このことと、働きバチは寿命が短い——一年のうち気温の高い時期では三～五週間に過ぎない——ことを考え合わせると、ミツバチは新居を探す個体を必要とすることなく何世代も過ごしていることがわかる。それでもコロニーが分蜂群を発生させる準備をするときには、働きバチのごく一部が、たちまち巣作り場所探索バチとしての活動を開始する。この果敢な探検者たちは、分蜂プロセス全体の原動力である。このハチたちが、分蜂群がいつ母巣を発つかを決め（これについては第二章で論じた）、適切な巣穴という分蜂群の生死に関わる選択を行ない、新しい巣へと分蜂群が飛び立つきっかけを作り（第七章参照）、飛行中には分蜂群を道案内する（第八章参照）。このとても重要なハチは何者なのだろう？　そしてそれを行動に駆り立てるものは何だろう？

明らかに探索バチは、明るい色の花の代わりに暗い隙間を探すように、その行動が根本から変わった採餌バチだ。巣作り場所探索バチが採餌バチから変化したものであることを示す最初の証拠は、マルティン・リンダウアーが行なった実験でもたらされた。一九五四年五月一一日、リンダウアーはミュンヘン東部のある場所にコロニーを置いた。そこは地平線まで見渡す限りの平原で、巣穴がありそうな木や家屋がほとんどなかった。しかし、そこにはミツバチにとっての豊富な食料源があり、一週間のうちに巣箱の中の巣板は蜂児と花粉と蜂蜜で満たされ始めた。近いうちに分蜂が起こるとリンダウアーは予想し、その通り五月二七日に分蜂した。その一〇日前の五月一七日、リンダウアーは巣箱から二五〇メートル離れたところに餌台を用意し、濃厚な糖蜜（グラニュー糖を蜂蜜に溶かしたもの）を満たした給餌器を上に置いた。二、三日後、一〇〇匹を超えるハチが巣箱から飛んできて、給餌器からしきりに餌を集めた。リンダウアーはその一匹一匹に塗料で個体識別のための標識をつけた。五月二二日、次にリンダウアーは二個の人工の巣作り場所、麦わらの巣箱と木の巣箱を餌台の脇に置いた（図4.7）。それからの二、三日で、給餌器を訪れるハチの行動に不思議な変化が現われたことにリンダウアーは気づくようになった。まず、採餌への熱意が減った。しだいに給餌器に来る標識をつけたハチが少なくなり、訪問を続けているものも回数が減っていった。濃い糖蜜に嫌々口をつけるだけということもあった。やがて、五月二五日の朝、リンダウアーは気づいた。「採餌バチは餌の皿に来る振りをするだけだった。ちょっと口をつけてみるがすぐに飛び立ち、近辺をしばらくブンブンと飛び回っていた」。そばにあったカシの木の節穴が、リンダウアーが置いた二個の人工の巣作り場所とともにハチの関心を引いていた。午後いっぱいで、標識をつけた六匹の採餌バチ（七三番、一〇〇番、一〇六番、一一三番、一一九番、一五六番）が、麦わらの巣箱で一五回、木の巣箱で八回の調査を行なった。疑いもなく、採餌バチの一部が探索バチになったのだ！

巣作り場所探索バチが、採餌バチから変化したものであることを示す第二の証拠は、デイビッド・ギリーが行なった研究で得られた。デイブは才能のある学部生で、私の研究室に加わるとたちまちミツバチに惚れ込んだ。コーネル大学では優等学位を取得するために、生物学を専攻する学生は独自研究に基づいて卒業論文を書かなければならない。三年生の春にデイブは、ミツバチで卒業論文を書こうと思っていると、私に持ちかけてきた。どのハチが巣作り場所探索バチになるのかは未解明なので、詳しく調

図 4. 7　リンダウアーが設置した 2 台の人工巣箱。そばに置いたテーブルには濃い糖蜜を満たした給餌器が取りつけられている。

べてみてはどうかと私が提案すると、彼は喜んで受け入れた。リンダウアーは、探索バチの一部は以前採餌バチだったことを証明した。デイブは、すべて、ないしほとんどの探索バチがその前は採餌バチだったかどうかを調べたいと言った。もしそうなら、探索バチは分蜂群でもっとも高齢のハチに属するはずだ。採餌バチが巣の中でもっとも高齢のハチであることは定説だからだ。デイブはこの予測を確かめるため、一九九六年五月上旬に五つの小さなコロニーを準備し、五月五日から七月二二日まで三日ごとに、孵卵器内の蜂児巣板から羽化したばかり（ゼロ日齢）の働きバチ群一〇〇匹を各コロニーに加えた。それぞれの日齢群のハチはすべて、属するグループごとに色分けした塗料で印がつけられている。その後数週間、デイブが入れた色とりどりのハチがコロニーに増えるにつれて、ハチは巣板を蜂児と花粉と蜂蜜で満たしていった。そして六月から七月に次々とコロニーは分蜂した。分蜂群が研究所の建物の外に止まって蜂球を作ると、デイブは塗料で印をつけたハチがダンスをしていないか辛抱強く観察し、そうしたハチを見つけるたびにその日齢を記録して、別の印を塗料でつけた（同じハチを二度数えるのを防ぐためだ）。日齢がわかる探索バチを五〇匹ほど確認すると、デイブは分蜂群を全部捕らえて二酸化炭素で麻酔してから冷凍庫に入れ、最後に死んだハチをより分けて各日齢群のハチが何匹いるかを数えた。こうすることで、仮に巣作り場所探索バチが、分蜂群中の日齢がわかっているハチ全部から無作為に抽出されていた場合、予想される日齢の分布を計算することができる。図4．8はある分蜂群の典型的な結果を表わしている。巣作り場所探索バチの中には日齢が比較的高い——つまり採餌バチと同じ——ハチの割合が大きい。日齢のわかる探索バチが、分蜂群内の日齢のわかるハチ全体から無作為に抽出されていた場合に予想されるよりも、多く含まれているのだ。この発見は、探索バチの全部ではないにしてもほとんどが、コロニーの採餌バチの階層から出ていることの裏付けとなる。探索バチも採餌バ

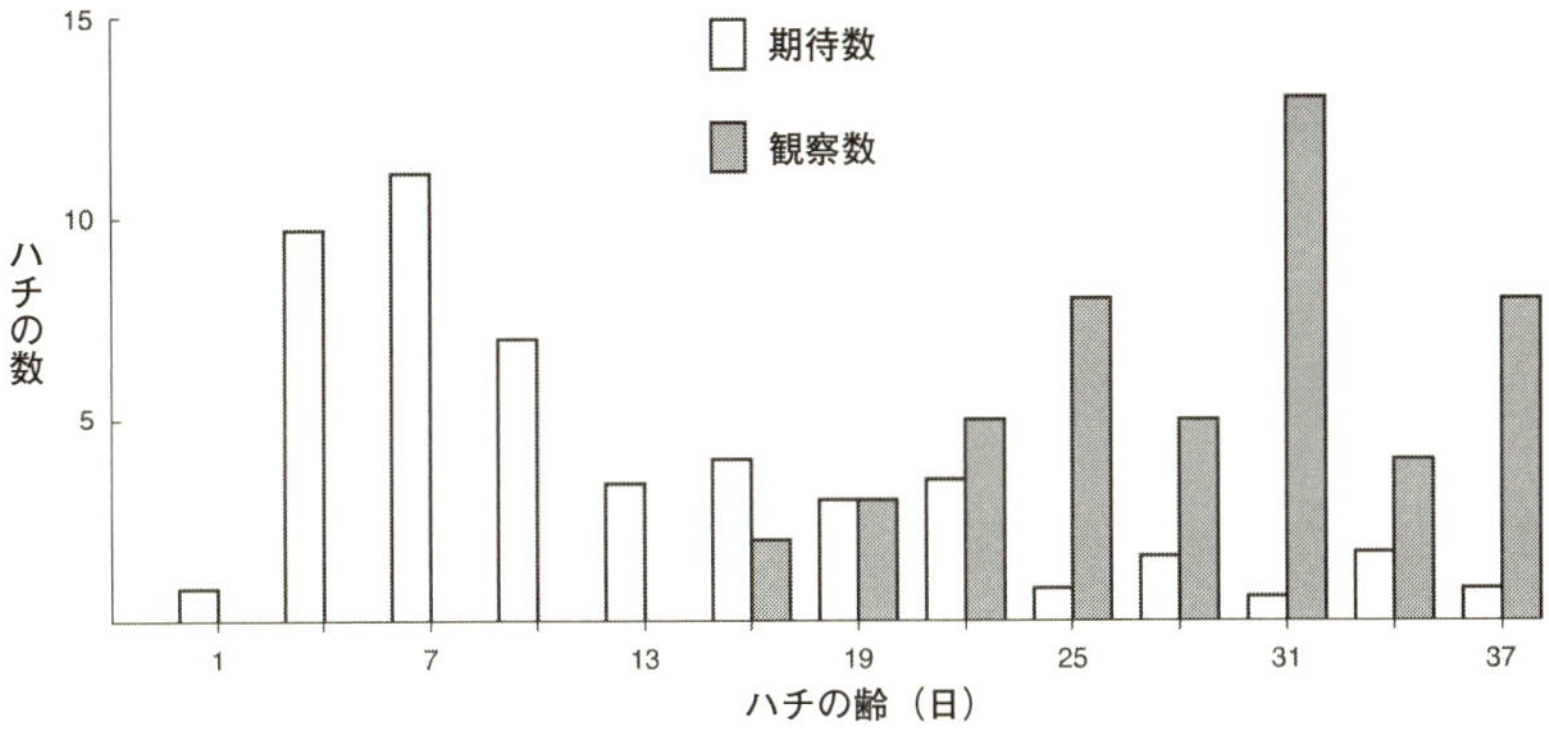

図4. 8　探索バチと分蜂群のハチの日齢分布。網掛けした棒はそれぞれの日齢集団で観察された探索バチの数。白い棒は、探索バチが分蜂群内のハチからランダムに抽出されているとしたとき、それぞれの日齢集団に期待される探索バチの数。

チも、中心地（分蜂群あるいは巣）から長距離の遠征を行ない、それから帰り道を見つけなければならない。だから採餌の経験があるハチが最高の探索バチになることは、容易に想像できる。

採餌の経験を持つと、ハチは家探しという特殊な仕事への用意ができることは明らかだ。だが、これですべてが説明できるわけでもない。採餌バチの多くは巣の候補地を探しに行くことがないからだ。現在では、ある種の遺伝子を持つことも、ハチが探索バチとして働くようになる素因であることがわかっている。生物学者はくり返し、また様々な動物種で、個体間の行動の違いは遺伝子と経験の両方の違いに起因することを証明してきた。だからミツバチ分蜂群の探索バチとそうでないハチが、「氏《うじ》」（遺伝子）についても「育ち」（経験）についても違いがあるのは、意外なことではない。探索バチになるために遺伝的資質が必要であることは、現在イリノイ大学（アーバナ・シャンペーン校）とアリゾナ州立大学で教授を務めるジーン・E・ロビンソンとロバート・E・ページ・ジュニアの二人の行動遺伝学者が示している。

二人は三つのコロニーを設置した。各コロニーの女王は、血縁関係のない雄バチ（A、B、C）の精子で人工授精されている。三匹の精子提供バチは識別できる遺伝子マーカーを持っており、したがって研究者は、コロニーのいかなる働きバチであっても、どの雄バチ（A、B、C）が父であるか判断できる。次にロビンソンとページはコロニーから人工分蜂群を発生させ（方法は後述）、その分蜂群を野外に置いて、約四〇匹の探索バチ（ダンサー）と四〇匹の探索バチでない（ダンサーでない）ハチを各分蜂群から集めた。最後に、集めたハチの父子鑑定を行ない、その結果を統計的に解析して、ある雄バチの子が他の雄バチの子に比べて探索バチになりやすいかどうかを調べた。三つの分蜂群のうち二つで、確かに、造巣場所探索バチへのなりやすさが、三匹の雄バチの子の間で劇的に異なっていた。例えばある分蜂群では、一匹の雄バチが六〇パーセントを超える探索バチの父親だったが、働きバチ全体でそのハチを父親とするものは二〇パーセント未満だった。この雄バチの遺伝子のいったい何が、冒険的な家探しバチとなって他のハチが行ったことのない場所へ大胆に入っていく性質を、娘に与えたのだろう。

もちろん一部の採餌バチ、特に探検的行動を発達させる遺伝子を与えられた者たちが、家探しという特殊な役割を引き受けるのは、コロニーが分蜂状態にあるときだけだ。このハチたちは、採餌から探索に転職する適当な時期を、どのように知るのだろうか？　おそらくそのヒントは、ジーン・ロビンソンとロバート・ページが記述したような実験のために人工的な分蜂群を作り出すとき、人間がやらなければならないことにある。つまり、女王と働きバチの一部を、家はないが空腹ではない状態にしてやることだ。そのためには、まずハチの巣をくまなく探して女王を見つけ、マッチ箱サイズの「王籠」に隔離する。次に、大きな漏斗《じょうご》を使って、働きバチを何千匹か巣板から靴箱サイズの「分蜂籠」に揺すり落とす。この籠は、上下と蓋は木でできているが、横は換気のため網になっている。ここで王籠を分蜂籠の中にぶら下げ、働きバチに女王を与えてやる。それから分蜂籠の蓋を閉じて、ハチを閉じこめる。最後に糖蜜を筆で網に塗ってやり、籠の中のハチに餌をふんだんに与える。絶対に欠かせないのは、ハチが満腹するまで餌を与え、食料がいっぱいの状態を数日間維持することだ。そうしないと、働きバチを籠から振り落としたとき、働きバチは（まだ王籠に閉じこめられた）女王を置いたところにどこでも蜂球を作るものの、行動にかかる探索バチは出てこない。私はこのことを自らの失敗から知った。人工分蜂群を作り始めたころ、私は時々、分蜂群を発生させる前に十分な餌を与えないというミスを犯した。そうしておいて私は分蜂群のそばに座って、探索バチがダンスを始めるのを何日も待った。なぜ始めないのだろうといぶかりながら。食物収集係が家探し係に変身するための決定的な刺激は、その胃が数日間餌で満たされていることのようだ。

リンダウアーは、この空腹の採餌バチから満腹した探索バチへの変身を、一九五四年五月に行なった前述の研究で観察している。この研究で使われたコロニーは、壁がガラスでできた観察巣箱に入っており、リンダウアーは巣箱内外両方にいる採餌バチの行動を見ることができた。五月一七日に巣から二五〇メートル離して砂糖水の入った給餌器を設置したとき、天然の餌はほとんど手に入らず、給餌器を見つけたハチは、糖蜜を満載して巣に帰ってくると活発にダンスを行なった。それから二、三日の間、リンダウアーは給餌器のところで一〇〇匹以上のハチに標識をつけた。しかし五月二二日からセイヨウトチノキの花がふんだんに蜜を与え、ハチは徐々に巣箱の巣板を蜂蜜で満たしていった。そしてリンダウアーの採餌バチは巣に戻ると、糖蜜を受け取ってくれるハチがなかなか見つからなくなった。帰ってきた採餌バチが花蜜の受け渡しに困難を覚えるようになると、ダンスと採餌に熱意を失うことは定説となっている。巣板が蜂児と食料でいっぱいになった（したがっていつでも分蜂できる）、勢力のある巣では、採餌バチが花蜜の受け渡しができず、胃を膨らませて巣の周りをうろついているという極端な状況が起こることもある。このように怠惰を強いられることが、一部の採餌バチ、生来探検を好む者たちを刺激し、探索バチへと変えるのかもしれない。リンダウアーは、標識をつけた採餌バチが何匹か、給餌器をあさる代わりに巣の候補地を探索しているのを見るようになった。それまで活発だった採餌バチたちのほとんどが、巣の中の静かな場所や、出入り口の外に「あごひげ」状に垂れ下がったハチの群れの中で、所在なさげにじっとしているのに気づいてから二、三日後のことだ。このことはきわめて意味深長だと私は思う。こうした逸話的観察を絶好の出発点として、探索バチになることを採餌バチに促すのは、持続的に胃がいっぱいであることそれ自体なのか、それとも怠惰を強いられたことに関係する何かなのかを徹底的に検証する、実証的研究を計画することができるのだ。学生諸君は覚えておいて欲しい。

第五章　最良の候補地での合意

恋人同士の争いの多くは
心地よく円満に終わる。

——ジョン・ミルトン『闘士サムソン』一六七一年

前の章で私たちは、探索バチの争いが、人間の恋人同士のように「多くは……円満に終わる」様子を見た。この章では、ハチが達した合意が「心地よい」かどうかを見る。つまり、ダンスバチが新居についての合意に至ったとき、選ばれたものがおおむね最良の場所なのかということだ。結論から言えば、その通りだ。だが、探索バチが見つけた多くの候補地から分蜂群が最良のものを選ぶ証拠を見る前に、まず家探しバチが直面する選択問題の構造について考えてみよう。そうすることで、ミツバチ分蜂群を民主的意思決定機関として、より明確に理解できるだろう。

巣穴を選ぶミツバチの分蜂群は、人間が住む場所を選ぶときと同じような意思決定問題に直面する。これは複雑な選択問題になる。解答にいくつも選択肢（例えば一軒家かアパートか）があり、そのそれぞれに多くの属性（例えば近隣の様子、寝室の数など）があるからだ。そして、あらゆる意思決定問題がそうであるように、よい解答は、まず手持ちの選択肢を明らかにし、次にその中から選ぶという二つの要素からなるプロセスによって導かれる。理想の世界であれば、意思決定者はすべての選択肢とその属性のすべてを知り、各選択肢の価値をその属性すべてを考慮して判断し、もっとも価値の高いものを合理的に選ぶことができるだろう。これらをすべて行なえば、最適意思決定が実現される。ところが現実世界では、本当の意味で最適意思決定が行なわれることはまれだ。意思決定者は情報を手に入れて処理するために、時間、エネルギー、その他の資源のコストを支払わねばならず、このコストのために、関係する情報すべてを意思決定に利用することは、普通は不可能だからだ。例えば、大都市でアパートを探している人が、市場にある空き部屋を全部調べて、そのすべてを評価し、完璧な選択をしようとしたら、大変な時間、費用、精神的労力を注がなければならないだろう。

意思決定者は時間、資源、判断力を無限に持っているわけではないので、心理学者や経済学者は現在、現実世界での意思決定――よく限定合理性と呼ばれる――はヒューリスティクス（発見的方法）と呼ばれる単純化された選択メカニズムによっていると認識している。これは一般に、意思決定者が選択肢を考慮する幅、または深さ、あるいは両方を減らすことを要求する。例えば満足化と呼ばれる意思決定ヒューリスティクスは、選択肢を探す幅を狭める。受け入れられる最低限度を設定して、この限度を超えるものに出会ったら、即座に選択肢の探求を終わらせるという、手っ取り早い方法を取るのだ。例えば、遠くの町から移ってきたばかりの人がいるとする。アパートを探しているのだが、住宅市場を隅から隅まで探すことはできない。新しい職場ですぐに働き始めなければならないからだ。もしこの人が、最初にこれでいいと思ったアパートを選べば、それはまず確実に市場にある最高のものではないのだが、満足化ヒューリスティクスを使ったことになる。もう一つの意思決定ヒューリスティクスは、消去法といい、意思決定作業の深さを減らすものである。このヒューリスティクスを使ってアパートを探す人は、まずどの属性が一番重要か（例えば通勤距離）を決め、受け入れられる限度（例えば二〇分以内）を設定してから、この限度外のアパートをすべて消去する。このプロセスを次の属性、また次の属性と繰り返して（月の家賃が一〇〇〇ドル以下、五ブロック以内にジョギングができる公園というように）、最後に一つを選ぶか、最終候補を徹底的に評価できるまで選択肢を絞る。この人は全体の中で最高のアパートを選べないかもしれない――家賃が安く近所にきれいな公園があっても、通勤に二二分かかれば検討しない――が、明らかに住居を探すためにかかる時間、費用、精神的労力を減らすことができる。

ヒトやその他の動物が、通常ヒューリスティクスという道具を利用して決定を下すのに対し、ミツバチ分蜂群がこのような手っ取り早い意思決定方法をとらず、住宅市場を広く深く見て新居を選んでいることは注目に値する。第四章で見たように分蜂群は、探索バチがいくつもの巣作り場所の選択肢を発見し、各候補地に多面的な調査を行なって初めて意思決定を行なう。マルティン・リンダウアーが調査した普通サイズの天然分蜂群では、探索バチが分蜂群に報告した候補地の平均数は二四カ所（一三から三四カ所）で、スザンナ・ブーアマンが私と調べた小さな人工分蜂群でも、平均数は一〇カ所（五から一三カ所）だった。また第三章で見たように、各候補地は少なくとも六個の属性（例えば巣穴の容積、出入り口の高さ、出入り口の大きさ）で評価される。このようにミツバチ分蜂群は、並はずれて高度な意思決定戦略を実行する。そのためには、新しい巣作りに最適の場所を選ぶという問題に関連する、ほとんどすべての情報が必要となる（ただし、ミツバチ分蜂群と言えども全知全能ではない。巣穴の候補地探しに数百匹の探索バチを送り出しても、利用できる候補地をすべて見つけられるわけではおそらくないからだ）。分蜂群にこれほど徹底した住居選びができるのは、その民主的組織が、一緒に働く多くの個体の能力を利用して、意思決定プロセスの基礎となる二つの部分、すなわち選択肢の情報収集と、その情報を選択するための処理を、集団的に遂行するからだ。それでは、実際にミツバチの民主主義が最適に近い意思決定を、実現している証拠を見てみよう。

ベスト・オブ・N

分蜂群の探索バチが、いつも手に入る最良の場所で合意するかどうかを調べるには、自然の巣作り場所を示すダンスを分蜂蜂球で観察するだけでは足りなかった。具体的には、天然の巣作り場所がないところで、質の異なる人工の巣作り場所をいくつも与え、私の人工の巣箱だけに探索バチの注意を向けさせる必要があった。このような装置があれば、分蜂群の探索バチが一連の選択肢から常に最良の巣作り場所を選ぶ——これを生物学者は「ベスト・オブ・N」選択問題（訳註：例えば一人の秘書を選ぶときにN人の応募者から最適任者を選ぶような問題）の解決と呼ぶ——のか、それとも実際には最適意思決定を達成できないのかがわかるだろう。

分蜂群が選んだ新しい巣が完璧ではない可能性は、何通りも想像できる。第四章で見たように、分蜂群の探索バチは、すべての候補地を同時に議論に載せるわけではなく、数時間から二、三日をかけるたまたまもっともよい場所が討論の後半で示された場合、その支持者が、先に提出されて多くの支持を得ている劣った候補地の支持者を数で上回るのは、難しいかもしれない。また、最良の選択肢が最初から討論に取り上げられていても、それを宣伝するハチが、その質の高さを売り込むのに失敗すれば、負けてしまうかもしれない（探索バチが、候補地の質をどのように尻振りダンスで示すかは、第六章で論じる）。さらに、最良の場所がすばやく正確に報告されても、距離が遠かったり入り口がはっきりしないというような理由で、この場所が招集バチにとって特に見つけにくい場合にも、議論で負けてしまいかねない。分蜂群にとって最適でない住居が選ばれうると思われる状況を考えると、分蜂群は本当にベスト・オブ・N選択問題の解決が得意なのだろうかという疑問を感じた。それを解明するためには、その意思決定能力を制御実験で確かめる必要があった。

一五リットルの中級品

そのような実験を行なうために、私は一九九七年夏、再びメイン湾のアップルドア島を訪れた。約二〇年前、幸運にも分蜂群に人工の巣穴への興味を持たせることに成功した場所だ。それ以後、私はもっぱら、ニューヨーク州北部のアディロンダック山脈深くにあるクランベリー湖生物実験所で、ミツバチの研究をしていた。そこは周囲に花が少ないので、ミツバチは人工の蜜源から旺盛に採餌する。北部の森でハチを研究するのは、実に楽しかった。毎年夏、私は学生たちと一緒に、ミツバチコロニー内部の見事な仕組み、特にコロニーが食料を効率よく集められるようにする仕組みの秘密を解き明かした。また、私は湖の澄みきった水で泳ぎ、真夜中の空に輝くオーロラを眺め、一度聞いたら忘れられないアビの声を聞きながら眠りにつくのを愛するようになった。だが一九九七年には、私はまばゆい陽光と、獰猛なカモメと、ツタウルシの茂みと、爽快な潮の香りのアップルドア島に戻る気になっていた。

第一の目標は、ミツバチにとって受け入れられるが理想的ではない人工の巣作り場所を、どのように作るかを考えることだった。この問題を解決できれば、分蜂群が最適意思決定を実現しているかどうかを試すことができる。必要な実験設計はこうだ。分蜂群（一回に一つ）に、五個の巣箱を与える。そのうち四個はまあ受け入れられる、一個は理想的な巣作り場所である。それからどの程度の確度で分蜂群が、五個の巣箱から最良の一個を選ぶかを見る。一九七〇年代半ばに私が行なったミツバチの巣作り場所選好の研究から、ミツバチは容積が大きく（四〇リットル）出入り口が小さい（一五平方センチメートル）巣穴を好むことがわかっていた。そこで、容積を減らしたり出入り口を広げたりして巣箱の魅力を減らすことができるか、見てみることにした。図5.1に示したのは、私が作った巣箱の設計だ。巣穴の容積が四〇リットルあるが、中の仕切りを適当な位置に取りつけることで、図で見るように二〇、一五、一〇リットルと減らすことができる。同様に、出入り口の絞り板を取り替えると、その大きさを一五、三〇、六〇平方センチメートルと拡大できる。巣箱には容積または出入り口の大きさ以外に違いがないというのが肝心なので、各巣箱に一方が開いた覆いをかぶせた（図5.2）。この覆いは全部同じ方角へ向け、五個の巣箱がすべて、風、日光、雨に等しくさらされるようにした。それから……カモメの糞にも。

八月上旬、私はイサカでピックアップ・トラックに五個の巣箱、五個の覆い、探索バチの討論の録画に使った分蜂台、人工分蜂を起こすためのハチの巣箱三個を積み込んだ。ニューハンプシャーのポーツマスまで車を運転していき、そこで器材をショールズ海洋研究所の頼りになる調査船、ジョン・M・キングズベリー号に積み替える。ポーツマスのドックからピスカタクア川を下り、船は私と六万匹の「同僚」をショール諸島の名で知られる沖合の群島へと運ぶ。その中で三八ヘクタールのアップルドア島が一番大きな島だ。今回、一三歳になる甥のイーサン・ウォルフソン＝シーリーが、研究助手として加わっていた。すぐに船は沖へ出た。まばゆい日射しの中に立ち、ニューイングランド沿岸の美しい風景に見とれながら、大好きな野外観察地の一つ、初めて科学的発見をした場所を再訪できることに、私は胸を躍らせていた。

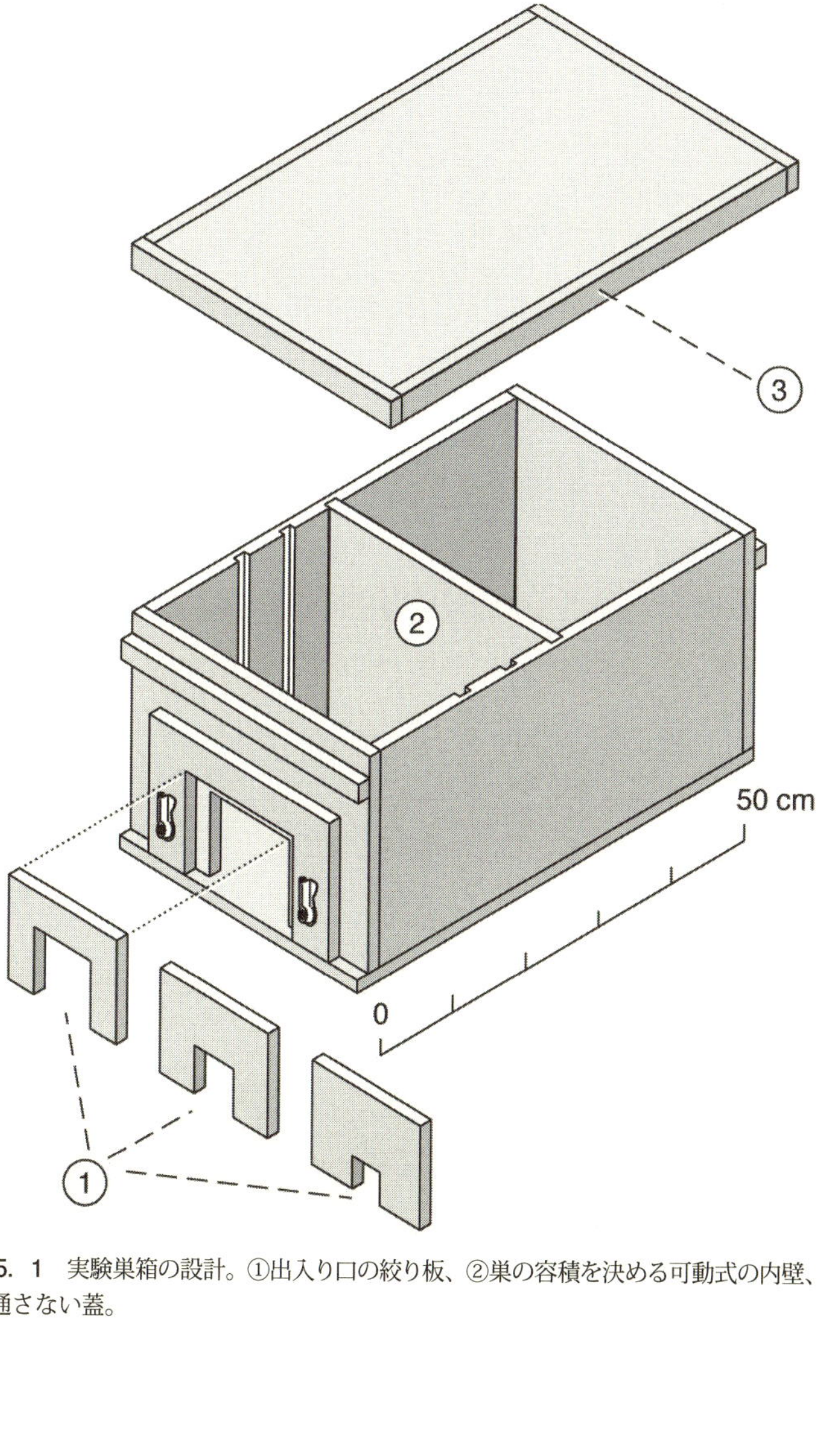

図 5．1　実験巣箱の設計。①出入り口の絞り板、②巣の容積を決める可動式の内壁、③光を通さない蓋。

図5. 2　覆いの下に設置された巣箱。

しかし私は一抹の不安も感じていた。分蜂群を使った実験がアップルドア島でもきわめて難しいことを覚えていたからだ。ロブスター漁師の友人、ロドニー・サリバンは島を離れ、小屋を売ったと聞いている。新しい持ち主は、探索バチが入れないように煙突に網を張らせてくれるだろうか？　この二〇年でショールズ海洋研究所が新しい宿舎と研究棟をいくつか建てたことも知っている。この新しい建物に、ミツバチにとって魅力のある巣作り場所はないだろうか？　そして、実験用巣箱の設計が間違いなくできていて、巣穴の容積と入り口の面積を、平凡だが受け入れられる巣作り場所になるように、正しく調節できるかどうかも疑わしかった。この巣箱はちゃんと使えるだろうか？　だが私はすぐに心配するのをやめ、自分に言い聞かせた。ハチをよく観察して、予想外の結果に細心の注意を払い、「失敗」した試みも、よりよい前進のための道しるべとすれば、いつでも研究は進んだではないかと。間違いなく、コーネル大学から六四〇キロ、大西洋の沖合に一〇キロ離れたアップルドア島の環境は、私の注意をハチに集中する完璧な条件となるはずだ。

数日後、私とイーサンは研究棟の一つの玄関に分蜂群を置き、島の北半分にある草地に二個の巣箱を設置した。どちらも分蜂群から二五〇メートルの距離にあるが、少し方角が違っている（図５．３の位置ＡおよびＢ）。探索バチの関心を高めるために、この二つの巣箱は容積を大きく（四〇リットル）出入り口を小さく（一五平方センチメートル）した。サリバンの小屋の新しい持ち主（マサチューセッツから来た人で、ショットガンは持っていなかった）には自己紹介を済ませ、煙突に網を張らせて欲しい理由を説明し、快諾を得てそうしてあった。さて、私たちは分蜂群のそばに根気よく座り、探索バチが何を報告するかを見るために、ハチが分蜂群の上で尻振りダンスをするのを待っていた。二つの巣箱のどちらか一方を示すハチはすべて残すが、それ以外の場所を示すものはピンセットで取り除き、小さな籠に放り込み、あとで冷凍庫に入れる。こうして探索バチのコミュニケーションを検閲することが、実験を成功させるために重要となるのだ。時々「見当はずれの」場所を熱心なダンスで支持するハチが現われる。それを即座に取り除かないと、そこへ招集されたハチが戻ってきて、さらに多くのハチを招集し、気を散らす場所への興味はたちまち拡大し、とどまることがない。このように意図しない場所への探索バチの興味が雪だるま式に拡大する現象は、実際その夏に三回起きている。二つの事例では、何とかハチの興味の対象となっている場所を見つけだすことができた。私たちはハチのダンスを読んで、しきりに宣伝している巣作り場所の方角と距離を判断し、島の地図上で推定位置を割り出して、そのあたりで探索バチが出入りしている小さな穴を探した。一つは古い板材を積み上げたものの下にある空間、もう一つは石垣の小さな空洞《うろ》だった。両方とも大きく広げて、ハチにとって役に立たなくしておいた。

しかし三度目には、その付近一帯を何時間も探し回ったものの、掃討作戦は失敗に終わった。それは島

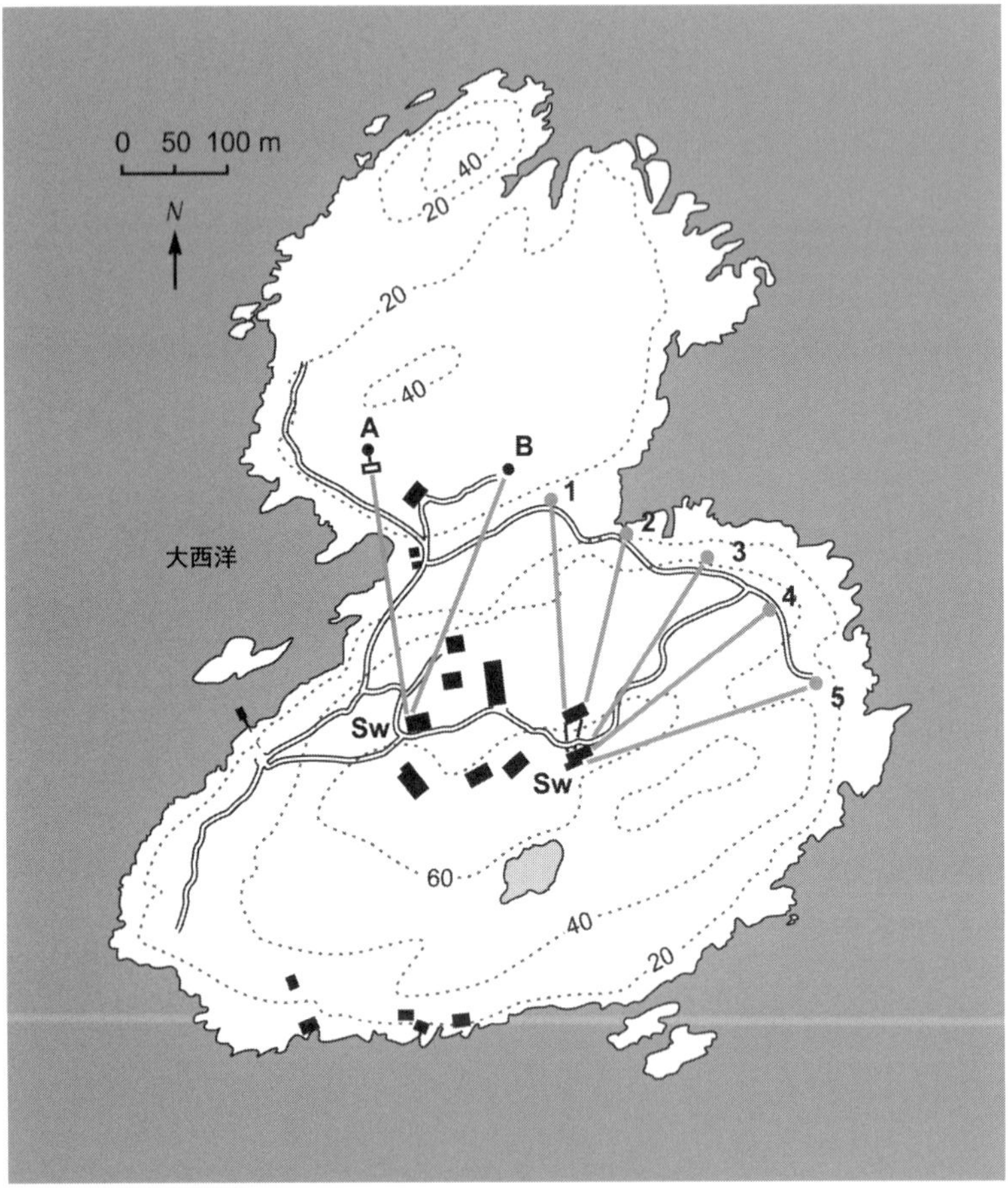

図5. 3　1997年（巣箱A、Bの2台）および1998年（巣箱1～5の5台）に行なった実験のアップルドア島での配置図。等高線は海抜高度（フィート）を表わす。Swは分蜂群の位置。

の南岸に三軒建っている古い家の間だった。どうやら探索バチは第一級の住処を、家の裏手にある気味の悪いツタウルシのジャングルの中に見つけたに違いない。その場所をわざわざ探ってみる気にもなれなかった。これを排除できなかったので、ハチの強い興味も消すことができず、私たちは分蜂群をはぐれものの探索バチともども片づけて、新しい群れでやり直すしかなかった。

　幸い、他の分蜂群はどれも、私たちの巣箱だけに家探しを集中し、巣箱を平凡だが受け入れられるものにするにはどうすればいいかを教えてくれた。最初に学んだのは、出入り口を三〇平方センチまたは六〇平方センチに拡大することでそれができると考えたのが、はずれだったということだ。分蜂群に四〇リットルで出入り口が一五平方センチメートルの巣箱を与えると、大変な興味を示す。それは、発見するとたちまち探索バチが群がってくることからわかる。例えば一九九七年の八月一〇日、そのような巣箱が午後一時少し前に見つかると、午後二時三〇分には一〇匹を超えるハチが巣箱の外側を歩き回り、周囲を飛んでいた。探索バチが、この箱はきわめて理想的だと判断し、他のハチを招集したに違いない。実際に午後一時ごろ、分蜂蜂球で数匹のハチがこの箱を活発な尻振りダンスで宣伝しているところを、私たちは観察していた。だが午後二時三〇分に、出入り口の開口部を六〇平方センチメートルに拡大すると、巣箱の外にいるハチの数はがくんと減り、午後三時にはわずか一、二匹となった。このように巣箱がとたんに見捨てられたのは、探索バチがもうこれに魅力を感じていないことの表われだ。午後三時に出入り口を一五平方センチメートルに戻すと、巣箱の外にいる探索バチの数は前のように跳ね上がり、午後四時三〇分には一二匹を超えた。しかし午後四時三〇分に出入り口の大きさをまた六〇平方センチに広げると、探索バチの数は再び急減し、午後六時には一匹も来なくなった。翌日、私たちは同じ傾向を観察した。出入り口が一五平方センチメートルのときには巣箱の外に群がっていた多数のハチが、出入り口を三〇平方センチにしただけで激減したのだ。この結果は二、三日後に二つ目の分蜂群で得たもので確かめられ、探索バチは出入り口の開口部が三〇あるいは六〇平方センチメートルある巣箱を質の低い巣作り場所、おそらくは受け入れられないとさえ判断することがわかった。また、探索バチの世論調査が簡単であることも、ここからわかった。巣箱の外にいるハチの数を数えるだけでいいのだ。（口絵4）。

私たちは次に、空洞の容積を四〇リットルから減らすことで、中程度の質の巣作り場所を作ろうとした。この方法はうまく行った。最初の実験は一九九七年八月一三日の夕方近く、両方の巣箱を探索バチが見つけたところから始まった。翌朝、私たちは一つの巣箱の容積を四〇リットル、もう一つを一五リットルにした。どちらの箱も出入り口の大きさは一五平方センチメートルにしてある。図5．4に示すように、四〇リットルの巣箱の外にいる探索バチの数は、午前中いっぱい着実に増え、午後になるころには九匹に達した。一方で一五リットルの巣箱には一匹か二匹と低いままだった。探索バチが四〇リットルの巣箱を質の高い巣作り場所と思っているのは明らかだ。だが、ハチは一五リットルの巣箱を中程度の場所、つまり非常に理想的とまでは行かなくても、そこそこ受け入れられると思っているのだろうか？　ハチが一五リットルの巣箱を受け入れるかどうか調べるため、午後一二時三〇分に私たちは、四〇リットルの箱の出入り口を六〇平方センチメートルと受け入れられない大きさにして、今度はハチが一五リットルの巣箱を受け入れるかどうかを見た。受け入れた！　四〇リットルの箱に来るハチが急減する一方、一五リットルの箱では数が跳ね上がり、午後一時二八分に分蜂群は一五リットルの巣箱に向けて飛び立った（選ばれた場所で探索バチの数が、分蜂群が飛び立つ直前に急に減る理由については第八章で検討する）。こうして最初の実験で、アップルドア島に連れてきたハチたちに、平凡だが受け入

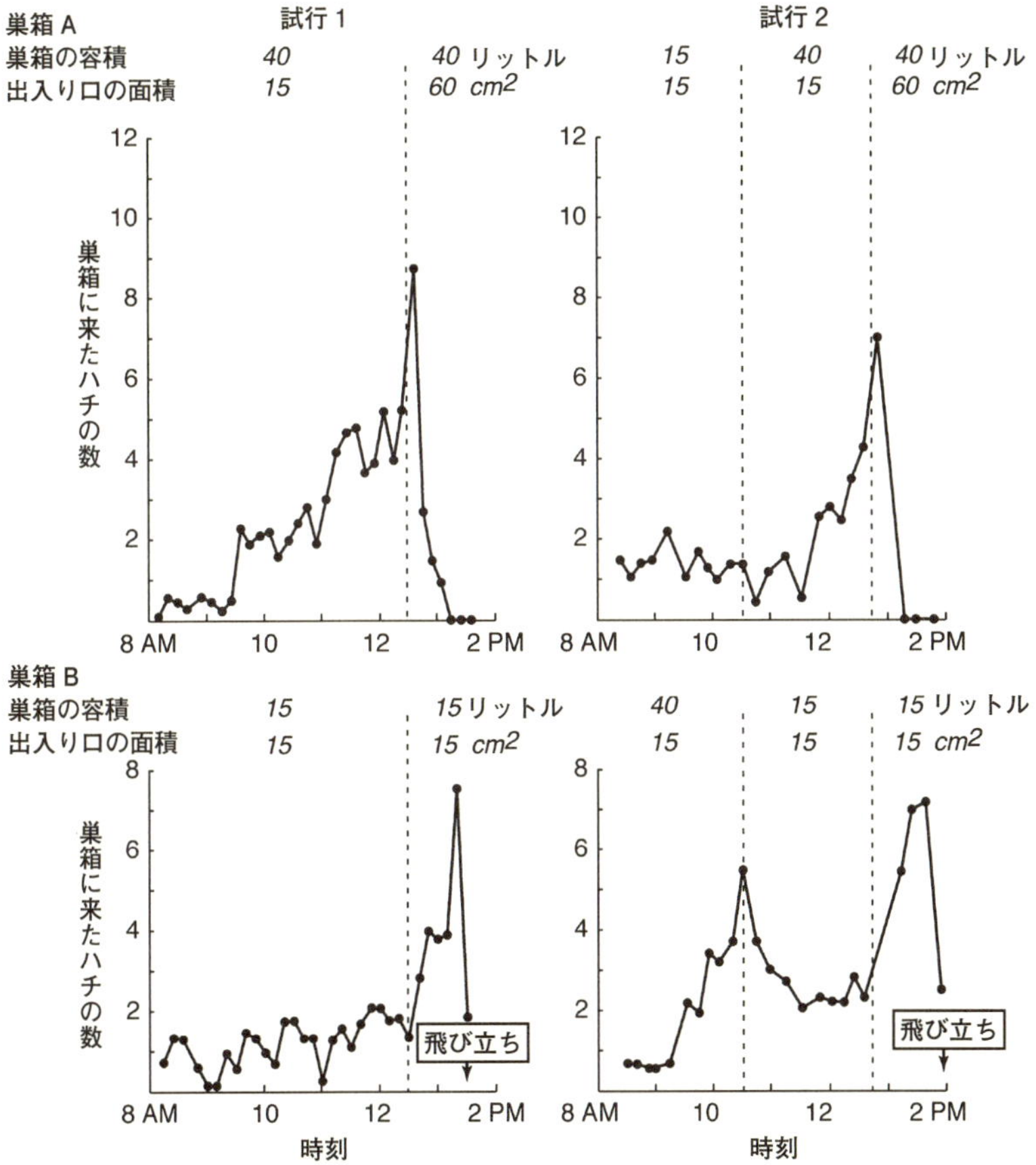

図 5. 4　中程度の質の巣作り場所の性質を特定するために計画した実験の２度の試行結果。各巣箱に対する探索バチの興味を、そこで見られたハチの数を数えて測った。縦の破線は箱の設定を変えたことを表わす。

れられる住処を与えられるという証拠が得られた。容積を一五リットル、出入り口を一五平方センチメートルに設定した巣箱を与えればいいのだ。

さらに二つの分蜂群で追加実験を行ない、最初の分蜂群と同様の結果を得た。異なる容積に設定した二つの巣箱から選ばせたところ、出入り口の開口部が小さければ（一五平方センチメートル）、探索バチは四〇リットルの巣箱により多く集まる。だが四〇リットルの巣穴の出入り口が六〇平方センチメートルに拡大されて、質が大幅に低下すると、探索バチは一五リットルの箱に大挙して群がり、やがてその箱を未来の住処として受け入れるようになるのだった。

ミツバチの心の窓

ミツバチにとって、平凡だが受け入れられる巣作り場所を作るための正しい法則を、私たちが発見したというさらなる根拠は、巣箱ではなく分蜂蜂球の観察によって得られた。分蜂蜂球では、四〇リットルの巣箱を支持する探索バチと、一五リットルの巣箱を支持するものが同時にダンスをするところが見られた（どちらも出入り口が小さい場合）。また、ダンスの尻振り走行の角度に注目することで、ダンスバチがどちらの巣箱を宣伝しているかを識別することもできた。二つの巣箱の方角が三〇度ずれるように（図5.3）、慎重に位置を決めてあったからだ（何よりも、それぞれの場所の探索バチに違う標識をつける手間を省いてくれたハチたちに感謝！）。さて、ミツバチが尻振りダンスを行なって巣の仲間を蜜源に招集するとき、その花畑の好ましさに応じてダンスの強さを決めることはよく知られている。例えば、甘い蜜があふれる花を宣伝するハチは、一〇〇回のダンス周回を含み二〇〇秒続く激しいダンスを行なう。一方、質の悪い蜜源を報告するハチは、ダンス周回がわずか一〇回で持続時間がたったの二〇秒という、かなり熱意のないダンスをする。花の好ましさとダンスの強さ（ダンス周回の回数）にこのような相関関係があることは、尻振りダンスがハチの心の「窓」、特にハチが巣の仲間に報告しているものの質をどう感じているかの「窓」であることを意味している。

この窓が、食料源だけでなく巣作り場所の宣伝についても機能すると仮定し、それを覗いてみることにした。探索バチが四〇リットルと一五リットルの巣箱をそれぞれ将来の住処として質を判断した場合、どのように宣伝するかを調べるのだ。そのために、二グループの探索バチが分蜂群の上で並んで行なう、四〇リットルと一五リットルのそれぞれの巣箱を報告するダンスを録画した。いずれの巣箱も探索バチのダンスを引き起こしたことから、どちらもハチがそれなりに関心を持ったことがわかった。しかし、録画を丹念に見直し、ハチのダンスの強さを一つひとつ測定すると、さらに印象深いことがわかった。四〇リットルの巣箱を報告するハチは、平均約三五回のダンス周回があり、約八五秒続く強いダンスを行なうのに対して、一五リットルの箱を報告するハチのダンスはもっと弱く、平均約一四回のダンス周回と約四五秒の持続時間しかなかった。この結果は、一五リットルの巣箱は受け入れられるが平凡な巣作り場所であると判断したことを、強く裏付けるものだった。受け入れられることを表わすのは、探索バチが一五リットルの巣箱を示すダンスを行なったこと（受け入れられない場所を探索バチが宣伝するとは考えられない）、平凡であることを表わすのは、一五リットルの巣箱に対して探索バチが行なったダンスが比較的弱かったことだ。

実験本番

一九九七年八月のアップルドア島でのよく晴れた日々、分蜂群に五つの巣作り候補地を与え、そのうち四個は安物で、一個は夢の家になるよう実験用巣箱を調整するにはどうすればいいか、私はハチたちから学んだ。この段階で、私にはこのベスト・オブ・五選択問題を分蜂群に与える準備ができており、やる気満々だった。だが悲しいかな、ミツバチの意思決定能力について本番の実験を行なうのは、翌年の夏まで待たなければならなかった。コーネル大学の秋学期の授業は八月の最後の週から始まり、そして私は、毎年秋学期に一般教養課程の動物行動学を教えるチームの一員なので、講義のためにイサカへ戻らねばならなかったのだ。また、学生たちにハチの行動を観察し、考えることの楽しさを紹介する講座で使う、ガラス張りの特製巣箱を準備する必要もあった。

一九九八年六月、私はアップルドア島を再訪した。聡明で熱心なコーネルの学部生、スザンナ・ブーアマンが一緒だった。前年の夏に探索バチの討論の記録を手伝ってくれた学生だ。今回の私たちの目的は、ベスト・オブ・五選択問題を与えて分蜂群の意思決定能力を試すことだ。この実験を行なうには、二人がチームとして動いて、一人が分蜂群の前に座って巣箱以外の場所を示すダンスをする探索バチを取り除き（図5.5）、もう一人が巣箱を巡回して訪問する探索バチの数を数えることが必要だった。図5.3に示したように、私たちは巣箱を島の東側に、分蜂群からだいたい同じくらいの距離（約二五〇メートル）だが方角がずれる（最低一五度は離れる）ように、扇形に配置した。実験の各試行は、五個の巣箱の内壁を調整して、一個は四〇リットル、それ以外は一五リットルの巣穴にするところから始まる。次に、実験する分蜂群を分蜂台に載せる。分蜂群が蜂球を形成し探索バチが蜂球から飛び立ち始め

図5．5　巣箱以外の場所を支持するダンスバチを取り除くスザンナ・ブーアマン。

たら、一人が探索バチのダンスを見張って、私たちが置いた五つの巣箱以外の場所を報告するハチがいれば取り除く。もう一人は巣箱の調査に取りかかり、三〇分ごとにそれぞれの巣箱へ行ってハチを数える。私たちはこの実験を、一回ごとに違う分蜂群を使い、最良の巣の位置を変えて、五回試行した。注意して欲しいのは、試行ごとに最良の巣箱の位置を変える際、箱を持って歩いたわけではなく、五個の箱はそこに置いたまま容積の設定を変更したことだ。こうすれば試行のたびに違う箱が、最高の選択肢である四〇リットルに設定されるわけだ。

この実験を五回試行した総合結果を図5．6に示した。ここには各試行の間探索バチがそれぞれの巣箱の外に何匹いたかが表わされている。五回の試行のいずれにおいても、分蜂群の探索バチは五個の箱の全部、あるいはほとんど全部を見つけていることがわかる。つまり、どの分蜂群もほとんどの候補地を知っていたということだ。また各試行で探索バチは巣箱を同時に見つけておらず——すべて同じ日に見つけてはいるが——最良の巣箱を最初に発見したことはないこともわかる。例えば試行1では、探索バチは午前中に四個の平凡な

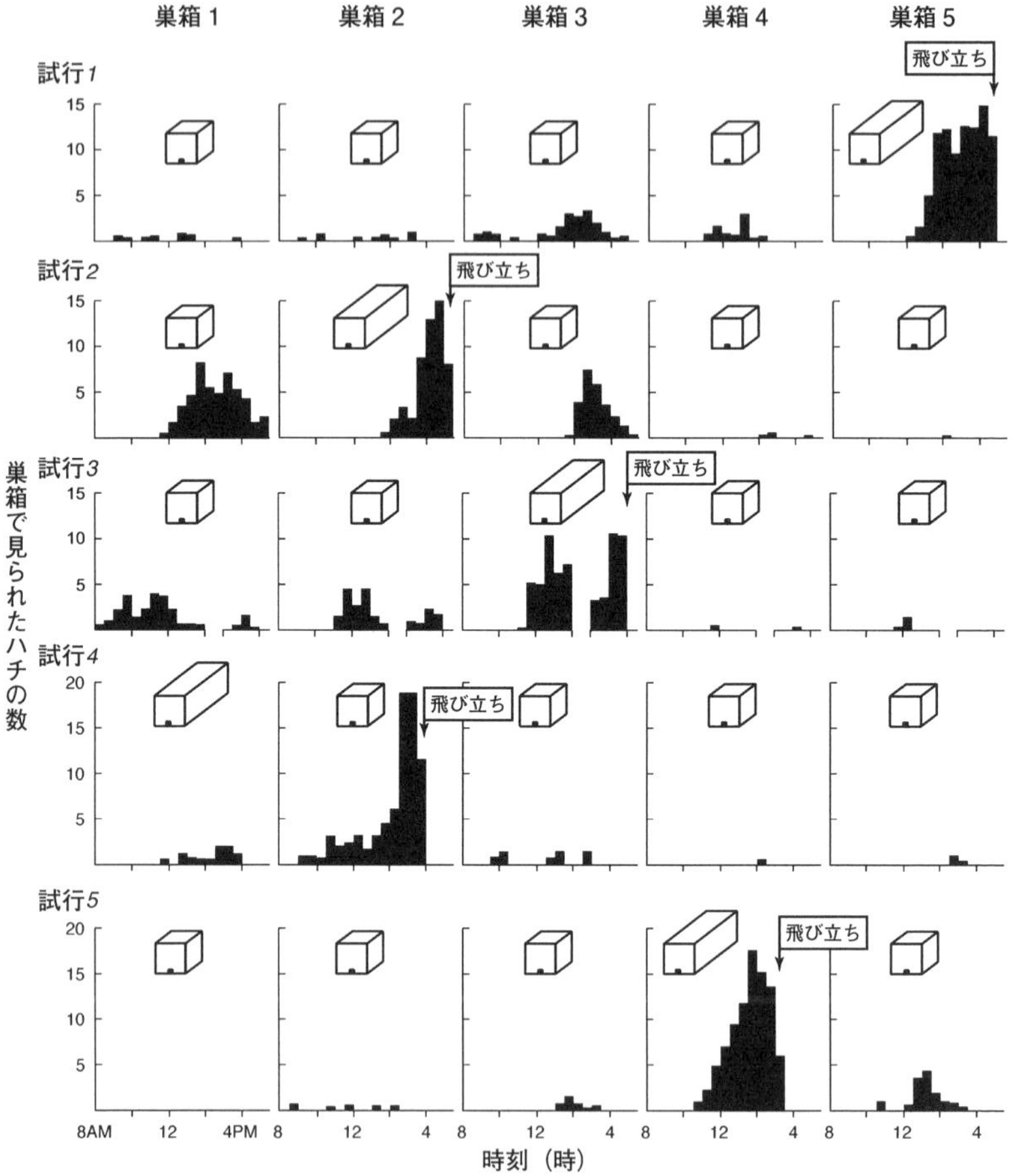

図 5. 6　ベスト・オブ・5 選択問題試験の 5 回の試行結果。

巣箱で見られたが、最高の巣箱では午後になるまで見られなかった。さらに、一匹の探索バチが最良の巣箱を見つけたあとでも、一個以上の二級品の巣箱に相当数の探索バチが群がっていることがわかる。また試行2では、平凡な巣箱1の外にいる探索バチの数が、午前一一時三〇分から午後二時まで着実に増えており、最高の巣箱2が見つかる午後二時少し前には五匹を超えていた。

最良の巣箱が最初に見つかったことはなく、いつも支持者獲得競争の開始に後れを取っていることを考えると、五回の試行のうち四回（1、2、3、5）で最良の巣箱がやがて最大の支持者を得て、巣作り場所に選ばれたことは印象的だ。このように、五つの分蜂群は選択試験で五点満点こそ逃したが、間違いなく見事な意思決定能力を発揮した。なぜこれがそんなに見事なのか、観察結果がまったく偶然に得られる確率を考えてみるといい。もし分蜂群が五個の巣箱からでたらめに選んだのだとしたら、最高の巣箱を五回の試行で四回選ぶ確率は、わずか〇・〇〇六四と無視できるほど小さい。別の言い方をすると、ここで観察された正しい選択が四回、間違った選択が一回という結果が単なる偶然で得られる可能性は、この実験を一五六回繰り返してたった一度（一五六分の一＝〇・〇〇六四）だけなのだ。したがって、ミツバチ分蜂群に見られる民主的意思決定プロセスが、果敢な探索バチが発見した候補地の中から最良のものを将来の巣として選ぶ可能性を、偶然に頼った場合に比べ大幅に高めているのは明らかだ。

ハチが予期しない行動を取った事例について「この予想外の事態にはどのような意味があるのだろう？」と自問し、じっくり考えてみると、役に立つことが多い。ベスト・オブ・五選択問題試験の試行4では、分蜂群は平凡な場所を選んでいる。これは、それぞれの候補地について分蜂群が持つ知識が、初めはきわめて脆弱で簡単に失われるということを気づかせてくれる。図5.6から、分蜂群が最良の場所を選んだ他の四回の試行では、上等な巣箱が見つかったあとで、探索バチの数が二つの形で突然変動している。上等の場所で急に数が増え、平凡な場所では着実に数が減っているのだ。ところが試行4では、上等な場所（巣箱1）が見つかってもどちらの変化も起こらなかった。なぜか？　何らかの理由で、上等な場所を発見した二匹の探索バチがいずれも、発見を知らせる尻振りダンスを行なわなかったのだ。どちらのハチも自分の発見を報告しなかったことは不可解だ。試行2および試行3では、この場所（配列の一番北）に置かれた巣箱を見つけたハチは、自分たちの発見が平凡な一五リットルの箱にすぎないにもかかわらず、尻振りダンスを行なっている。したがって、位置そのものに問題がないことは明らかに思われる。試行4で、上等な巣箱を見てきた探索バチがダンスをしなかったという不可解な事態の原因が何であれ、結果は明白だ。この分蜂群は、島で最良の住処を「見過ごして」しまったのだ。一方で、ゆっくりとした探索バチの増加が平凡な巣箱の一つで続いており、最終的に分蜂群はこの二級の巣作り場所を選んだ。この変則的な結果が示すのは、探索バチが巣作り場所の候補地を見つけたら、選択肢の一つとして分蜂群で議論できるように報告することが、意思決定を成功に導くために決定的に重要であるということだ。次の章では、ミツバチが持つ洗練された家探し行動のルールによって、分蜂群の探索バチが見つけたある程度の質の巣作り場所候補は、通常すべて討論の対象とされることを見る。よい判断にはよい情報が必要なのだ。

すべてを知り尽くした分蜂群

ここに挙げた実験結果が、本当にミツバチ分蜂群が意思決定に優れていることを示すのかどうか、疑問を持たれるかもしれない。ベスト・オブ・N選択実験からこの結論を引き出すためには、一五平方センチメートルの出入り口を持つ四〇リットルの巣穴が本当に質の高い巣作り場所であり、出入り口が一五平方センチメートルの一五リットルの巣穴が本当に中程度の質の巣作り場所で、したがって後者より前者を選ぶことが、分蜂群の生存と繁殖の可能性を高めると推定しなければならないからだ。私にはこれが、もっともな推定に思える。そのような選好を持つことによって自然選択が有利に働かないとしたら、なぜミツバチは一五リットルより四〇リットルの巣穴を好むのだろうか？　さまざまな鳥、爬虫類、昆虫、魚など他の動物の研究から、巣作り場所の選好が繁殖の成功率を高めることは明らかだ。

ミツバチ分蜂群による巣作り場所の選択が、実際に優れた選択であり、コロニーの生存と繁殖に役立つものであるという自分の推定を、二〇〇二年に私は試験してみることにした。この試験は多くのコロニーが実験で死ぬことになる、心の痛むものだ。ミツバチが住処として好むものと好まないものを再現した巣箱に住むコロニーで、生存確率を比較する必要があるからだ。このため、私は春に人工分蜂群を二つの大きさの異なる巣箱に入れ、夏じゅうそのままにしておいた。そしてその冬、二つのタイプのコロニーに生存率の違いがあるかを調べた（第二章で述べたように、自然に生きる大部分のミツバチ分蜂群は最初の冬に餓死している）。各分蜂群にはおよそ一万匹のハチがいる。天然分蜂群の標準的な大きさだ。二種類の大きさの巣箱には、蜜蠟の巣板を箱の中で保持する長方形の木枠が、五枚または一五枚収まるものを選んだ。この数字はそれぞれ、ミツバチが一五リットルまたは四五リットルの木の空洞の中に作るのと、同じ量の巣板を収めるのに必要なものだからだ。天然の分蜂群は空の木の空洞に住み着き、巣板作りに大変な労力を割かなければならないので、私の人工分蜂群にも同じ負荷をかけるため、空の巣枠をはめた巣箱に入れ、そこに自分で巣板を作らなければならないようにした（ただし一つおきの巣枠に蜜蠟の「基礎」シートを設置して、ハチが巣板をきちんと木枠の中に作るように仕向けた)。この実験を行なっている間、私は毎年それぞれのタイプのコロニーを六月上旬に五つずつ用意し、その後一二カ月間観察して、どれが翌春まで生き残るかを見た。

現在までに、私はこの実験を二〇〇二〜二〇〇三年、二〇〇三〜二〇〇四年、二〇〇四〜二〇〇五年と三回繰り返し、三〇のコロニーの運命を観察している。巣枠一五枚の巣箱のコロニーでは、冬を越せる確率が〇・七三(一五コロニー中一一)だったが、巣枠五枚のコロニーの確率は、わずか〇・二七(一五コロニー中四)だった。待遇の違うコロニーの間に、偶然だけでこれだけ大きく生存率の開きが発生する確率は、非常に小さい(p=0.02)。冬の間の食料となる蜂蜜を多く貯蔵できるため、大きな巣箱のコロニーのほうが多く生き残れるのは、ほぼ間違いない。このように言えるのは、六月の実験開始と厳しい霜でその年の採餌が終わる一〇月にコロニーの重さを量り、それぞれのサイズの巣箱で、平均の重量増加が大幅に違うことを記録していたからだ(一方は二三キロ、もう一方は一〇キロ、そのほとんどが蜂蜜である)。また、実験中に死滅したコロニーの巣板を調べると、必ずと言っていいほど蜂蜜は空になっていた。哀れなハチたちは餓死したのだ。巣の生存と巣穴の広さが相関関係にあるという明白な統計は、分蜂群が実際に自分たちの住処に必要な条件を知り尽くしており、巣作り場所の選好によって実際に正しい決定を行なっているという動かぬ証拠である。それはまた、ミツバチ分蜂群がよい住処を見つけるため、それほどまでに骨を折る理由も明らかにしている。

第六章　合意の形成

我々は集会での対立に反対し、全員の一致を望む。一般信徒の調和の中においてこそ、もっとも確かに神の御心を知ることができると、我々は信じる。

——フレンド会、『規律書』一九三四年

異議のない決定。これは、家を探すミツバチが用いる民主的意思決定プロセスから、通常生み出されるものだ。そしてはっきり言って、これは驚くべきことだと私は考える。前の二つの章で、個々のハチがいくつもの巣作り場所候補を提案し、精力的な宣伝で提案を戦わせ、中立の個体を積極的に自陣営へと招集するところから、分蜂群の探索バチの討論が始まる様子を見てきた。こうしたことで分蜂群の表面は一見、乱痴気騒ぎのダンスパーティのようだ。しかしこの混沌の中から、徐々に秩序が生まれる。最終的に、すべてのダンスバチがただ一つの巣作り場所、通常もっともよいものへの支持を表明して、討論は終わる。長い討論の末、探索バチが正確にはどのように全員一致を実現するのかが、この章のテーマとなる。

合意形成は、例えば陪審員、クエーカー（訳註：キリスト教の一派）の集会、友人同士の集まりなどのように、ヒト集団において民主的意思決定の基礎となることもあるが、一般的ではない。ヒト集団の場合、討論、選挙、その他の民主的プロセスは、成員の選択が大きく割れて終わるのが一般的だ。この時点で集団は、何らかの正式な意思決定ルール、例えば多数決や重み付け投票を使って、割れた票をただ一つの選択に変換しなければならない。この種の集団意思決定は「対立的民主主義」と呼ばれている。相反する利害と異なる好みを持つ個人の集団から発生するからだ。対照的に、分蜂群の集団意思決定は「一元的民主主義」である。そこには一致した利害（一番いい巣作り場所を選ぶ）を持ち、好みを同じくする（例えば小さな出入り口の開口部）個体が参加しているからだ。したがって、ミツバチ分蜂群の一元的民主主義内部の働きを詳しく見ることで、我々がすっかり慣れ親しんだ対立的民主主義とは、興味深い違いを持つ民主的プロセスを考察することになる。本書の最後（第一〇章）では、我々人類が、特に分蜂群のミツバチのように集団の成員の利害が共通する場合、よりよい集団意思決定のためにハチから学ぶことができる実用的な教訓を検討する。

分蜂群の探索バチの討論が最後に到達する集団の団結は、分蜂群全体の繁栄に重要なものである。何しろ分蜂群には女王が一匹しかいないので、新居に向けて飛び立つとき、分蜂群はひとまとまりとなって、ただ一つの新しい巣作り場所へと移動する必要がある。判断が割れるのは不経済であり、致命的ですらある。リンダウアーのバルコニー分蜂群（図4.3参照）で見たように、探索バチがまだ複数の巣作り場所候補地を強く宣伝している状態で分蜂群が飛び立てば、群れはどの場所にも移動することができず、時間とエネルギーの無駄になる。そして探索バチが派閥に分かれて空中で綱引きをしている間に女王を喪えば、完全な失敗というこの上ない犠牲を支払うことになる。女王がいなければ群れは破滅する運命なのだから。したがって分蜂群が飛び立つ前に、見つけた多くの場所の中からただ一つの場所で探索バチが合意に達することが、何よりも重要なのだ。

どのように探索バチが全員一致を達成するかを理解するためには、探索バチの討論を概括した記録を見直すことから始めるのがいいだろう。図4．6にまとめた分蜂群3の討論を考えてみよう。これは二つの顕著な現象を示しており、探索バチがいかにして合意形成するかを理解するためには、この現象を説明する必要がある。第一に、選ばれた場所――南西の候補地G――への支持は着実に増え、最終的に議論で優位を占めるのだが、その過程が奇妙なのだ。七月二〇日の午後一時から三時の間、候補地Gを宣伝しているダンスバチは三〇匹中四匹（一三パーセント）しかいない。ところが七月二一日の午前九時から一一時には、五二匹中三二匹（六二パーセント）のダンスバチがこの場所を宣伝していた。そして七月二二日の午前、分蜂群が飛び立つ直前には、七三匹中七三匹（一〇〇パーセント）のダンスバチが候補地Gを宣伝した。おそらく、候補地Gは分蜂群が検討した一一の候補地の中で最良だったのだろう。分蜂群は一般に、検討した巣作り場所候補の中で最高のものを選ぶからだ（第五章）。そこで合意形成によるミツバチの意思決定システムに関する最初の謎は、討論の間にもっともよい候補地への探索バチの支持を増やしていくものは何か、というものだ。

図4．6に示された目立つ現象の二つ目は、劣った候補地すべてに対する支持が最終的に消え失せることだ。東の候補地Aのように、支持が急速に失われるのが見られることもある。あるいは南の候補地Bのように、それが徐々に起きることもある。しかし遅かれ早かれ、劣った候補地を支持するダンスをしていたハチのすべてが、元の場所に熱を失い、宣伝をやめる。却下された場所への支持の低下は、候補地そのものでも見られる。例えば図5．6は、アップルドア島でのベスト・オブ・N選択実験において、選択されたものを除くすべての巣箱で探索バチの数が、各試行の終わりにはほとんどゼロに減っている様子を示している。そこで二つ目の謎は、討論の間に、劣った候補地への探索バチの支持を低下させていくものは何か、というものだ。

活発なダンスと気の抜けたダンス

分蜂群にはおよそ一万匹の働きバチがいて、そのうち二、三百匹が巣作り場所探索バチとしての役割を持つことがわかっている。また、分蜂群の探索バチは、尻振りダンスで宣伝する価値のある巣作り場所を二、三〇カ所探し出すこともわかっている。それぞれの候補地はそもそも、たった一匹の探索バチが発見したものである。節穴、ひび割れなどの暗がりでよい巣穴を探していて、たまたま見つけたものだ。つまり、分蜂群の意思決定において議論される場所を実際に見つけた探索バチは、二、三〇匹しかいないということになる。ほとんどの探索バチは、招集されてある特定の場所を知り、支持するようになる。これらの招集バチは、候補地を宣伝するダンスに追従し、飛んで行って、宣伝されている場所を突き止め、独自に評価する。候補地を詳しく調査して満足すれば、分蜂群に戻って自分もその場所を支持するダンスを行なう。

探索バチについてのこうした事実から、分蜂群が将来の住処を民主的に選ぶことは、複数の候補（巣作り場所の候補地）、各候補の宣伝合戦（尻振りダンス）、それぞれの候補の支援者（特定の場所を支持する探索バチ）、まだ支持を決めていない大多数の個人（まだ支持する候補地のない探索バチ）がいる、一種の選挙プロセスだと考えられる。ある場所を支持する探索バチがダンスを行なって、中立の個体を自分の場所の新しい支持者に加えることがある。また、いずれかの場所を支持する探索バチが、無関心な有権者となって中立の探索バチの仲間に再び加わることもある。意思決定プロセス全体は、中立のハチが招集されて別々の場所の支持者になり、同時に一部の支持者が「漏れ」て中立の探索バチの集団に戻るという一連の正のフィードバック・ループで図式的に表わすことができる（図6.1）。

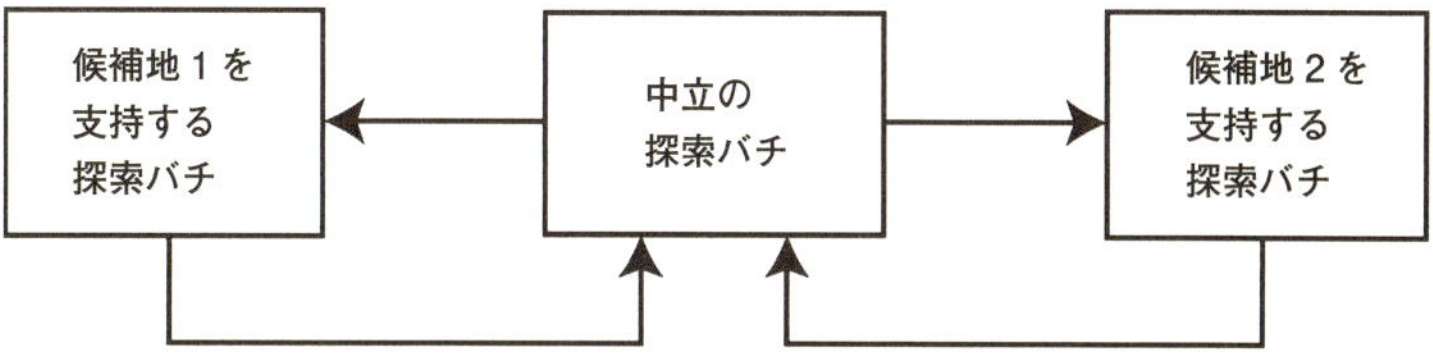

図６．１　探索バチに起こりうる状態の変化。中立の探索バチがある候補地の支持者になり、また中立に戻る。

探索バチの討論をこのように見ると、もっとも質の高い候補地の支持者が最終的に討論で優位を占めるためには、おそらく自分の候補地の宣伝に最高の熱意を示すことで、転向者の獲得にベストを尽くさなければならないのは明らかだ。そのようなことが起きているのだろうか？　より具体的には、支持を拡大しようとする探索バチが、巣作り場所候補地を尻振りダンスで宣伝するとき、ダンスの強さをその場所の絶対的な質の高さに応じて調節するのだろうか？　もしすべての探索バチがそのようにするなら、もっとも質の高い候補地に対しては、実際にもっとも注目度の高い宣伝が行なわれるはずだ。

これが実際に起きていることを示す第一の証拠は、マルティン・リンダウアーが一九五三年の夏に行なった観察で得られている。リンダウアーは人工分蜂群をミュンヘンの東にある広い荒れ地に設置し、分蜂群から七五メートル離して、木でできた空の巣箱を二個設置した。実験一日目、リンダウアーの分蜂群から来た探索バチは、吹きさらしの野原にむき出しで置かれていた二台の巣箱をすぐに見つけた。そしてその発見を宣伝する、どちらかと言えばのろのろしたダンスを行なった。少しずつ、どちらの巣箱にも好奇心に駆られた探索バチの小さな群れができはじめた。初日の終わりまでに、リンダウアーは二つの巣箱で合計三〇匹のダンサーに標識をつけた。二日目、リンダウアーは、一匹の特別に活発なダンサーが分蜂蜂球にいることに気づいた。この探索バチは、小さな植林地の一角にある切り株の根元にできた、住み心地のいい地下の空洞《うろ》を宣伝していることがわかった。この場所は密生した藪で風が十分に防がれており、出入り口の幅が三センチ、穴の容積は三〇リットルで、ここ数日大雨が降っていたにもかかわらず、内部は驚くほど乾燥していた。完璧なミツバチの家だ！　リンダウアーはいつも、見当はずれの場所を宣伝するハチはみんな殺してしまうのだが、この日は例外を設けるという賢明な判断をした。この興奮したハチは、自分が発見した場所の報告を続けることを許された。一時間以内に、他のダンサーたちも騒々しく天然の巣作り場所を示すようになり、さらに一時間たつと、探索バチは全員一致でこの場所を支持していた。明らかにこの候補地が討論で勝ったのだ。

この第一級の住居を見つけた探索バチが、リンダウアーの実験巣箱を訪れていなかったにもかかわらず、自分の発見を目を引くダンスで報告したことから、探索バチが候補地の絶対的な質を、生まれつき備わった巣作り場所の善し悪しの尺度に照らして判断できるのではないかと考えられた。また、この最初のダンサーと切り株の候補地の支持者は、リンダウアーが与えた二個の巣箱を宣伝するハチよりも力強いダンスをした事実は、探索バチのダンスは候補地の位置だけでなく、その質に関する情報も与えていることを示していた。リンダウアーはこの観察結果を短く報告した。「もっとも活発なダンスは第一級の造巣場所を表わし、二級の巣は気の抜けたダンスで発表される」。

ダンスの強さによる候補地の質の表現

ミツバチ分蜂群が意思決定をうまくできるかどうかは、探索バチが候補地の質に応じてダンスの強さを調節して、質の高い候補地を支持する探索バチほど、新たな支持者を獲得できることが決め手となる。

とは言え、巣作り場所探索バチが、いかに候補地の質に関する情報を尻振りダンスで伝えるかを、私がようやく詳細に観察するようになったのは、二〇〇七年夏のことだった。リンダウアーがこの重要な問題について予備的な観察しか行なっていないことを、長年私は認識しており、かねてからもっと説得力のある証拠が必要だと思いながら、先延ばしにしていたのだ。

この分析の大きな穴を私がずっと放置してきたのは、よりよい巣作り場所はより強いダンスを引き起こすというリンダウアーの主張が正確であることを、ほとんど疑っていなかったからだ。たしかにそれは、私があちこちで観察した結果と一致する。例えば私は、一部の探索バチが他のハチよりも長く活発なダンスをすることに、たびたび気づいている。また、アップルドア島で行なったベスト・オブ・五選択実験では、四〇リットルの巣箱を支持する探索バチと、一五リットルの巣箱を支持するものが並んでダンスをしており（第五章「ミツバチの心の窓」参照）、よりよい候補地を報告するハチが、より強いダンスをしているところを私は見ている。さらに、ミツバチコロニーは採餌バチを蜜源にどううまく振り分けるか——コロニーの採餌バチによる、様々な蜜源を等級づけした宣伝に基づく集団意思決定プロセス——についての私自身、あるいは他の研究者による過去の研究から、ハチが蜜を集めた蜜源が豊かであるほど、巣に戻って蜜源を宣伝するときに行なうダンスの周回数が多くなることがわかっていた。手短に言えば、蜜源が豊かであるほど、尻振りダンスが力強くなるのだ。ダンスバチはダンスの周回数を、蜜源の豊かさに応じてどのように調節するかもわかっていた。ハチはそれをダンスの二つの相を調節することで行なっている。ダンス周回を行なう速度（R、毎秒の周回数）とダンスの持続時間（D、秒）だ（図6.2参照）。ダンスバチの宣伝で行なわれたダンス周回の総数（C、ダンス周回数）は、ダンスの速度と持続時間を掛けたものだ（C＝R×D）。したがって、蜜源が豊かになるほど、劣った蜜

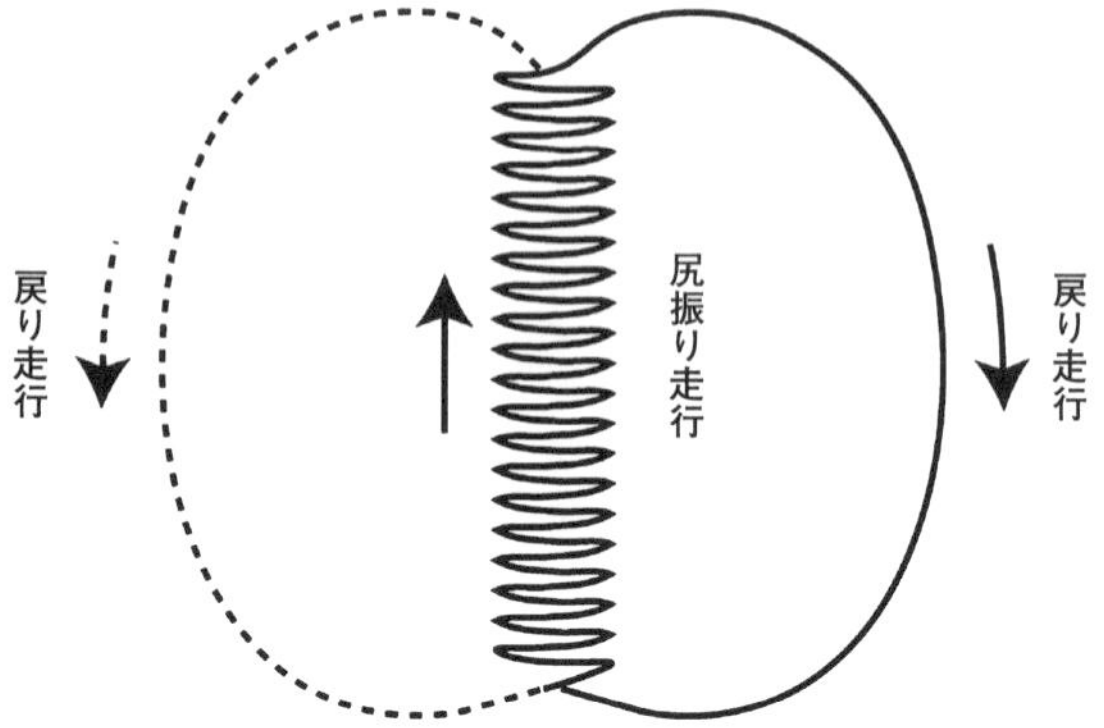

図6. 2　尻振りダンスをするハチの行動パターン。1回のダンスは数周のダンス周回からなる。ダンス周回には尻振り走行と戻り走行がある。尻振り走行の時間は目標（食料源や巣作り場所）までの距離に応じて変化する。戻り走行の時間は目標の好ましさに応じて変化する。目標の好ましさが高いほど、戻り走行の時間は短くなり、ダンスは活発に見える。

源よりダンスは活発に（Rが高く）、時間が長く（Dが大きく）なる。これらの蜜源採餌バチについての発見は、巣作り場所探索バチが質の低い巣作り場所を「やる気のないダンス」で知らせ、優れた巣作り場所は「元気よく長く続くダンスで勧誘される」というリンダウアーの報告と完全に一致する。

しかし二〇〇七年になると、ミツバチの家探しプロセスに関する私の分析は、探索バチが巣作り場所の質をダンスの中にどう暗号化しているのか、根拠のある定量的な情報が切実に必要だと感じる段階に達していた。この実現のために、アップルドア島の管理された条件下での研究を、私たちは必要とした。私たちと言うのは、このプロジェクトのために私は二人の共同研究者とチームを組んでいたからだ。一人はコーネル大学の学部生マリエル・ニューサム、もう一人はカリフォルニア大学リバーサイド校の行動生物学者、カーク・フィッシャーだ。マリエルは父と一緒に養蜂をやっており、ミシガン大学の大学院に進んで昆虫の行動を研究する予定だったので、

図6. 3　探索バチの巣箱への訪問を１匹ずつ記録するマリエル・ニューサム。巣箱はオレンジ色の覆いに収められている。後方40メートルでは、カーク・フィッシャーが同じことを第２の巣箱で行なっている。

この計画の助手を心底やりたがっていた。カークとは、私たちが二人ともハーバード大学の学生だったころから、様々なハチの研究を長年共同でやってきた仲だった。彼は知性があり、熟練し、人柄がよく、きわめて熱心で、常に考えうる最高のパートナーだった。

私たちの計画は次のようなものだった。人工分蜂群を一つ、アップルドア島の真ん中に配置し、分蜂群から二五〇メートル離して二個の巣箱を設置する。ただし、分蜂群の探索バチが二つの巣箱をほぼ同時に見つけられるように、巣箱同士は四〇メートルほどしか離れていない（図6．3）。一つの箱は質の高い（四〇リットル）巣穴であり、もう一つは中くらいの質（一五リットル）だ。それぞれの巣箱に最初に姿を現わした五匹から七匹の探索バチについて、いつ「自分の」巣箱にいるかをデータロガー（計測機器）で記録し、いつ分蜂群にいて、自分の候補地をどれくらい力強くダンスで宣伝するかをビデオカメラで録画する。夜になって録画を分析すれば、それぞれの探索バチがいつダンスし、ダンス周回を何回行なったかが正確にわかるだろう。初めこの実験の実施は困難だと思われた。個々の探索バチの行動パターンを調査するためには、どちらか一方の巣箱でハチを目撃したらすぐ、それぞれの探索バチの個体識別ができるようにする必要があるからだ。そのため、分蜂群のハチに一匹一匹、個体識別標識をつけるという骨の折れる準備をしなければならないと予想していた（図4．4参照）。分蜂群の何千匹というハチの中で、どれが最初に巣箱に姿を現わすか前もってわかるわけがないから、最初にやってくる少数の探索バチにだけ、前もって標識をつけることはできないのだ。

幸い、カークには探索バチ識別問題の独創的な解決策があった。以前の研究の際、巣箱にやってきた探索バチに負担をかけることなく塗料で識別用のマークをつける方法を、カークは見つけた。やり方はこうだ。探索バチが巣箱内部の検査のために中に入っていくのを見たら、小さな捕虫網を巣箱の出入り口にかぶせる。一分ほどして探索バチが出てきて網の中に飛び込んだら、粗い網の生地の間にそっと押さえつける。次に、羽根につかないように注意しながら、網の生地越しにハチの胸部に塗料で印をつける（口絵5）。最後にハチを巣箱の出入り口近く、ちょうど捕まえたあたりで放してやる。驚いたことに、この異常な経験――エイリアンによる本物の誘拐《アブダクション》――にも探索バチは困惑したそぶりを見せず、放されるとすぐに巣箱の調査を続行した。

七月の大半をアップルドア島での研究に費やした私たちは、実験を七回試行し、四〇リットルと一五リットルの巣箱を、それぞれ四一匹と三七匹の探索バチが宣伝している様子を見ることに成功した。この実験を行なって私たちが最初に気づいたのは、探索バチが自分の見つけた場所について報告するのは長くて二、三時間であることと、個々の探索バチの報告が分蜂群で広まるのは、通常候補地から何回か戻ってからだということだ。こうした探索バチの行動の特徴は図6．4で見られる。これは二〇〇七年七月一七日に行なった試行で観察された、一一匹の探索バチの記録を表わしている。最初の探索バチ（赤い点で標識をつけたので、レッドと呼ぶ）が四〇リットルの巣箱に午前九時三三分に姿を現わしている。レッドは約一〇分間巣箱の内外を調査してから分蜂群に帰り、六分間継続し一六二回のダンス周回を含む尻振りダンスで、活発に自分の発見を報告した。それから分蜂群を離れ、午前一〇時に再び四〇リットルの巣箱で確認された。そしてまた一〇分を過ごし、午前一〇時一〇分に分蜂群に戻った。レッドは六分ほど分蜂群の上を這い回っていたが、今度は尻振りダンスを行なわなかった。それどころか、一〇時一六分から一〇時二六分にまた巣箱を訪れているのに、レッドのダンスは最初に分蜂群に戻ったとき行なった、一六二回のダンス周回があるきわめて熱烈で長いものだけだった。レッドは午前一〇時三〇分以降、巣箱への訪問さえしなくなったことにも注意しよう。つまり奇妙なことに、四〇リットルの巣箱を見つけて、その重大な発見を情熱的な尻振りダンスで報告してから一時間ほどで、探索バチのレッドは自分の質の高い巣作り場所を示すダンスをしたり、そこを訪れたりする熱意を失ってしまったのだ（なぜ、いかにして探索バチが巣作り候補地の宣伝や訪問をしなくなってしまうかは、この章の後半で検討する）。あとの午前中いっぱい、レッドは分蜂群の上でだらだらと過ごし、たまにゆっくりと這い回る以外ほとんどじっとしていて、大多数を占める群れの不活発なハチたちとは、鮮やかな赤い塗料の点が目立つ以外区別ができなかった。

図6．4に示した他の一〇匹の探索バチの記録を見ると、レッドの行動は典型的であることがわかる。訪れたのが四〇リットル（高品質）の巣箱にせよ一五リットル（中品質）にせよ、巣の候補地訪問のパターンは基本的に同じだ。どのハチも五分から三五分かけて巣箱の最初の検査を行なう。それから分蜂

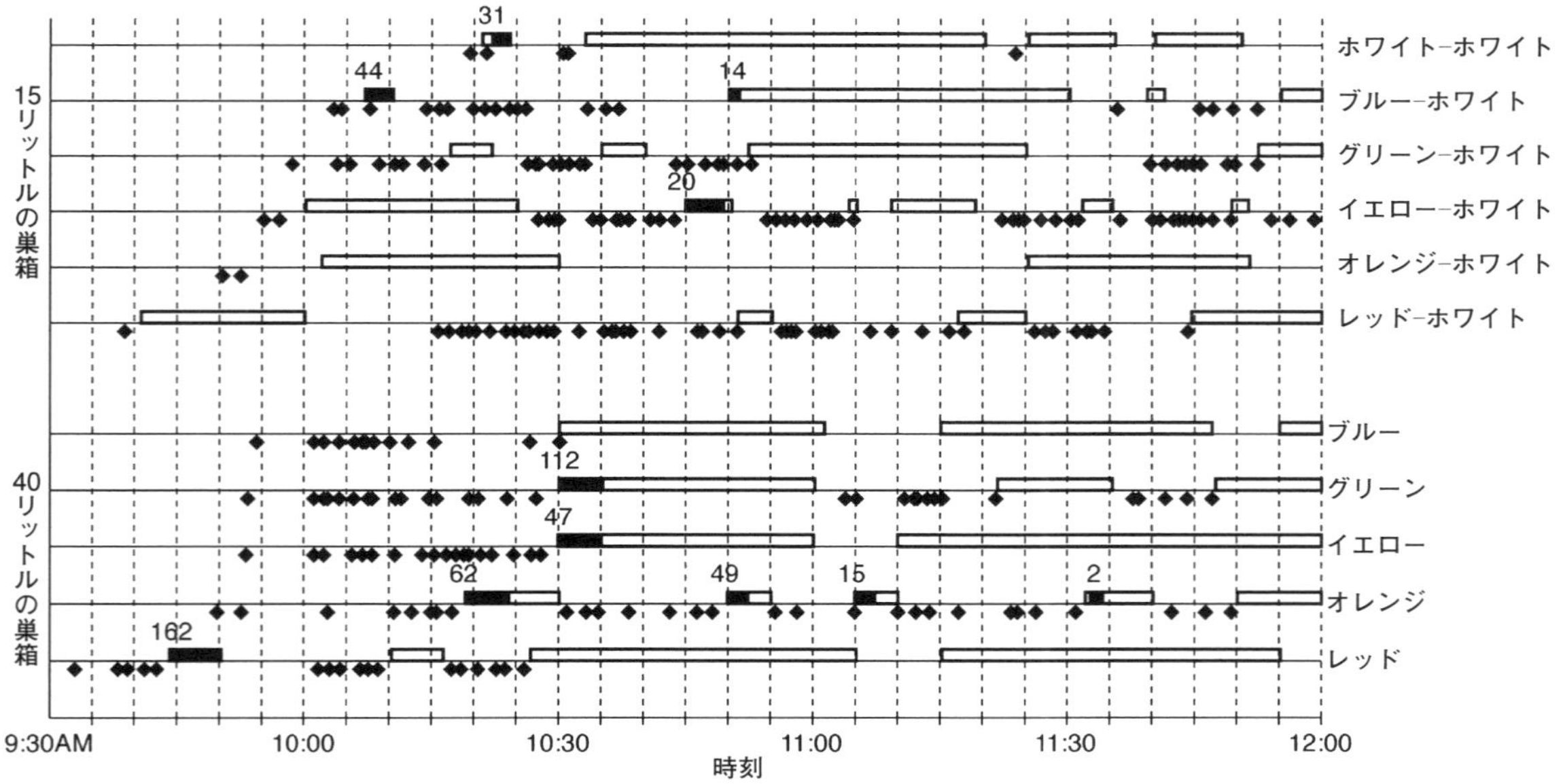

図 6. 4　15 リットルと 40 リットルの巣箱で報告された 11 匹の探索バチの活動。それぞれのハチについて水平の時間軸に沿って、黒い菱形は巣箱でハチを目撃したことを表わし、白い棒は分蜂群で経過した時間、白い棒の中の黒い棒は尻振りダンスの時間を示す。黒い棒の上の数字はダンス周回の回数である。

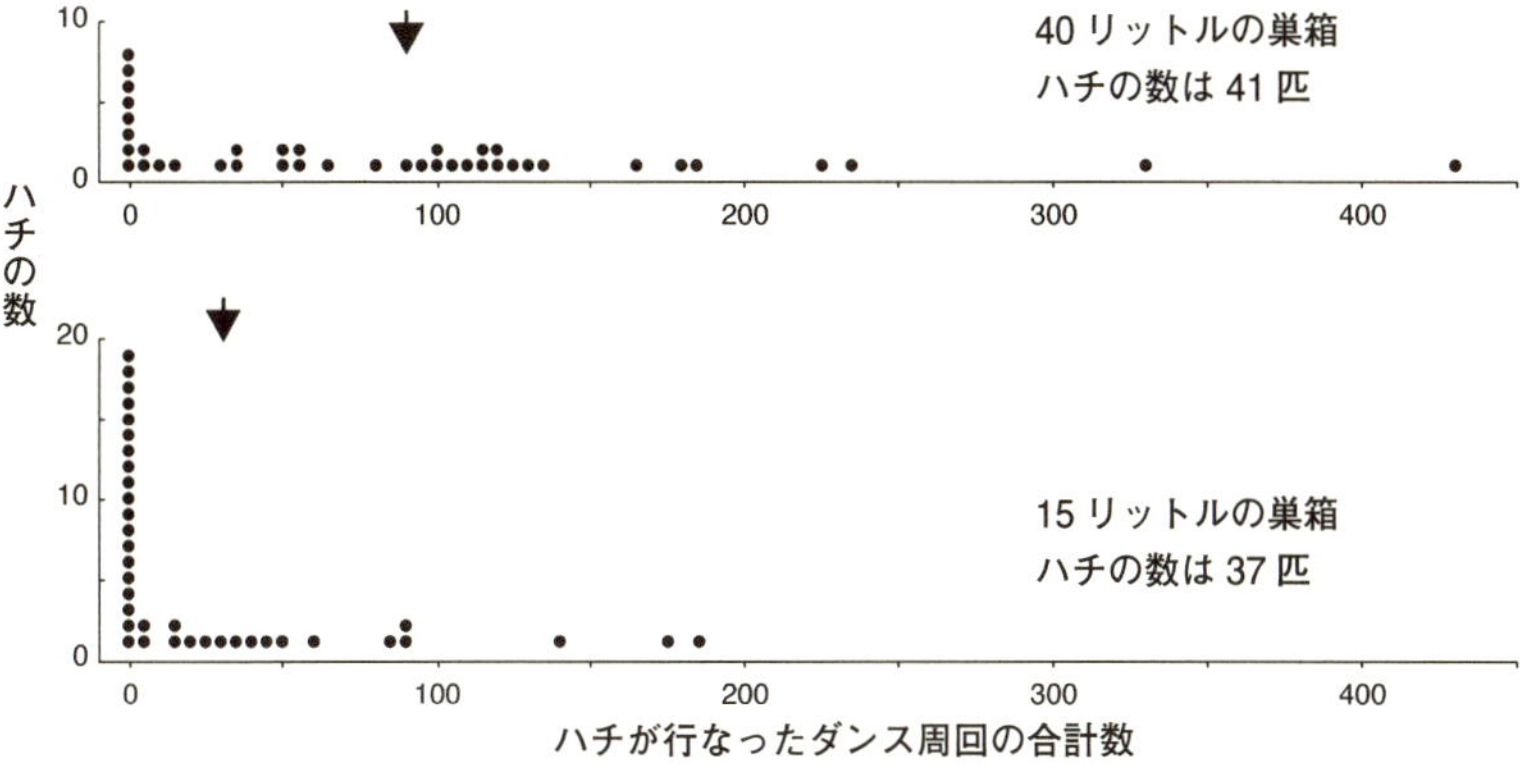

図 6．5　探索バチが 40 リットルおよび 15 リットルの巣箱を報告する際、1 匹が行なったダンス周回数の分布。それぞれのハチが表わした数は、分蜂群に数回戻ってきて行なったダンス周回の総計。黒い矢印は 2 つの分布の平均値を表わす。

群に帰って五分から三〇分過ごし、たいてい尻振りダンスで候補地の報告をする。それからまた一〇分から三〇分巣箱を再訪する。再び分蜂群に戻って五分から四〇分過ごし、もう一度尻振りダンスを行なうこともある。このような分蜂群と巣箱の往復は通常さらに一時間ほど続き、そのうち探索バチは、まず候補地の宣伝をする意欲をなくし、さらに候補地を訪問する気もしなくなる。

この研究で得られたもっとも重要な発見は、高品質（四〇リットル）の巣箱と中品質（一五リットル）の巣箱では、探索バチの宣伝の熱意、つまり積極的な探索任務から身を引くまでにハチが行なうダンス周回数の総数に、大きな違いがあることだ。図6．5に示すように、各グループ内のハチの間で大きな変動があるものの、平均すると一匹のハチが行なうダンス周回の総数は、四〇リットルの巣箱を支持するハチのほうが一五リットルを支持するものに比べて多く、ハチ一匹あたり八九回対二九回である。これらの探索バチが、自分の候補地の質が高いか中くらいかを、最初の訪問で判断することは明らかだ。なぜなら、分蜂蜂球に最初に戻ってきたとき、四〇リットルの巣箱からの探索バチは七六パーセント(四一匹中三一匹)がダンスで宣伝しているが、一五リットルの巣箱からの探索バチでそうしたのは四三パーセント(三七匹中一六匹)にすぎないからだ。

当初私たちは、探索バチによる候補地の報告の強さに、これほど多くの変動(「雑音《ノイズ》」)があることを知って驚いた。ハチの報告のばらつきが、質の高い候補地と中くらいの質の候補地の両方にあり、それぞれを支持するダンスの強さに、大きく重なりあう部分を作っていたのだ。質の高い候補地がより多くのダンス周回を誘発するのは、平均値においてだけだ。だが少し考えてみると、分蜂群全体としては、それぞれの候補地の報告は、多くのハチに広まっているということに気づいた。したがって候補地の質に関して、個体レベルでノイズ混じりの報告があったとしても、分蜂群レベルでの報告は明瞭だ。言い換えれば、集団レベルでは質の違う選択肢の間に、宣伝の強さのはっきりとした違いがあるということだ。分蜂群レベルでの報告が個体レベルでの報告に対して優位にあることは、次のように証明される。図6.5に示した二つの分布から一匹のハチの報告を無作為に取り上げ、これら二つの報告に含まれるダンス周回数を比較することを繰り返せば、四〇リットルの巣箱の宣伝が一五リットルの箱の宣伝より強い確率は約八〇パーセントでしかないことがわかる。これは、優れた候補地の探索バチ一匹では、劣った候補地の探索バチ一匹より強い報告をするとは限らないということだ。

しかし、二つの分布からそれぞれ無作為に六匹のハチの報告を取り上げ、この六つの報告に含まれるダンス周回数を合計して、六匹のハチからなる両グループの総ダンス周回数を比較することを繰り返せば、四〇リットルの巣箱を宣伝する強さが一五リットルの箱の宣伝より大きい確率は、八〇パーセントではなく一〇〇パーセントであることがわかるのだ！　これは、優れた候補地からの探索バチ六匹は、劣った候補地からの探索バチ六匹より常に強い集団的宣伝を行なうことを示す。だから分蜂群が、私たちの四〇リットルと一五リットルの巣箱のように、受け入れられる候補地二つから選択をすることになった場合、説得力——ある候補地のために行なわれたダンス周回の総数——は、よりよい場所のほうが大きくなる可能性がきわめて高い。

それぞれの選択肢を宣伝するハチが複数いれば、巣作り場所候補地の質に関する情報が集団レベルで報告され、個体レベルでの報告にノイズが混じる問題はきれいに解決される。だが、意思決定プロセスの初期、探索バチが巣作り場所候補地の発見、検査、報告を始めたばかりの時点では、各候補地に二、三匹しか報告するハチがいないので、探索バチの報告に含まれるノイズは、早い段階では依然深刻な問題である。候補地の報告に混ざる個体レベルのノイズによって意思決定を誤る可能性は、それぞれの候補地が発見されたときが特に大きい。探索バチがある場所を見つけても尻振りダンスで報告しなければ、その場所は探索バチによる討論に加えられないからだ。それどころか、他の探索バチが同じ場所をたまたま見つけて報告しない限り（そして、その可能性は非常に小さい）、分蜂群が注目することはない。この問題の一つの解決策は、探索バチが候補地を発見したら、その場所をできる限り報告して討論に含めるようにすることだろう。驚いたことに、ミツバチはまさにそうしているようなのだ。マリエル、カーク、それに私は実験の中で、各試行の最初に二個の巣箱を訪れた二匹の探索バチが、分蜂群に戻ってほぼ必ず（〇・八六の確率で）尻振りダンスを行なうことを確かめた。一方で同じ巣箱に後から訪れた探索バチ、おそらくそこに招集されたものたちは、尻振りダンスを行なう傾向がいくぶん低かった（〇・五五の確率）。最初の探索バチに特別強いダンスの動機を与えているものが何かはわからない。たぶん、最初の探索バチが自力で発見した——他の探索バチのダンスに従って見つけたのではなく——か、自分で候補地を検査したという経験だろう。この「発見者はダンスすべし」というルールは、しかし、絶対安全ではない。ベスト・オブ・五選択実験ですでに見たように、五つの選択肢（四〇リットルの巣箱一個と一五リットルの巣箱四個）を与えられた分蜂群の一つは、もっとも質のいい四〇リットルの選択肢を選べなかった。それを自力で見つけた二匹の探索バチが、ダンスで報告するのを怠ったからだ（図5．6参照）。結果として、その分蜂群はすばらしい選択肢を「見過ごし」、平凡な巣箱に入るはめになった。

二〇〇七年七月に私たちの関心を引いた、探索バチの行動の重要な特徴がもう一つある。標識をつけた探索バチは、二個の巣箱のうち一個しか訪れなかった。二個の巣箱は四〇メートルしか離れておらず、ハチなら一〇秒でひとっ飛びの距離なのにもかかわらずだ。このように探索バチが別の候補地に浮気をしないことは、注目に値する。なぜならそれは、探索バチが巣作り候補地を評価するとき、その場所の質を生得的な（遺伝的に条件づけられた）住処の善し悪しの尺度にもとづいて絶対評価しているのだというリンダウアーの推測に、さらに裏づけを与えるものだからだ。言い換えれば、ハチはある場所を、すでに訪れたことのある他の場所と比較して、相対的な質を評価しているわけではないのだ。私たちの分蜂群は、最近分蜂したことがないコロニーから準備したものだったから、アップルドア島に来るまで探索バチとしての経験がなかったことははっきりしていた。それに島では複数の巣箱を訪れたハチを一匹も見なかったので、探索バチがある候補地を別の場所と比べてはいないと自信を持って言えた。

それでもなお、質の高い場所を訪れたハチは、中くらいの質の場所を訪れたものたちより力強くダンスをするのだ。明らかに働きバチは、理想的な巣作り場所を構成するものは何かという知識と、自分が検査した場所の絶対的な質を判断する能力を生得的に兼ね備えている。これは突飛な主張ではない。ミツバチの働きバチに関する様々な研究で、花を見たことがないハチが花を探すとき、複雑な形、特定の色（例えば緑より紫）、特定の匂い（花でないものより花の匂い）を備えたものを自然に好むことがわかっている。こうした花の手がかりになるものについての生得的な知識が、新米の採餌バチの注意を花へと自然に向けさせるのだ。

最後に、探索バチはほぼ確実に、意識的に考えて巣作り場所を評価しているわけではないということを強調しておくべきだろう。おそらく神経系が空洞の大きさ、出入り口の高さなどに関する様々な知覚的インプットをまとめ、候補地の総合的な善し悪しの感覚を、自身の内部に作り出すことによってそうしているのだ。もしかすると家を持たない探索バチは、理想的な木の空洞を見つけると、空腹の人間が美味しいごちそうにあずかったときのように、本能的な喜びを感じるのかもしれない。

強いものはより強く

もっともよい候補地を支持する探索バチが、なぜ討論の間に増え続けるのかを理解する鍵の一つは、もっともよい場所の支持者がもっとも強く宣伝を行なうことだ。正確には、最良の場所の探索バチは、すでに見たように（図6.5）、平均して一匹あたりもっとも多くのダンス周回を行なうのだ。これは実験だけでなく、野生においてもそうだ。図4.6で示した探索バチの討論をもう一度考えてみよう。ここでは南西の候補地Gが優勢となっている。おそらくその中でもっともよい場所だからだろう。討論の間、候補地Gを宣伝するハチは、一匹あたりもっとも多くダンス周回を行なっている。例えば七月二〇日の午後三時から五時にかけて、候補地A、B、D、Gの間で激しい競争が起きていたとき、探索バチ一匹が行なった平均のダンス周回数はそれぞれ五九、二九、四二、七四回だった。同様に翌朝九時から一一時、論争がBとGに絞られたころ、それぞれの場所を支持する探索バチ一匹が行なった平均ダンス周回数は、一六回と四二回だった（原註：この朝、ハチのダンスは前日の午後に比べ強さが半分ほどしかなかった。夜のうちに天気が下り坂になったためだ。それどころか、昼近くから暴風雨になった。ミツバチは低温や荒天のときには必ず家探しプロセスのペースを落とす）。

最良の巣作り場所は、その支持者がもっとも強くダンスをするように刺激するので、支持者が中立の探索バチを転向させて新たな支持者にする、一匹あたり成功率も最大になる。また、こうした新たな支持者がさらに多くの支持者を呼ぶときの一匹あたり成功率も、同じように最高になるので、質に差がある候補地の間では、支持者の数の差が指数的に広がっていく。だいたいにおいて、一つの支持者グループが、やがてそれ以外のすべてを圧倒する。これこそが分蜂バチの討論で見たパターンだ（図4．5および4．6参照）。

図6．6は、質に差がある二つの候補地が競争するという基本的な状況で、これがどのように機能するかを図解したものだ。小さい出入り口という、より望ましい条件を持った質の高い右側の候補地に、支持者は刺激され、平均九〇ダンス周回の宣伝をする（ちょうど私たちの四〇リットルの巣箱のように。図6．5参照）。左側は、出入り口が大きな中級の候補地で、それに対し支持者は平均三〇ダンス周回をする（一五リットルの巣箱のように）。二つの場所はそれぞれただ一匹の探索バチにより、午前一〇時に同時に発見された。最初の三時間、二匹の探索バチは九〇ダンス周回と三〇ダンス周回を行なう。したがって二つの場所の相対的な説得力（宣伝の総量）は三：一である。八匹の中立の探索バチが二つの候補地に招集され、それが各候補地の宣伝の程度に比例するとすれば、午後一時には質の高い場所を支持する探索バチが六匹、中くらいのほうを支持するものが二匹になる（午後一時までに、最初の探索バ

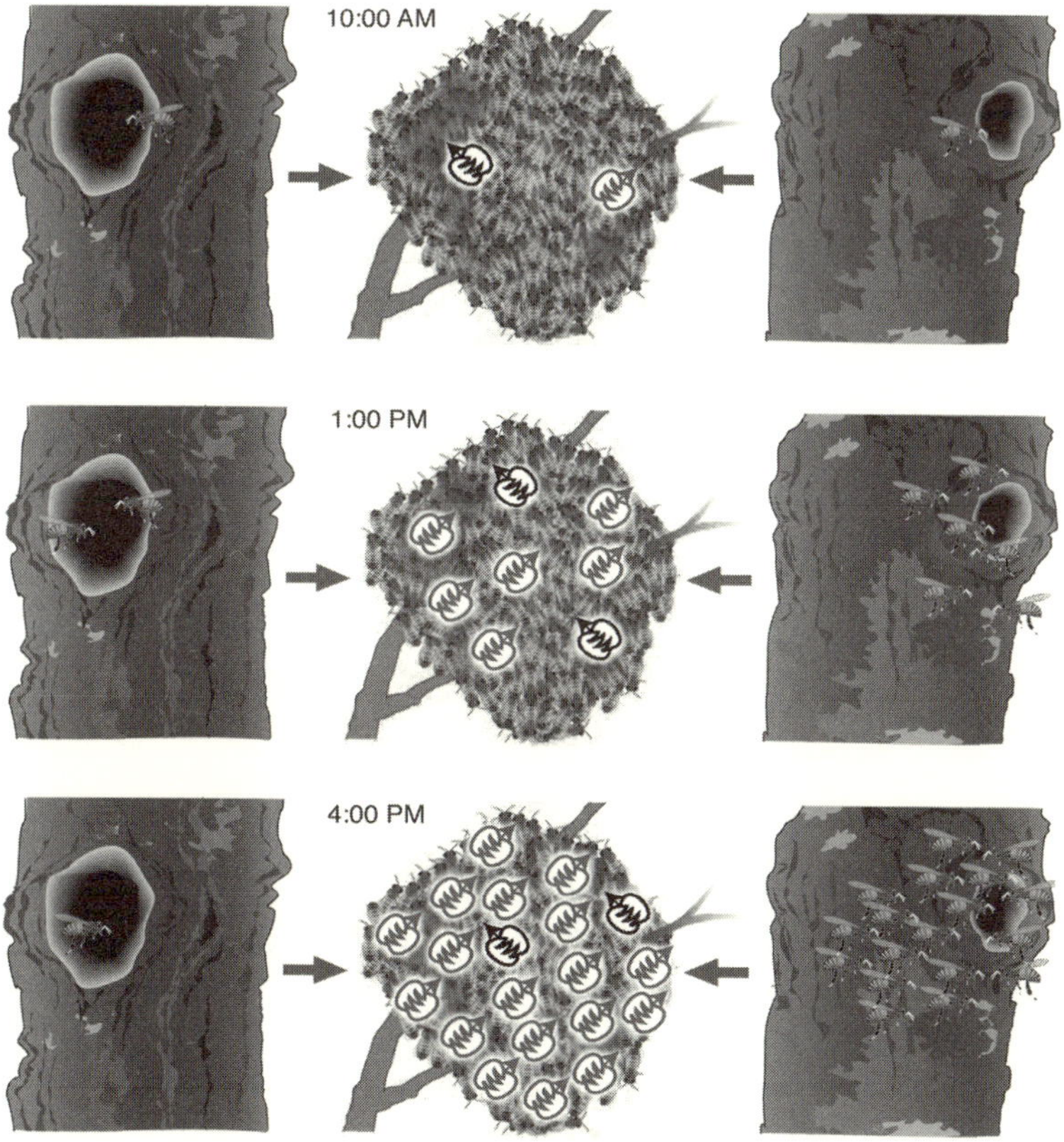

図6. 6　探索バチは尻振りダンスの強度を候補地の質に比例して調節し、それによってダンスバチは最良の場所について合意を形成する。ここで、2匹の探索バチが同時に2カ所の巣作り候補地を見つけたとする。一方は出入り口の開口部が大きく（左）、もう一方は開口部が小さく、より望ましい（右）。それぞれの探索バチは分蜂群に戻り、自分の候補地を支持する尻振りダンスを行なうが、右の木の探索バチ（右矢印の記号）は、左の木のハチに比べて3倍の尻振りダンス周回を行なう（左矢印の記号）。この結果、3時間後には、右の木を支持するハチの数は6倍に増え、一方左の木への支持は2倍にしか増えず、ダンスバチの大多数は右の木に賛成する。さらに3時間が経つと、右の木の探索バチは急増し、この場所を支持する多くのダンスバチは、左の木を議論からほとんど締め出してしまう。

チは宣伝と候補地の訪問をやめてしまっている)。さて、次の三時間で何が起こるだろう? 質が高い候補地の六匹の支持者は、合計五四〇ダンス周回(ハチ六匹×一匹あたり九〇ダンス周回)を行ない、中くらいの候補地の二匹の支持者は六〇ダンス周回(ハチ二匹×一匹あたり三〇ダンス周回)を行なう。こうして二つの候補地の相対的な説得力は、次の三時間で九:一になる。二〇匹の中立の探索バチが(宣伝が増えるので今度のほうが前より招集バチが増える)、二つの候補地にそれぞれの宣伝量に比例して招集されれば、午後四時には質の高い候補地を一八匹の探索バチが支持しているが、中くらいの候補地を支持するハチは、依然二匹しかいない。こうして、この討論は二つの候補地を支持するハチの比率が一:一で始まったのに、三時間後には比率が三:一になり、さらに三時間後には九:一になることがわかる。討論が続けば、自然界と同じように、質の高い候補地が討論を支配するまで長くかからないだろうこともわかる。

ミツバチの合意形成プロセスの面白い特徴は、支持者一匹あたりの宣伝力の差だけで、ある候補地の支持者が他の候補地に対し、討論で優位を得られることだ。ダンスバチの間で合意を形成するには、支持者に転向させられていく中立の探索バチが、多様な宣伝に注目し、劣った候補地を示す弱い宣伝を無視することも必要なのではないかと考える向きもあるかもしれない。だが実は、中立の探索バチがダンスを選んで従う必要はないのだ。すぐ前に挙げた例では、中立のハチは二つの候補地を支持するダンスの総量に厳密に比例して、二つの候補地の支持者になる。それはまるで、中立の探索バチが分蜂群の表面をただうろつきまわっているうちに、最初に出会ったダンスに従ってそのダンスが宣伝する候補地に招集され、その場所を支持するようになるかのようだ。ダンスに従った探索バチが、まったくこの通り行動するかどうかはわからないが、ハチが選択的にある候補地を支持するダンスに従うのではなく、無作為に従うという証拠は確かにある。

その証拠はカーク・フィッシャーとスコット・カマジンが行なった実験で得られた。スコットはカークと私の共通の友人であり、腕のいい医師にして自然写真家、そしてミツバチに取りつかれた仲間だ。カリフォルニア州インディオの東にある砂漠は、大きな木がほとんどないため、ミツバチの天然の巣作り場所に乏しい。一九九五年一二月、カークとスコットはそこに人工分蜂群（一度に一群）と二個の巣箱を用意した。それらの巣箱は分蜂群からの探索バチの興味を引いた。カークとスコットは、巣箱のうち一つを支持するダンスをした探索バチに個体識別標識をつけ、各分蜂群の意思決定プロセスの始めから終わりまで、ダンスとダンス追従の事例をすべてビデオ撮影した。それから録画を見て、標識をつけたダンサーの中で最終的にダンス追従バチになったのはどれかを調べ、そうしたハチについて、前に訪れて宣伝したものと違う巣箱を支持するダンスを選んで従っているかどうかを確認した。もしそうなら、一種の「比較購入」ができるということになるだろう。意外にも、ダンス追従バチとなったダンサーは、二台の巣箱を支持するダンスの総量に単純に比例して、ダンスに従っていることがわかった。つまり、ランダムに選んだダンスに従う以上の高度なことをしている様子が、このハチたちには見られなかったのだ。

したがって、討論する探索バチは単純な方法を用いて合意形成をしているらしいことがわかる。候補地の質が高いほど支持する探索バチのダンスは力強く、新しい支持者をその場所に招集する効率も高くなるのだ。新たな支持者はその場所をみずから訪問して評価し——それによって、以前の支持者がその候補地について「主張」したことを確かめて、検証されていない情報が噂のように広まるのを防ぎ——それから同じようにダンスで報告するが、その強弱は候補地に対するそのハチの評価によって決まる。

最良の候補地に対する正のフィードバック（招集バチに対する招集）がもっとも強いので、この場所への支持者は徐々に議論で優位を占めるようになる。しかし完全な合意には、最良の候補への支持が着実に増えるだけでなく、劣った候補への支持がだんだんと減っていくことも必要だ。ここで劣勢の候補への支持がどのように消えるかに目を向けてみよう。

反対意見の消失

複数の選択肢について討論している集団の中に合意が生まれるには、初め劣勢の選択肢を支持していたすべての成員が、最終的にその選択肢への支持を撤回して、優勢の選択肢に乗り換えるか、討論を一切やめてしまうかしなければならない。ひと言で言えば、反対意見が消えなければならないのだ。ミツバチ分蜂群での探索バチによるダンスの討論でこれが起きるのを、私たちは見てきた（図4．5および4．6参照）。却下された候補を支持するダンスをしていたハチのすべてが、最後にはダンスを中止したのだ。しかし、それがどのように起きるのかは、まだはっきりとは見ていない。一九五〇年代初め、リンダウアーはミツバチの合意形成プロセスにおけるこの重大な謎に取り組んだが、完全に解決することはできなかった。探索バチがある候補地への支持、つまりダンスをやめるのは、より優れた候補地があることを知って、そちらを支持するダンスに変えるときだけだという考えに、リンダウアーは賛同していたようだ。リンダウアーは次のように見解を示している。

劣った巣作り候補地しか見つけられなかった探索バチは、その投票先を容易に別の候補地へと変える。最初は「自分たちの」巣作り候補地を支持するダンスをしていても、そのダンスは少しずつ減っていき、他の探索バチの活発なダンスに目に見えて興味を持ち始め、最後にはもう一方の候補地を探しに飛び立つ。実地検分することで、自分の候補地と新しい候補地を比較できる。もし後者のほうが本当に適していれば、このときから後者を支持するダンスを分蜂群で行なう。このようにして探索バチの興味はすべて、徐々に全部の候補地の中で最良のものに集中していくのだ。

劣勢の候補地を支持するダンスを、探索バチがどのようにやめるかを説明するこの仮説には、二つの要点がある。ハチは古い候補地と新しい候補地（活発にダンスをする他のハチに招集された場所）を比較すること、それから新しい候補地のほうが優れていると気づいたら、新しくよりよい場所を支持するダンスに転向することだ。したがってこれを、反対意見の消失に関する比較‐転向仮説と呼ぶことができる。なるほど、これはもっともらしい仮説だ。それは、我々人間が討論の中で、意見の相違を解決するため通常とる方法だからだ。集団の成員は様々な行動計画を提案する。個々人はその多様な提案を聞き、比較する。そして初め劣勢の提案を支持していた個人は考え直し、優勢な提案の支持に転向する。リンダウアーは、探索バチがどのように合意に達するかを理解しようとして、ヒトの合意形成との類推で考えたのではないかと思われる。というのはミツバチを「最初の判断にしがみつく」ことなく「考えを変え」ると描写しているからだ。

造巣場所探索バチ間の反対意見の消失を説明するために、リンダウアーは比較‐転向仮説を強調したが、この仮説と完全には一致しない観察結果も、いくつか報告している。例えばリンダウアーはこのように書いている。「劣った巣作り場所候補地を見つけた探索バチが、自分たちの候補地に何の変わりもなく、新しい候補地をまだ見ていないのに、最後にはその場所を支持するダンスをやめるのはなぜか、まだわかっていない」。明らかに、もう一つの場所について知らず、したがって古いものと新しいものを比較できないのに、ある候補地を支持するダンスを探索バチがやめてしまう事例を、リンダウアーは見ていたのだ。それどころか、一九五五年の代表的著作の中でリンダウアーは、一匹の探索バチがある候補地を支持するダンスをやめ、二時間近く分蜂群の上でじっとしていて、それから第二の候補地の方向を示すダンスに追従し始める様子を、きわめて詳細に記録している（図6.7）。これは探索バチが、先に他の候補地と比較することなく、ある候補地を支持するダンスをやめる場合があることを、はっきりと示している。

探索バチが劣勢の候補地を支持するダンスをどのようにやめるかを説明する、このもう一つの仮説には、三つの要点がある。ハチは古い候補地と新しい候補地を比較しないこと、新しく優れた候補地を支持するダンスに転向しないことだ。ハチは、ある候補地を支持するダンスの意欲をなくし、不活発になって自分の候補地も訪問しなくなるだけだ。したがってこれを、反対意見の消失に関する引退-休止仮説と呼ぶことができる。

一つの謎の説明として、競合し両立しない二つの仮説がある場合は常に、両者の間で明らかに予測が異なる現象を特定することで、どちらが間違っているかを判断することができる。その決定的な現象を観察し、仮説が観察結果を正確に予測していないのはどちらかを見ればいいのだ。いずれの仮説が間違いか、たちどころにわかる。この「強力な推論」の手順は小難しく思われるかもしれないが、誰もがいつもやっていることなのだ。例えば、スイッチを入れたのに部屋の電灯が点かなかったら、原因は（仮説1）電球が切れたか、（仮説2）停電しているのではないかと考える。もし前者なら、別の部屋の電

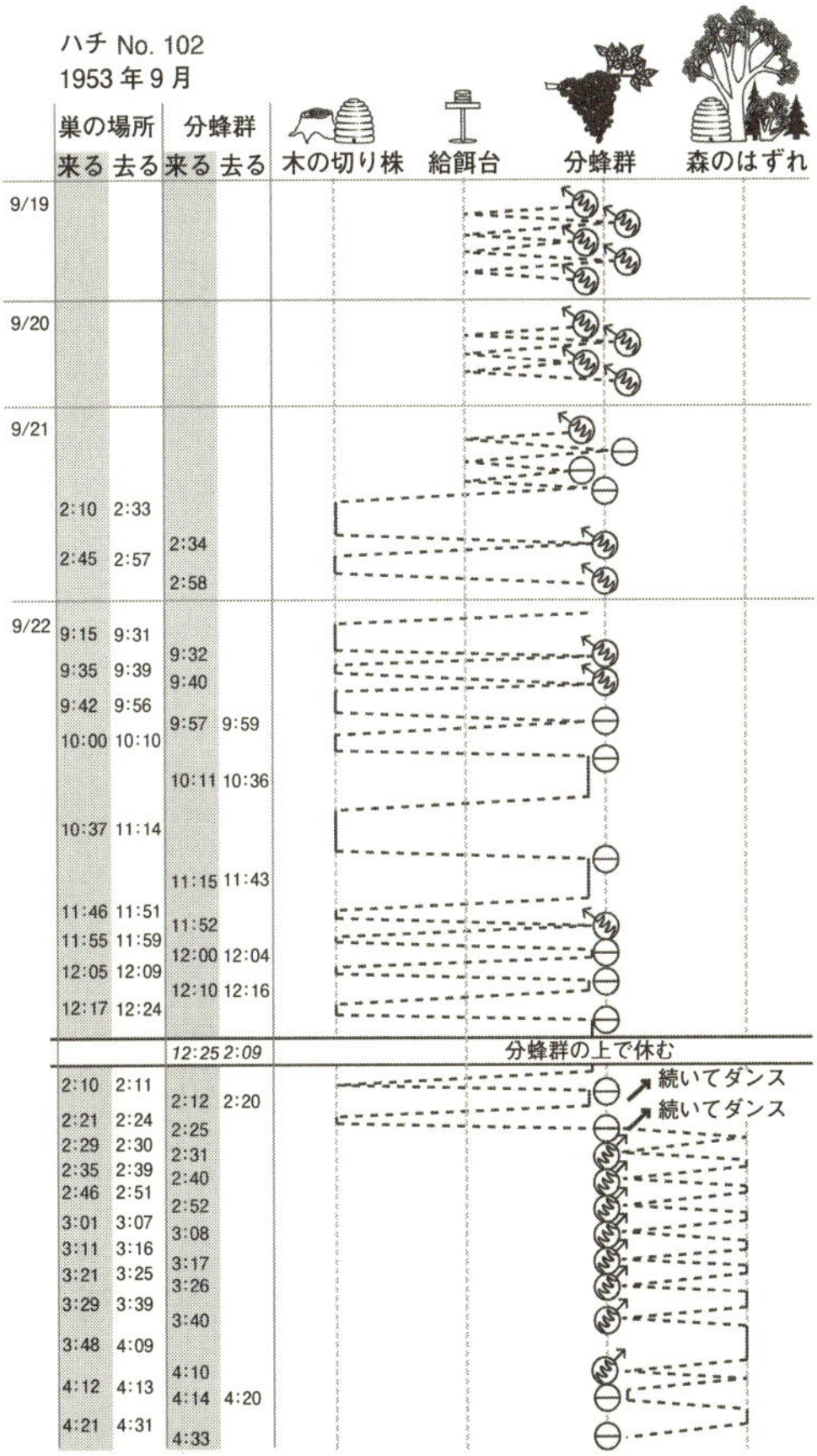

ハチ No. 102 1953 年 9 月				木の切り株	給餌台	分蜂群	森のはずれ
巣の場所		分蜂群					
来る	去る	来る	去る				
9/19							
9/20							
9/21							
2:10	2:33						
2:45	2:57	2:34					
		2:58					
9/22　9:15	9:31						
9:35	9:39	9:32					
9:42	9:56	9:40					
10:00	10:10	9:57	9:59				
		10:11	10:36				
10:37	11:14						
		11:15	11:43				
11:46	11:51	11:52					
11:55	11:59	12:00	12:04				
12:05	12:09	12:10	12:16				
12:17	12:24						
		12:25	2:09		分蜂群の上で休む		
2:10	2:11	2:12	2:20				続いてダンス
2:21	2:24	2:25					続いてダンス
2:29	2:30	2:31					
2:35	2:39	2:40					
2:46	2:51	2:52					
3:01	3:07	3:08					
3:11	3:16	3:17					
3:21	3:25	3:26					
3:29	3:39	3:40					
3:48	4:09						
		4:10					
4:12	4:13	4:14	4:20				
4:21	4:31	4:33					

図6. 7　探索バチ No.102 の生活記録。このハチは当初は採餌バチとして働いていたが、その後探索バチとなって、最初は木の切り株のそばにある巣作り場所（空の巣箱）を宣伝し、後に森のはずれにある別の場所（空の巣箱）を宣伝するようになった。破線は分蜂群との往復の飛行を示す。実線は分蜂群あるいは巣作り候補地で経過した時間を表わす。波線のついた丸印はダンスを表わし、矢印はダンスが示す給餌器あるいは候補地を表わす。分蜂群は出発したとき食料が不十分だったので、（No.102 のような）一部のハチがまず給餌器から餌を集めた。分蜂群の食料が豊富になるにつれて採餌バチとしての動きは不活発になり、最終的に巣作り場所の探索を開始した。

灯は点くと予測され、後者なら点かないと予測される。そこで実際に別の部屋の電灯を確かめ、点くことがわかったら、その場で停電仮説は虚偽だということになる。

ダンスバチ間の反対意見消失についての比較‐転向仮説と引退‐休止仮説の違いを示すものとして私が利用したのは、探索バチが劣勢の候補地を支持するダンスをやめる時期と、他の候補地を支持するダンスに追従する時期との関係で、二つの仮説の立てる予測がはっきりと異なることだ。比較‐転向仮説での決定的な予測は、探索バチは他の候補地を支持するダンスに追従したあとで初めて（それからこの場所を特定し、現在の候補地と比較してから）、劣勢の候補地を支持するダンスをやめることだ。一方、引退‐休止仮説での決定的な予測は、探索バチは他の候補地を支持するダンスに追従する前であっても、劣勢の候補地を支持するダンスをやめることがあるというものだ。この二つの予測を試験するのは単純なことである。一度に一つずつ分蜂群を用意し、それぞれの分蜂群で最初にダンスを行なった数匹のハチに目立つ色の塗料で標識をつける。この標識のついたハチが分蜂群にいるときには絶えず観察して、いつダンスをするか、いつダンスをやめるか、いつ他のハチのダンスに追従するか（もしするとすれば）を見ればいいのだ。分蜂群に最初に現われた数匹のダンサーに注目するのは、探索バチの討論を立ち聞きして、初期のダンサーは劣勢の候補地を宣伝する傾向にあることがわかっていたからだ。

対象となるハチがダンスを行なうか、またはダンスに追従するすべての事例を観察可能にする必要があるので、私は分蜂群一つにつき、標識をつける探索バチを数匹（四から八匹）だけに絞った。これはまた、十分な数のハチからデータを得るために、いくつかの分蜂群で観察手順を一から繰り返す必要があるということでもある。作業の進み方は遅くなるだろうが、私はそれで構わなかった。鮮やかな色をつけた探索バチという小さな仲間たちをじっくりと観察し、分蜂群が新居を選び終えるまで、それぞれの個体の行き来とダンスの生成や追従をすべて記録するのは、楽しく価値のあることだとわかっているからだ。ハチを間近に観察しながら野外で過ごす時間には、常にわくわくするような発見がある。

私は六つの分蜂群で三七匹の探索バチをじっと見張った。そのために合計六六時間の絶え間ない観察を要した。予想通り、探索バチのほとんど（三一匹、八四パーセント）が初めに宣伝した候補地は、あとで却下された。わずかなハチ（六匹、一六パーセント）だけが、最終的に分蜂群が将来の住処として選んだ場所を、当初からダンスで支持していた。負ける候補地を初めに支持した三一匹のうち二七匹は、分蜂群の意思決定が終わる前に、自分の候補地の宣伝をやめた。残りの四匹もそれに近く、分蜂群が意思決定を終えるころには、そのダンスは弱々しくなっていた。そこで鍵となる疑問は、負ける候補地の支持をやめた二七匹は、どのようにしてそうしたのかだ。このハチたちは、別の場所を支持するダンスに追従してからダンスをやめたのか、それともその前からか？

図6.8は、このようなハチの中の三匹が、新居として南にある候補地を選んだ分蜂群の上でとった行動を示している。一番目のハチ、レッドは、二度目に分蜂群に戻ったときに、西の負ける候補地を支持するダンスをやめていることと、先に別の候補地を支持するダンスに追従することなくそうしたことがわかる。同じように二番目のハチ、ピンクは、三度目に分蜂群へと戻ったときに、南西の負ける候補地を支持するダンスをやめ、やはり別の候補地を支持するダンスに追従せずそうしている。西の候補地を宣伝する五周回のダンスに追従したのは、つまり別の候補地のことを知ったと思われるのは、四度目に分蜂群に戻ってからのことだ。最後に、三番目のオレンジは、五度目に分蜂群に戻ったときに東の負ける候補地を支持するダンスをやめており、レッドやピンクと同様、その前に他の候補地を支持するダンスに追従することはなかった。つまりこの三匹のハチはすべて、別の候補地のダンスに追従する前に、

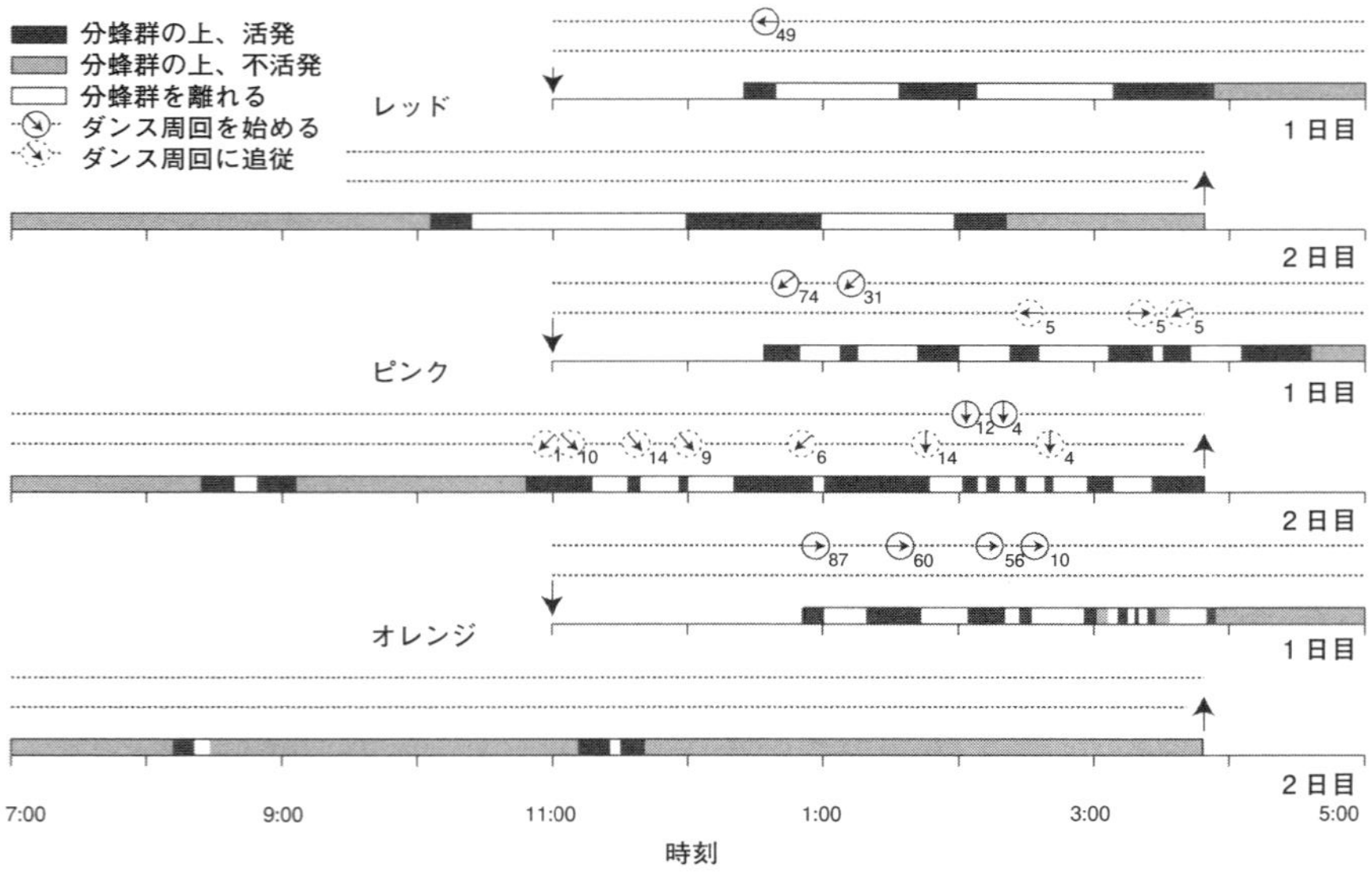

図6. 8　3匹の探索バチが、それぞれいつ分蜂群に入り、いつ離れたか、分蜂群にいるときには、どのくらいダンスをし、あるいはダンスに追従したかを示す一覧表。それぞれのハチの履歴は、2日間表示されている。この期間で、分蜂群は将来の巣を選んでいる。ハチの記録の始まりと終わりにある大きな矢印は、分蜂群の始まりと飛び立ちを表わす。矢印を囲んだ丸はハチが行なった、または追従したダンスを表わし、矢印の向きはコンパス方位（例えば真上を向いていれば北）を意味する。矢印を囲む丸の脇にある数字は、ハチが行なったか追従したダンス周回数を示す。

ダンスをやめているのだ。このハチたちの行動は典型的なものだ。二七匹中二六匹（九六パーセント）が、別の候補地のダンスに追従する前に、自分の負ける候補地を支持するダンスをやめているのだ。他の候補地のダンスに追従したあとで負ける候補地のダンスをやめたのは、一匹（四パーセント）だけだった。別の候補地のダンスに追従したあとで自分の負ける候補地を支持するダンスをやめたハチが、二七四匹中一匹しかいなかったという結果は、比較‐転向仮説が、少なくとも圧倒的多数の探索バチについて、事実に反することを示している。またこの結果から、引退‐休止仮説が正しいという確信も高まった。

それでは負ける候補地を支持するダンサーを、自分の場所の宣伝から引退させるものは何だろうか？ほとんどは、他の候補地を支持してきわめて熱心にダンスするハチに遭遇したことで、そうするように刺激を受けたわけではない。大部分のハチは他のダンスに追従する以前にダンスをやめているからだ。可能性が高いのは、負ける候補地の宣伝からハチを引退させるような体内の神経生理学的作用があって、探索バチのダンスの意欲を、たとえ自身の支持する候補地の質が高くても、少しずつ自動的に失わせていくことだ。そのような作用があれば、探索バチの間に合意形成が促されるだろう。それぞれのハチのダンスが自動的に弱まれば、頑固なダンサーのいる集団が二つ以上の候補地をめぐって行きづまり、にっちもさっちも行かなくなることが防げるからだ。それはまた、そのようなものがない場合に比べて、ダンサーが全員一致に至るまでの時間を短縮するのに役立つだろう。いかなる候補地に対しても自動的に興味を失う傾向が与えられていれば、ハチは意思決定プロセスにおいてきわめて融通が利く存在になるからだ。

いかなる候補地に関しても、ダンスをやめようとする傾向が、探索バチには備わっているということの考えを強く裏付ける証拠は、私が比較‐転向仮説と引退‐休止仮説を試験するために三七匹の探索バチを見ていて気づいたものだ。どのハチも分蜂群に戻ってくるたびに、ダンスが弱くなるのだ。例えば図6.8では、レッドのダンス強度（分蜂群に一度戻るたびのダンス周回数）が四九からゼロに一気に下がっているのがわかる。しかしピンクとオレンジでは、ダンス強度の低下はもっとゆるやかで、それぞれ七四、三一、ゼロと八七、六〇、五六、一〇、ゼロとなっている（原註：このダンス強度の一貫した低下は、図6.4に示した探索バチ個体のダンス記録にも見られる）。すべての事例を図表にすると、三七匹の探索バチはいずれも、分蜂群へ帰還して特定の候補地を示すダンスを行なうことを数回繰り返し、最後の一回は帰還してもダンスをしないということを延べ五一シリーズ行なっていたことがわかった。その長さには、ダンスを伴う帰還が一回だけのものから六回のものまで幅があった。そこで私は五一シリーズを長さに応じて六組にグループ分けし、各組についてダンス周回の平均数を、一往復目では何回、二往復目では何回という具合に計算した。最後に六組の結果を、図6.9に示したように、探索バチがダンスをしなかった帰還回はいつかを基準に並べた。ここからわかるのは、シリーズの長さにかかわらず、探索バチが行なうダンス周回数は、分蜂群への帰還のたびにだんだん少なくなり、一往復ごとの周回数の低下割合は、シリーズの長いハチと短いハチでそれほど変わらないという規則性があることだ。概して、分蜂群への一回の帰還で行なわれるダンス周回数の減少は、著しく規則的であり、その低下率は一往復あたり約一五回である。

注目すべきは、選ばれた（質の高い）候補地を宣伝する探索バチでも、却下された（質の低い）候補地を宣伝するものでも、すべて同じパターンでダンス強度の低下が見られることだ。ただ一つ違うのは、質の高い候補地を宣伝するハチは、初めての報告で多くのダンス周回を行ない、一方で質の低い場所を

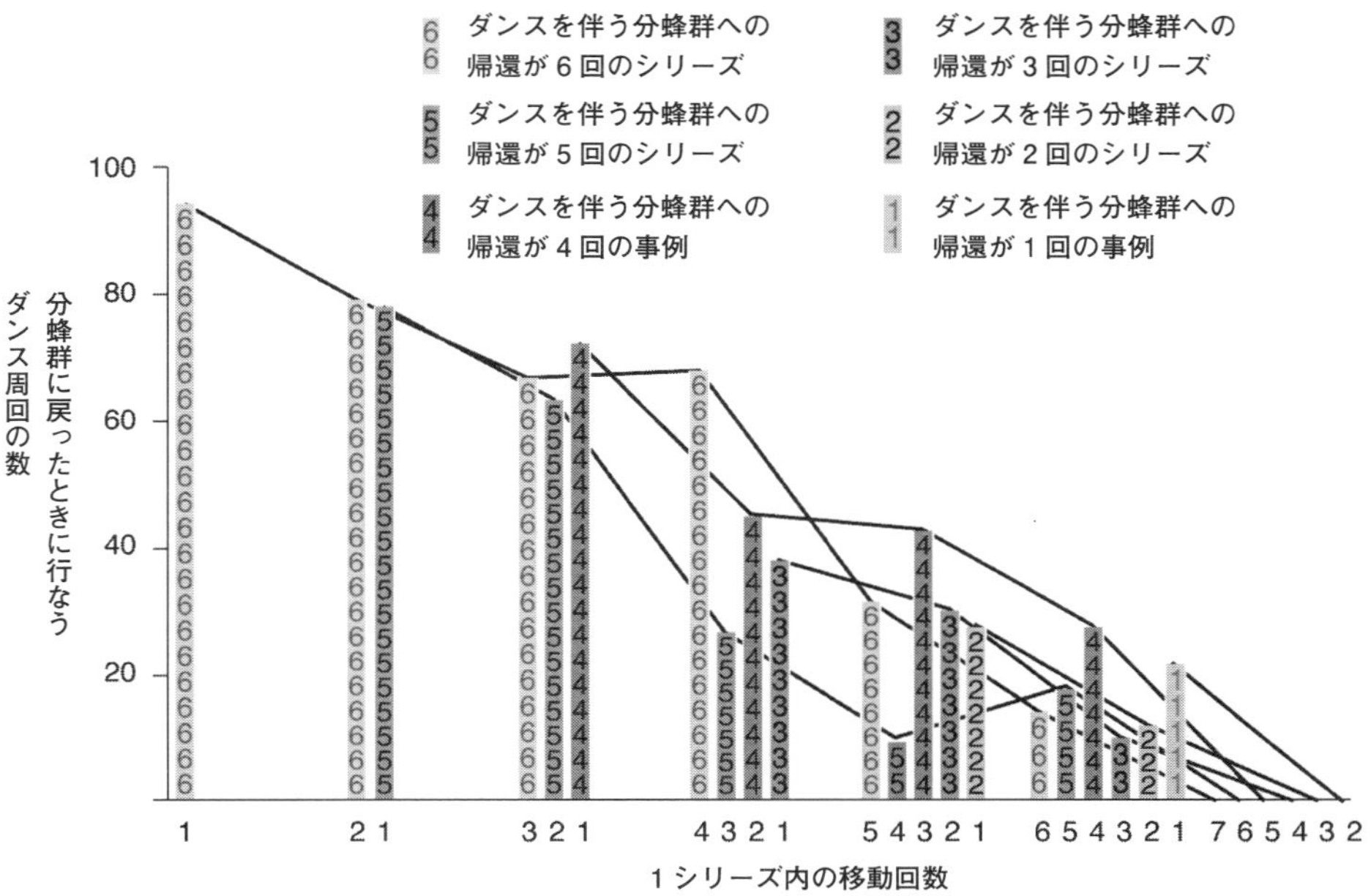

図6. 9　探索バチは、分蜂群との往復を繰り返すうちに、ある候補地を支持して行なうダンス周回数を減らす。特定の場所を支持するダンスを伴う分蜂群との往復の連続を「シリーズ」と呼ぶ。シリーズの長さは6往復から1往復まで様々である。1往復あたりのダンス強度の低下（約15ダンス周回）は、シリーズの長さにかかわらず一定と考えられる。

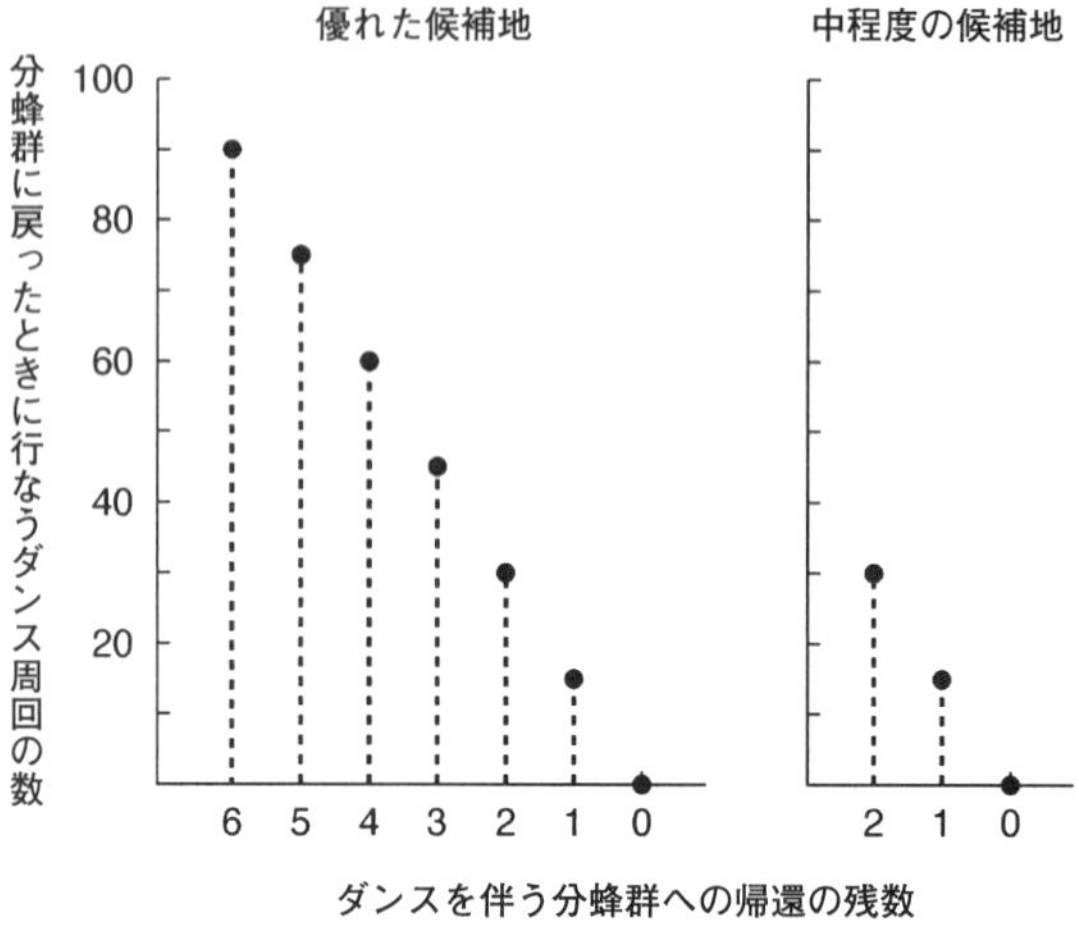

図6．10　優れた候補地と中程度のものを宣伝する探索バチのダンス・パターンの比較。いずれのハチもダンス強度を同じ割合で減らしている（分蜂群に戻ってくるごとに15回少なくなる）が、優れた候補地からのハチのほうが、初めのダンスの動機づけが高く、したがって長く（6往復対2往復）、「声高」に（90+75+60+45+30+15 ＝ 315ダンス周回と 30+15 ＝ 45 ダンス周回）ダンスすることになる。

宣伝するハチは、初めて報告するときのダンス周回数が少ない傾向にあることだ（図6．4参照）。分蜂群に一回帰還するごとのダンス強度の低下は、すべての探索バチで同じなので、質の高い候補地の探索バチは、何度も続けて分蜂群に戻っては自分の候補地を宣伝する（例えば図6．4のオレンジ）、つまり多くのダンス周回がある強い宣伝を行なう傾向にある。対して中程度の候補地のハチが分蜂群に戻って宣伝するのは二、三回でしかなく（例えば図6．4のブルー－ホワイト）、つまりダンスの周回が少なく宣伝が弱い。したがって図6．10に示すように、優れた候補地を支持する探索バチは、劣った候補地の支持者に比べて長く、そして「声高」に支持を表明する。そして誰もが知るように、大衆の支持を争奪するときは、もっともねばり強く、もっとも熱心な支持者がいる側が、常にもっとも有利になるのだ。

したがって、分蜂群の探索バチは、ヒトが討論において完全な合意に至るために行なうこととは、明らかに違うことをしているようだ。ミツバチもヒトも、集団の成員が最初の自説に固執することを避ける必要があるが、私たちヒトが通常（そして賢明にも）、よりよいものを知ってからでないと立場を捨てないのに対して、ハチは自動的に支持を取りやめる。図6．4と図6．8に示すように、遅かれ早かれどの探索バチも沈黙し、新しいハチに討論を任せる。図6．6からは、探索バチのダンスがそのように定期的に入れ替わることで、探索バチが早く合意に達するのに役立つことがわかる。分蜂群の合意形成を模式的に表わしたこの図で、午前一〇時に活発にダンスをしていた二匹ともが、午後一時には引退しており、午後一時に活発だったダンサーもすべて、午後四時には引退している。

しかし、ヒト集団の意思決定が、ミツバチ分蜂群の家探しに似た方式で働く、重要な例が一つある。科学者が科学的理論について社会的意思決定を行なう方法だ。自然削減、つまりある世代の科学者がその分野から引退し、やがて死に絶えることで、新しくよりよい考えが科学的議論で勝利を収めることは、広く知られている。しかし、この世代が議論から手を引く前に、次の世代の科学者は先輩のさまざまな主張に耳を傾けて、もっとも説得力のある真理の主張を信じ、新しい理論を受け入れる。こうして新しくよりよい理論（例えばコペルニクスやガリレオの地動説）の支持者は増えていき、一方で古く劣ったもの（例えばプトレマイオスの天動説）の支持者は減っていく。この社会的プロセスを説明するためにもっともよく引き合いに出されるのが、マックス・プランクの次の言葉だ。「新しい科学的真理は、反対者を説得し啓蒙することによって勝利するのではない。反対者がやがて死に、新しい真理に慣れ親しんだ新しい世代が成長することで勝利するのだ」。ただ、老科学者と老探索バチが一つ違うのは、たいていの人間は議論からいやいやながら抜け、時には死ぬまで去ろうとしないが、ミツバチは自動的に引退することだ。この点について、もし人間がもう少しハチのように振る舞ったら、科学の進歩はもう少し速くなるだろうかと、私は考えずにはいられない。

第七章　引っ越しの開始

そしてこの柔らかな振動も
合い言葉として次から次へと受け渡され
もっとも奥の蜂にまで伝わり
それによって大きな空洞が
石榴のごとき塊の中にできる。
そのようなものが見えたなら
蜂たちに別れを告げるがよい。
まもなく塊はばらばらになり
そして去ってゆくのだから。

——チャールズ・バトラー『女性君主』一六〇九年

ミツバチコロニーから分蜂群が放たれるところを見るという大変な幸運に恵まれた人はみな、驚くべき動物行動の数々を目にすることになる。まず、数千ものハチが我先に巣箱を飛び出し、空に舞い上がる。数分後、渦巻く雲のような分蜂バチは、不思議なことにぎっしりと寄り集まって木の枝からぶら下がり、そこで数時間から数日、ほぼすべてのハチがじっと止まって、ほとんど動かずにいる。分蜂群の

図7．1　アップルドア島で分蜂群が止まり木にしていた垂直の板から飛び立つのを観察する著者。止まり木の上に設置した２つの給餌器が、分蜂群の食料となる糖蜜を供給する。

探索バチだけはしきりに動き回り、蜂球から飛び立ってはまた戻り、蜂球の上で目を引くダンスを行ない、巣作り場所の候補地を宣伝する。次に、その候補地の一つがダンスバチの全員一致で選ばれると、この上なく見事な光景が始まる。突然、六〇秒ほどで、蜂球全体がばらばらになって飛び立ち、空を何千というハチの羽音で満たす（図7．1）。この空飛ぶ群れはすぐに選択した巣作り場所の方角へと移動し始め、一、二分で姿が見えなくなる。チャールズ・バトラーが一六〇九年にいみじくも述べたように、「別れを告げる」ときだ。

この章ではミツバチ分蜂群全体が、どのように野営地を一斉に、またちょうどよい頃合いに飛び立つかを見る。わずかな例外を除けば、分蜂群の厳密に同調された飛び立ちは、探索バチが新しい居住地を選ぶ仕事を終えて初めて起きる。つまり、分蜂群が出発する際の社会的協調のメカニズムを調べれば、分蜂群がその役目を意思決定から決定の実行へと切り替えるとき、どのように一体性を維持しているかがわかるということだ。分蜂群を煽動して新居へと移動させるきっかけを作るのが探索バチで、したがって分蜂群がどのように行動を起こすかを扱う本章で、引き続き主役の座にあるとしても、たぶん驚くには当たるまい。驚くべきは、探索バチがだらだらした仲間を駆り立てるために発する巧妙な信号や、分蜂群の旅立ちのときが来たことを察知する方法だ。事実これらは、最近までミツバチ分蜂群内部の働きについての深い謎だった。

飛行前のウォーミングアップ

一九八〇年の春、カリフォルニア大学バークレー校の才能ある昆虫生理学者、ベルント・ハインリヒ（現在はバーモント大学勤務）は、ミツバチ分蜂群の温度調節機構に注目した。それまでの二〇年間、ハインリヒは昆虫の温度制御の草分け的研究をしてきた。そのためミツバチ分蜂群の研究を始めたときも、相当な予備知識を持っていた。ミツバチは分蜂蜂球内部の温度を、巣の内部と同様、ヒトの深部体温に近い約三五℃に保っていると報告する二つの先行研究を、ハインリヒは知っていた。また働きバチは身を震わせて──胸部にある二対の飛行筋を長さを変えずに収縮させて──熱を産出できること、ハチが飛行に必要な揚力を作り出すための羽ばたき周波数（一秒間に二五〇回近く！）を生むためには、飛行筋を最低三五℃に温めなければならないこともわかっていた。さらに、分蜂群のハチが母巣を離れる前に蜂蜜を腹一杯詰め込み、そうすることで分蜂群は、大量（限度はあるが）の燃料を持って出発し、自分を温めたり、探索バチが往来するエネルギー源にしたり、新しい巣で最初に巣板を作る蜜蠟の材料としたりすることも知っていた。

ハインリヒがわからなかったのは、分蜂蜂球内部の正確な温度分布、ハチがいかにして温度を制御するか、エネルギー供給をどうするかだった。趣味で養蜂を行ない、ミツバチに興味を持っていたハインリヒは、エコハウス分蜂ホットラインや、カリフォルニア州ウォールナットクリークの警察と消防署の協力を得て、五月から六月にかけてサンフランシスコ湾岸地区で一四の天然分蜂群を集めた。カリフォルニア大学バークレー校の研究室に戻ったハインリヒは、超小型電子温度計（熱電対プローブ）や、中に分蜂群を入れて、様々な周囲温度での代謝率を計測できるプレキシガラス製の特別な円筒容器（呼吸計測装置）など様々な実験器具を使って分蜂群を研究した。

ハインリヒはミツバチ分蜂群の温度調節について数々のすばらしい発見をした。そのすべてが、分蜂群が新居へと飛び立つ準備をする方法を理解する上で重要である。ハインリヒはまず、蜂球の中心温度が周囲の温度に関係なく三四～三六℃に保たれるように、分蜂群は実に厳密に調節していることを発見した。また、蜂球の外套部（外層部）の温度は周囲温度に応じて変化するが、周囲温度が氷点（〇℃）まで落ちても一七℃以上に保たれていることにも気づいた。これは、もっとも体温が低い一番外側のハチが、活動を続けられるだけの温かさを維持しているということだ。一五℃以下に体温が下がると、ハチは「低温麻痺」に陥り、分蜂群から簡単に脱落してしまう。こうなると冷えすぎて、身体を震わせて体温を回復することもできない。

ミツバチがどのようにして特徴的な分蜂群の温度分布を実現するかを観察したハインリヒは、積みこんだエネルギー源、すなわち胃の中の蜂蜜をあまり消費せずにハチがそうしていることに気づいた。気温が約一〇℃以上なら、分蜂群の安静時代謝——分蜂群のハチが飛行筋を活動させていないときの代謝

──は、分蜂群の中心部を三五℃、外套部を一七℃に保って余りある熱をもたらす。それどころか周囲温度が高いとき（約二〇℃以上）には、安静時代謝で産出される熱が大きすぎるので、外套部のハチも中心部のハチも散開して、中心部の余分な熱を逃がすための通気口を作る。だが周囲温度が一七℃を下回り、外套部のハチが寒すぎると感じ始めると、中へ中へと詰めて分蜂蜂球を縮小させ、隙間をなくして熱の損失を減らす（図7．2および7．3）。このようにして外套部のハチは、休息中の動かないハチ数千匹が産出する代謝熱を、分蜂蜂球内部に巧みに閉じこめ、また自身も十分に暖かくしているのだ。外套部のハチがさらに一歩進んで、体を震わせて代謝を上げなければならなくなるのは、気温が一〇℃以下になったときだ。

こうしてハインリヒは、ミツバチ分蜂群のハチが貯蔵エネルギーを節約する効果的な手段を持っていることを発見した。もっとも低温にさらされる外套部のハチは、運動代謝の必要をなるべく減らすため、気温が下がると二つの行動を取る。（1）体温を高く保つために頑張るのでなく、低温麻痺ぎりぎりまで体温を下げてしまう。それから、（2）震える代わりに密集することで、低温麻痺ぎりぎりの体温を保つ。もちろん、このようなエネルギー節約手段を取れば、分蜂群の一番外側のハチはたいてい冷えすぎて飛べないことになる。これは外套部のハチをスプーンですくい取り、空中に振り落としてみると簡単にわかる。ハチは飛んでいくことなく地面に落ちてしまうだろう。そのため分蜂群が新居に向けて飛び立つ前に、外套部の冷たいハチは、飛行筋をすぐに飛び立てる温度の三五℃まで温めてやる必要がある。そしてこれは、理論上の話などではない！　ハインリヒは、分蜂蜂球のさまざまな場所の温度を、ハチが止まってから飛び立つまで続けて記録した。すると、飛び立つまでの最後の一時間ほどで、実際に外套部の温度が中心部と同じ三五℃まで上がったことがわかったのだ。

図7．2　上：周囲の温度28℃のときの分蜂群の外套バチ。下：温度が13℃のときの同じハチ。涼しいときには、外套バチは寄り集まって外套部の隙間を減らす。

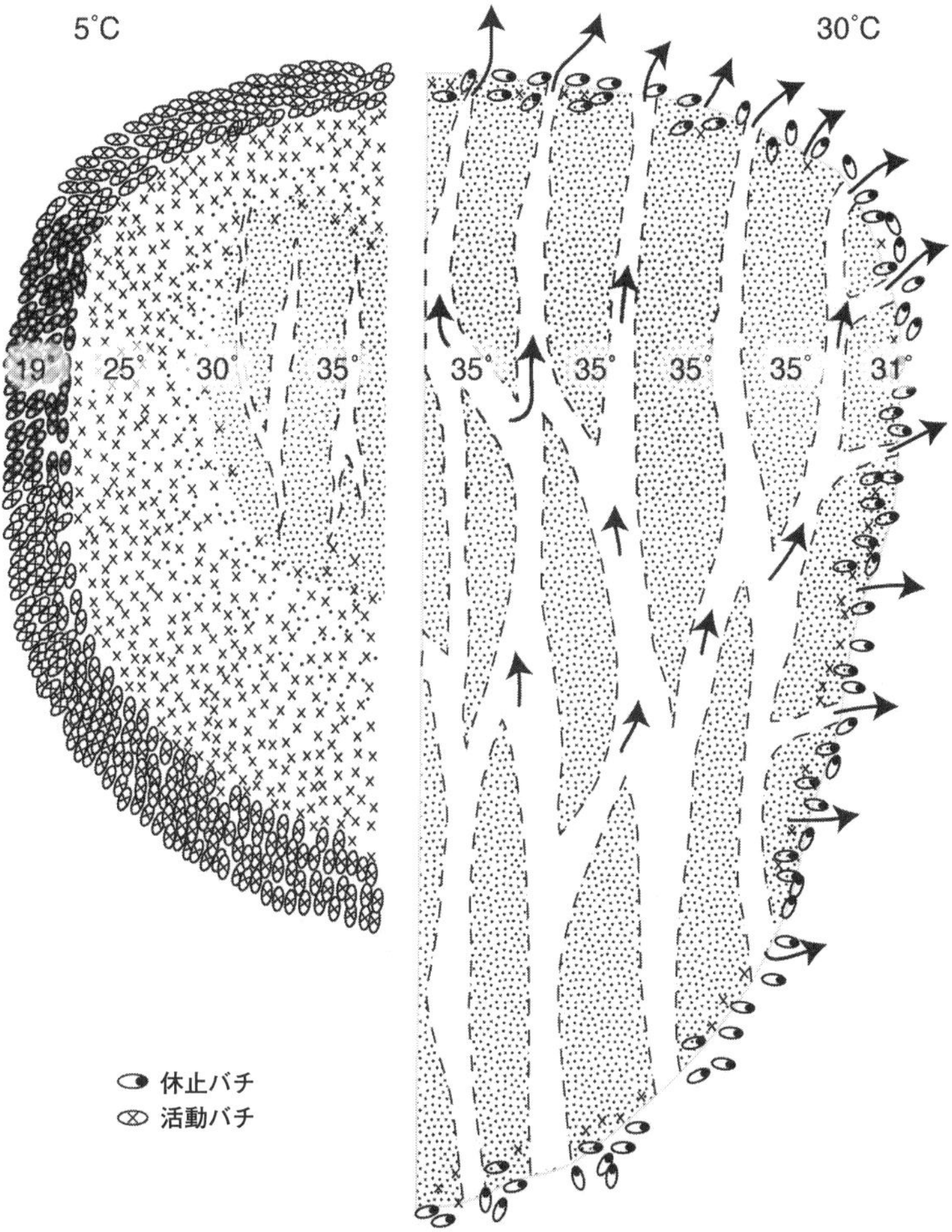

図7. 3　分蜂蜂球のハチが、周囲温度が低いとき（左）および高いとき（右）にどのように温度調節を行なうかをまとめた略図。ハチの位置、通風路、熱の逃げ道（矢印）、活動時代謝（×印）と安静時代謝（点）の範囲が示されている。

ベルント・ハインリヒが「ミツバチ分蜂群温度調節のメカニズムとエネルギー学」について洞察に満ちた報告を発表してから約二〇年後の二〇〇二年六月、私は分蜂バチの飛翔前ウォーミングアップをもっと詳しく観察するために、ドイツに赴いた。その少し前、私はアレクサンダー・フォン・フンボルト財団から研究賞を受賞するという大変な幸運に見舞われ、ドイツで研究プロジェクトを行なうための資金を手にしていた。私は師であり友人でもあるバート・ヘルドブラーに迎えられた。ヘルドブラーはビュルツブルク大学行動生理学・社会生物学研究所長になっていた。この研究所にはミツバチの研究に特化した研究室がある。マルティン・リンダウアーがビュルツブルク大学の動物学教授だったとき（一九七三〜一九八七）にできたもので、現在はもう一人の親友、ユルゲン・タウツが室長を務めている。ユルゲンは昆虫の知覚能力研究を大変得意としており、その研究室には自然の働きを探るための最新の科学機器が多数ある。この出張で私は、ある非常に高性能な装置、すなわち赤外線ビデオカメラを使ってユルゲンと共同研究をすることを、とても楽しみにしていた。それを使えば、多数の対象物（例えばミツバチ）の温度を同時に、しかも対象の邪魔をすることなく計測することができる。さらにユルゲンの研究室には二人の優秀な大学院生、マルコ・クラインヘンツとブリギッテ・ブーヨクがいた。二人ともビデオカメラと、カメラの映像を正確な計測温度に変換するコンピューター・ソフトウェアを扱うエキスパートだった。我々四人のチームの目的は単純だった。ミツバチ分蜂群外套部のハチが、離陸に先立ってどのように飛行筋を温めるかを探ることだ。

ビデオ・サーモグラフィを使って、一番外側のハチがどのように離陸の準備をするかを調べる計画はうまく行った。二週間にわたって、私たちは二つの分蜂群が蜂球を形成したときから飛び立つまで、一〇センチメートル四方の範囲でその外套部のハチの温度を記録した。両分蜂群とも離陸の直前、よく似

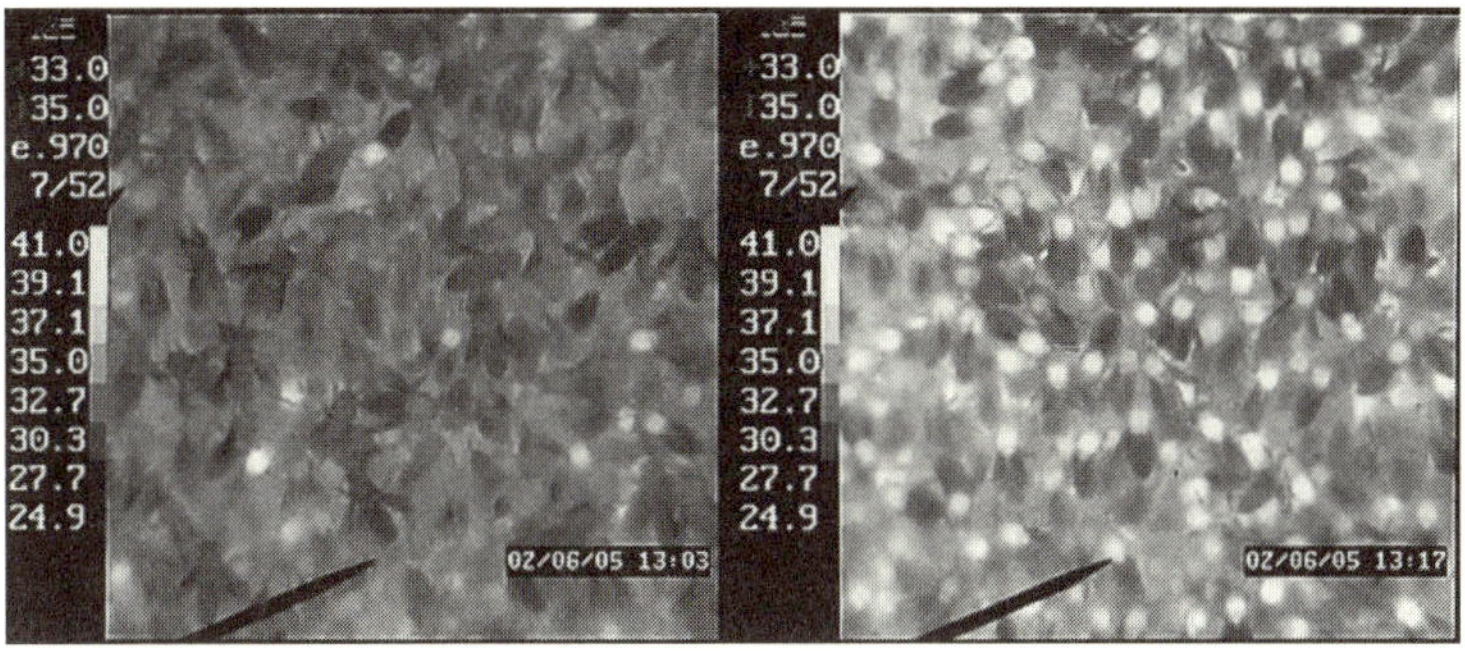

図7．4　赤外線ビデオカメラで見た分蜂群表面のハチ。左：飛び立ち15分前の映像。右：飛び立ち1分前の映像。各映像の左端は、グレーの濃淡で表わした温度（℃）を示す目盛り。

た一連の成り行きを示した。探索バチが一致したダンスを行ない、探索バチ以外のハチは興奮したように動き出したのだ。赤外線ビデオカメラで記録した映像を見ると、どちらの分蜂群も、これまでに知られていなかったことを明らかにしている（図7．4）。分蜂群表面にいるすべてのハチの胸部が、群れが一斉に飛び立つすぐ前に、異常な熱で輝き出すのだ。

もっとも私たちの注意を引いた発見は、飛び立つ前の最後の半時間で、胸部温度が三五℃以上あるハチの割合が指数的に増加することだ。図7．5に示すように、最初の二〇分間で、胸部が飛行可能なまでに温まった表層のハチの割合は増加が遅く、二〇パーセント以下にとどまっている。それが離陸の一〇分前ごろから、温まったハチの割合は急速に高まり始める。すぐに表層のハチの一〇〇パーセントで、胸部温度が最低三五℃になり、ちょうどこの瞬間に分蜂群のハチは飛び立つ。分蜂群の離陸開始の時点で、もっとも外側のものだけでなく蜂球のハチすべてが、速く飛べるほどに温まっていると私たちは確信している。ハインリヒの研究で、いずれにせよ分蜂蜂球の中心のハチは、常に飛べるだけの体温を持っていることがわかっているのだから。また、私たちの赤外線

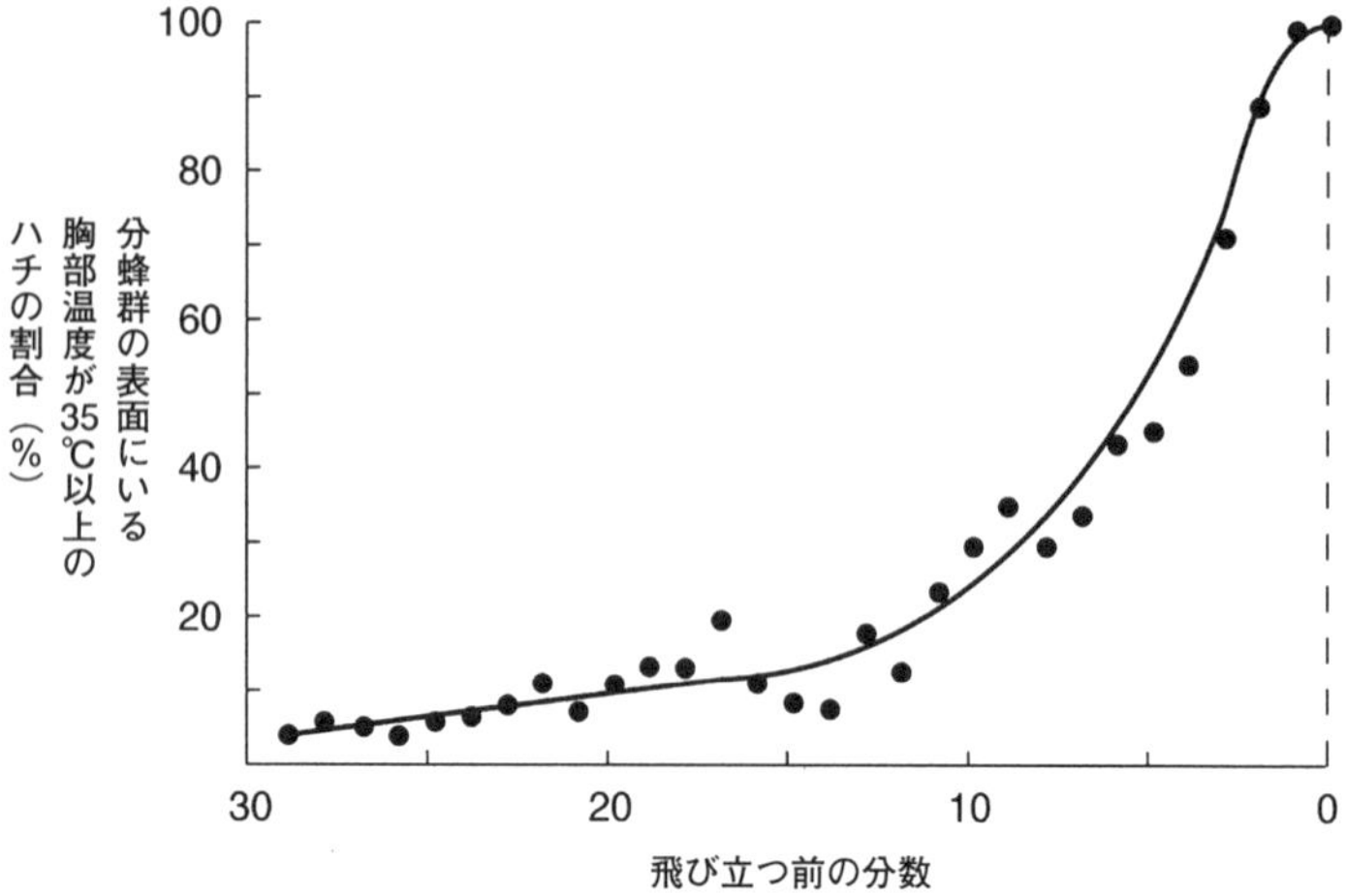

図 7．5　分蜂群表面で、飛行筋がすぐに飛び立てるまで温まった（胸部温度が 35℃以上）ハチの割合（%）の時間的変化。飛び立ち開始前 30 分間の 1 分ごとに、赤外線画像（図 7.4 参照）に写っているハチすべての胸部温度を測定した。

ビデオカメラの映像は、二つの分蜂群の飛び立つ瞬間が近づくにつれ、内部のハチが表面のハチより早く光り始め、冷たい灰の層の下で石炭が熱く燃えているように見える様子を捉えていた。さらにいずれの場合も離陸が始まってすぐ——つまり一番外側のハチが飛び立ったとき——内側のハチが飛び始めた。実際、外側のハチと内側のハチが飛び立つのにほとんど時間差がないので、分蜂蜂球が分解するのに六〇秒ほどしかかからない。

外套部のハチを刺激してウォーミングアップを始めさせるものは何か、また、すべての表層のハチが飛行筋を最低三五℃まで温めた数秒後、分蜂群が離陸を始めるのはどのような仕組みによるのか？　言い換えれば、何が刺激となってハチは飛行の準備をし、何が最終的に飛び立つきっかけとなるのか？　これからこの二つの謎を探ることにする。

笛鳴らしをする熱いハチ

身を寄せ合ったハチたちにそっと耳を近づけて、注意深く分蜂群の発する音を聞けば、群れが新しい巣へと飛び立つ約一時間前から、脈打つような独特の高い調子の笛鳴らし（パイピング）音が始まるのがわかる。音の一拍は約一秒続き、音調が上がっていくので、F1レーシングカーが急加速するときのエンジン音の高まりに似ている。この甲高い笛鳴らし音は、初め時々しか聞こえない。この音を立てるのは、一度に一匹だけだからだ。しかし離陸前の最後の半時間、ハチたちは続々と笛鳴らしを始め、分蜂群が発するブンブンという拍動は次第に高まっていく。そうなったとき、分蜂蜂球は散り散りになり、すべてのハチは飛び立つ。この甲高い笛鳴らしが、探索バチから静止している分蜂群の仲間たちへの「さあみんな、飛行筋を温めて！」というメッセージなのだろうか？

この可能性を検討するためにまず、分蜂蜂球のどのハチが高い笛鳴らし音を発しているかを突き止めたいと思った。実はこれは、長年の目標だった。私が初めてこの不思議な音を聞いたのは、大学院生として分蜂群の研究を始めた一九七〇年代のことだったが、分蜂群にいる数千ものハチの中でどの個体が音源なのか、特定することはできなかった。笛鳴らしをするハチを見つけるのはことのほか難しい。ブンブンという拍動は分蜂蜂球の内側から、つまり見えないハチから出ているらしいからだ。笛鳴らしバチは、一九五〇年代にマルティン・リンダウアーをも挫折させている。リンダウアーはこう書いている。「今や高いブンブンという音が一〇〇倍になって蜂球から聞こえていたが、これがブンブン走行バチから出ているのか、他のハチからなのか、はっきりと突き止められなかった」（リンダウアーが言う「ブンブン走行バチ（バズランナー）」についてはこの章の後半で論じる）。

どのハチが笛鳴らしをしているのか、掘り出し物のように見つかったのは一九九九年の夏だった。それは、私がメイン州最東部に位置するオックスコーブ近くのキャンプで行なった、偶然的観察から始まった。私は、見事に外界から隔絶されたこの場所にこもって、ダンスする探索バチの不同意がどのように解消されるかを解明しようとしていた（第六章参照）。そのとき、初めて分蜂群の働きバチの笛鳴らしを目撃したことを、今でも昨日のことのように思い出せる。私は分蜂群を小屋の前に置き、分蜂群で最初の二、三匹のダンサー（探索バチ）に塗料で標識をつけた。そして鮮やかな色のついた自分のハチたちを見守り、その行動を記録していた。八月二日午前一〇時四八分、分蜂群が飛び立つちょうど五分前、私の注意はブルーの探索バチに引き寄せられた。このハチは分蜂群の表面で、予想外の行動をとった。数秒間他のハチたちの上を興奮したように走り回り、それから約一秒間動きを止め、動かないハチに胸部を押しつけ、さらに走る・止まる・押すという一連の動作を六回繰り返してから蜂球の中に潜り込んで姿を消した（図7.6）。ブルーは止まって他のハチを捕まえるたびに羽根をきっちりと腹部に引き寄せ、その羽根を少し震わせるように見えた。青は笛鳴らし音を発しているのだろうか？　音は聞こえたが、「裸」の耳では音がそのハチから出ているのかどうかはっきりしない。そこでその日の午後、車で近くのペンブローク村にあるモーガン自動車修理工場まで行き、直径約六ミリ（私の耳にぴったり合うサイズ）のゴム製真空ホースを九〇センチ買った。この単純な伝声管で、分蜂群の中から聞こえてくる音の源を特定できるだろう。それは原始的な聴診器のように働き、先端近くで発生した音だけを私の耳に届けるはずだ。数日後、第二の分蜂群を観察しながら、塗料をつけた別の探索バチが、走る・止まる・押すの動きをしているところをゴムチューブを使って聞き取っていると、威勢のいい笛鳴らし音が聞こえてきた。私はぞくぞくした。

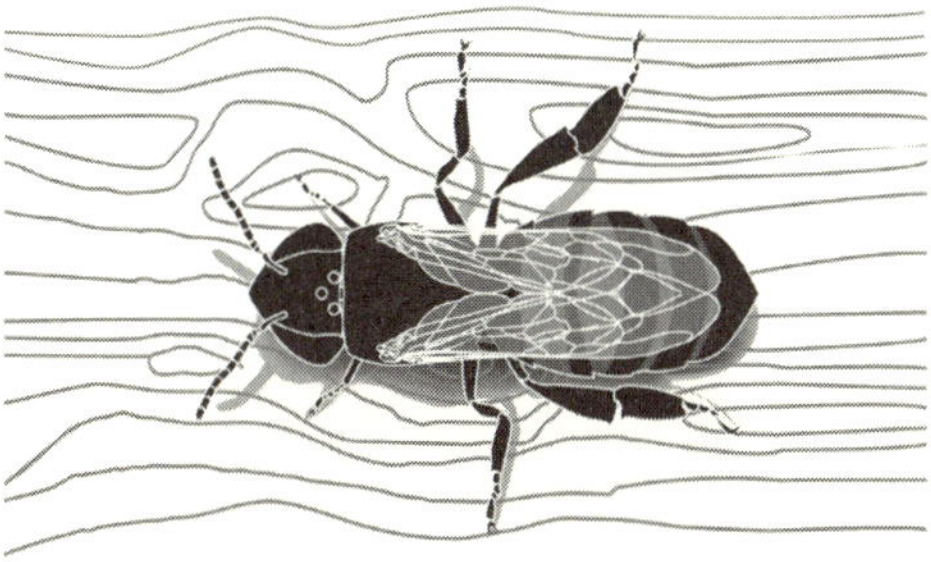

図7．6　笛鳴らし信号を発する働きバチ。分蜂蜂球のハチの上を走り回ることを一時休んでいる間、ハチは胸部を足場に押しつけ、羽根を腹部背面に堅く引き寄せ、腹部を弓なりにして翼筋を動かし、足場を振動させる。この図では足場が木の表面になっているが、実際はたいてい他のハチである。

私は笛鳴らしをしている働きバチの姿と音に惚れ込み、その信号を記述したい、そしてそれが分蜂群の不活発な仲間に、離陸に備えて飛行筋を温めるように促しているという説を試したいと切実に思った。そのためには高度な音響分析と、注意深い観察および実験が必要だ。幸い、ユルゲン・タウツが二つ返事でこの思惑に加わってくれ、二〇〇〇年八月、ドイツから計画に必要な小型マイクとデジタル・オーディオ・ビデオ機器を持参して、コーネル大学で私と合流した。さっそく私たちは研究所内の無音区画に分蜂群を入れ、分蜂群の表面で何があっても容易に観察できるように、垂直の板の側面に分蜂蜂球を形成させた。分蜂群の内部には二個のマイクと数本の温度検出器を取りつけ、分蜂群の真正面には、内部の音と表面の動きを同時に記録するためのビデオカメラを据えた。マイクと温度計のケーブルが何本も延び、ビデオカメラが活動を絶えず記録し、二人の生物学者が周りをうろついている分蜂群は、まるで集中治療室の患者のようだった。

私には捜索すべき笛鳴らしバチのイメージ――分蜂群の表面を突進し、頻繁に動きを止めて動かない仲間を捕まえる――がすでにあったので、甲高い笛鳴らし音が聞こえ始めると、一目で見つけることができた。私たちが撮影したビデオ記録から、ユルゲンと私は即座に、笛鳴らしバチが異常に興奮した探索バチだという私の以前の観察を確認した。ハチが分蜂群表面を這い上がりながら笛鳴らしと尻振りダンスを交互に繰り返したことで、これはきわめて明白となった（図7.7）。このような信号の混用は、離陸前最後の半時間、笛鳴らしがもっとも激しくなったときに特に目立つようになった（探索バチが笛鳴らしを始めるタイミングを知る方法は、この章の後半で述べる）。それから、尻振りダンスをひとしきり終えた探索バチが、笛鳴らし信号を発する傾向が強いこともわかった。

マイクの近くで音を出していた笛鳴らしバチの音声記録から、笛鳴らしは一度に約一秒続くパルス音で、基本周波数二〇〇から二五〇ヘルツ（サイクル毎秒）に加えて、四〇〇から二〇〇〇ヘルツの範囲にある多くの倍音――基本周波数の倍数――でできていることがわかった（図7.8）。この高周波倍音が、笛鳴らし音を甲高いものにしているのだ。笛鳴らし音の基本周波数が、飛んでいるハチの羽ばたき周波数と一致することは、ハチが胸部の飛行筋を動かして体内に強い振動を作り出し、この音を発生しているのだという強力な証拠になる。この振動エネルギーの大部分はおそらく、笛鳴らしバチが捕らえて身体を押しつけたハチに鋭い衝撃として伝わるが、一部は周囲の空気に伝わり、分蜂群に耳をすますと聞こえるあの音になるのだろう。また音声記録からユルゲンと私は、笛鳴らし音のピッチの高まりが、

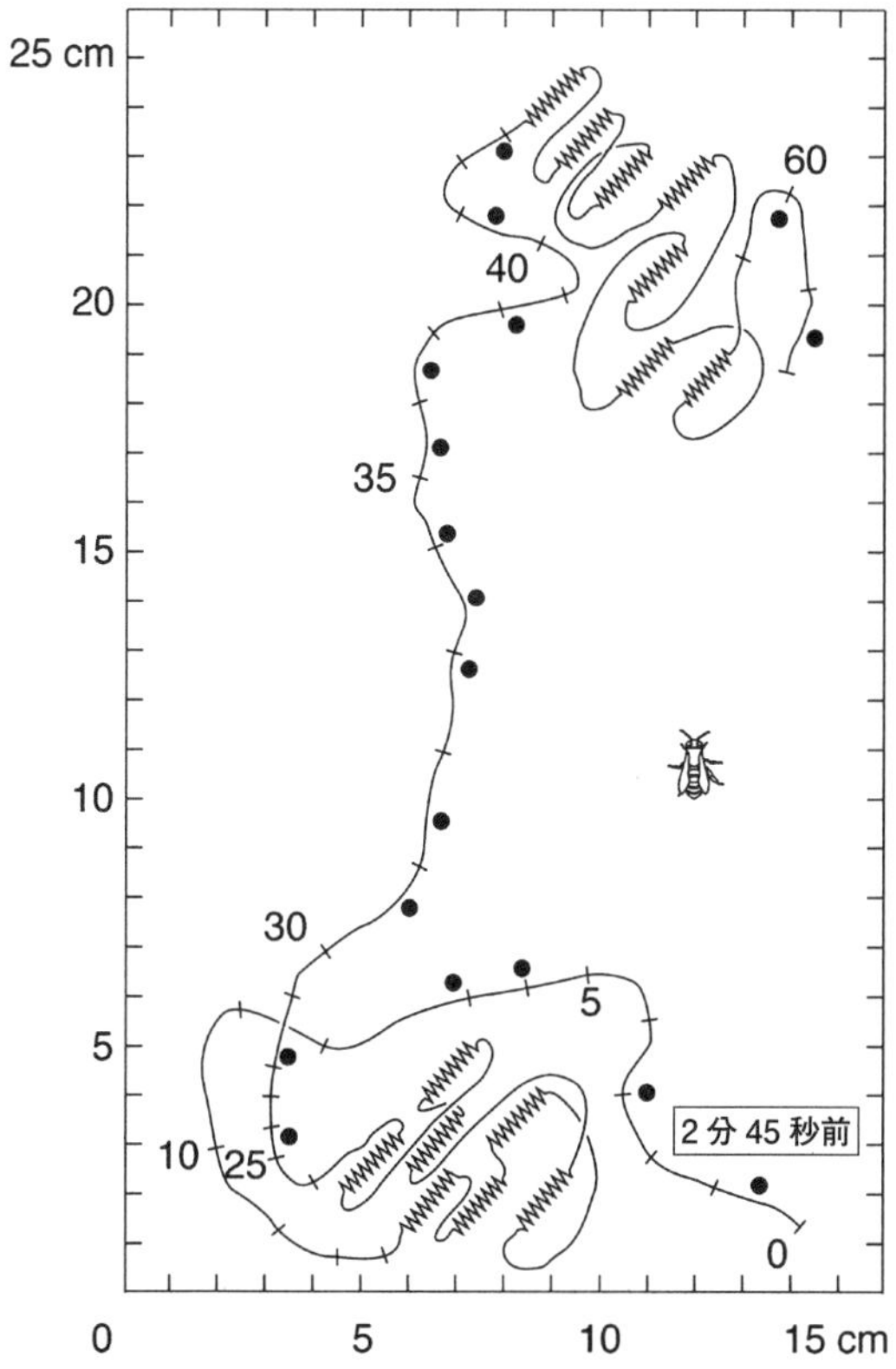

図 7．7　あるハチが分蜂蜂球表面を走る間の、働きバチの笛鳴らしと尻振りダンスの切り替えを記録したもの。軌跡の目盛りは 1 秒間隔を表わす。数字は記録開始からの秒数、黒い点は笛鳴らし、ジグザグは尻振りを示す。この記録は離陸の 2 分 45 秒前に始まり 62 秒続いた。

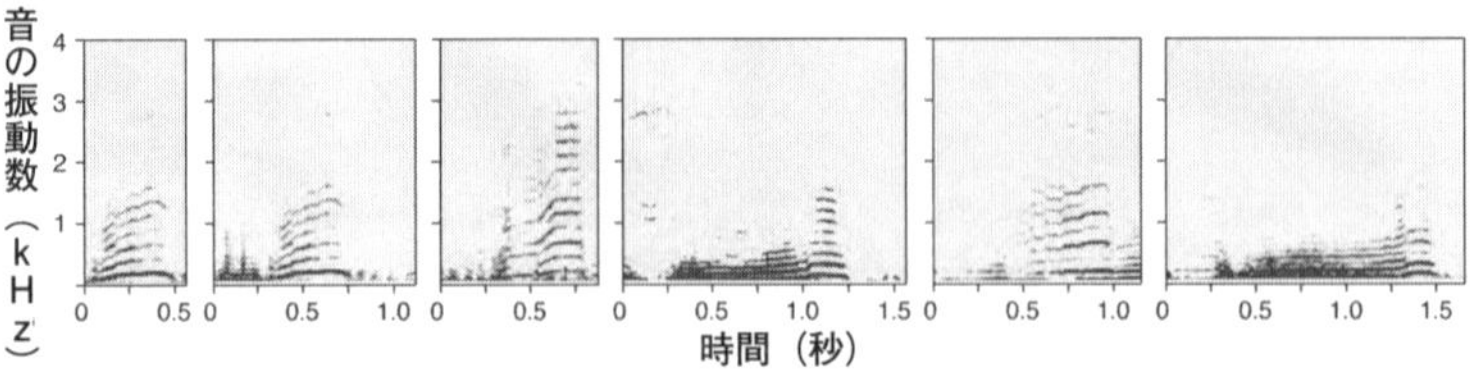

図7．8　飛び立ち直前の分蜂群にいる働きバチから記録した６つの笛鳴らし信号のソノグラム。縦軸に示した単位はキロヘルツ、すなわち毎秒1000サイクルである。

基本周波数の二〇〇から二五〇ヘルツへの変化と、高周波倍音の音響エネルギー量の増加で生じることを知った。笛鳴らしバチはこうした変化を、羽根を引き寄せて胸部を引き締め、共振周波数を上げることで作り出しているのだろう。

ここでユルゲンと私は、働きバチの笛鳴らし（ワーカーパイピング）が分蜂群で持つ機能は、他のハチを刺激して離陸の準備をさせることだという仮説を検証したいと思った。まずは働きバチの笛鳴らしが本当に離陸前の約一時間、分蜂群のハチたちが飛行の準備をしているときにだけ起きるのかを確認する。このために私たちは、離陸前の何時間にもわたって、分蜂群の笛鳴らしのレベルと分蜂群の中心部および外套部の温度を、同時に計測した。図7.9は、私たちが確かめた笛鳴らしと温度上昇のパターンの一例である。離陸の三時間前（午前一一時三〇分）、周囲温度が二三℃で、分蜂群の中心と外套部の温度がそれぞれ三四℃と三一℃のとき、笛鳴らし音は聞かれなかった。離陸の約九〇分前になると笛鳴らし音が聞こえだしたが、まだ断続的だった。そして離陸前の半時間、ついに笛鳴らしバチの音が大きく連続した。この頃になると複数のハチが同時に笛鳴らしをするようになったからだ。同時に外套部の温度が上がり始め、ちょうど蜂球全体の温度が三七℃に達したとき、分蜂群は飛び立った。

働きバチの笛鳴らしと、分蜂群の温度上昇が完全に同時に起きる――どち

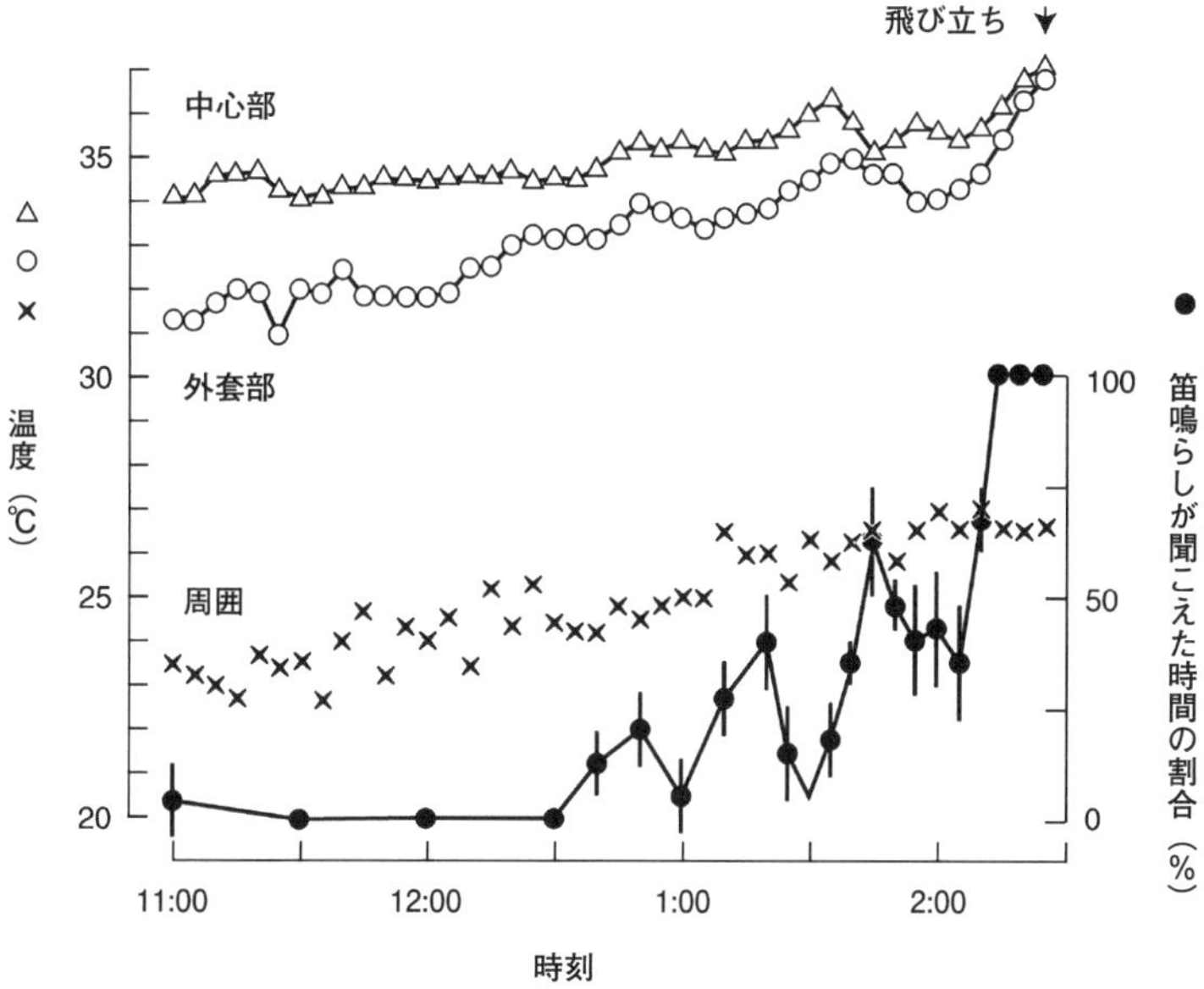

図7. 9　分蜂群の飛び立ち前3時間における働きバチの笛鳴らし（黒丸）、分蜂群の温度（白丸と三角）、周囲の温度（×）のパターン。

図7. 10　1匹のハチ（黒）が他のハチに信号を送っているところ。矢印は信号を送るハチの身体の背腹方向の振動を表わす。

らの現象も離陸に向けて高まっていく——という結果は、この信号にはハチに離陸の準備を促す機能があるという仮説に強い裏付けを与えた。しかし、私たちは働きバチの笛鳴らしと分蜂群の温度上昇の相関関係を示しただけであり、相関関係は因果関係を証明するものではないので、分蜂群の温度上昇が探索バチの笛鳴らしに反応して起きると断定的に結論づけることはできなかった。笛鳴らしが温度上昇を引き起こすのではなく、笛鳴らしと温度上昇を促す第三の何らかの要素が存在する可能性が残っていた。例えば、分蜂群の冷えて不活発なハチに、離陸に備えてウォーミングアップする時が来たと知らせるものは別の信号、揺すぶり、または振動信号と呼ばれるものだと言われている。この信号を発するためには、あるハチが別のハチを二本の前足で捕まえ、身体を激しく震わせて、はっきりとした上下運動を一、二秒間行なう（図7. 10）。人間が眠そうな友人の肩を強く揺すって起こすように、ハチも仲間の分蜂バチを揺すって活発な動きを促すのだ。だが、揺すぶり信号は家探しの全過程で発せられる。飛び立つ前の一時間に限られないばかりか、主にその時間に発せられるというわけでもないので、この信号が、探索バチが分蜂群に飛行の準備をさせるために使われる決定的な信号ではないことは明らかだと思われる。むしろ揺すぶり信号は、他の働きバチの全般的な活動レベルを上げ、尻振りダンスや働きバチの笛鳴らしなどの刺激に対して、より注意深く敏感にさせるためのものであることは明白だ。夜間や天候が悪いとき、分蜂群のハチは、おそらくエネルギーを温存するため、すべて不活発になる。そこで、家探しに適した状況になったとき、探索バチが振動信号で他のハチ――主に他の探索バチではないかと私は考える――全体を再び活性化させるとすれば、つじつまがあう。

笛鳴らしが飛行準備の信号であるという私たちの仮説に白黒をはっきりつけるためには、分蜂群の笛鳴らし信号を操作し、それが温度上昇に与える影響を探る実験を行なう必要があった。大まかに言って操作とは、笛鳴らし信号を人工的に起こして分蜂群を飛び立たせるか、信号を受けられないように人工的に遮断することになるだろう。私たちは後者の方法を選んだ。笛鳴らしバチが分蜂群外套部のハチの一部と接触することを防ぐために、私たちは二五×二〇センチメートルのスクリーンを分蜂群表面に垂直に設置して、分蜂蜂球の外層のハチがスクリーンの外側にいるようにした。スクリーンのこちらの側には小さな籠を二つ取りつけて、それぞれに温度検出器を設置した（図7.11）。いずれの籠もすぐに外套部のハチでいっぱいになった。ハチの笛鳴らしが聞こえ始めると、籠の一つをスクリーンの覆いで閉め切って、探索バチが中のハチに接触できないように――したがって笛鳴らし信号を送れないように――する。同時に、もう一つの籠のハチもまったく同じように処理するが、「閉め切る」ための覆いには大きな穴があいており、笛鳴らしバチが通れるようになっている。笛鳴らしバチの刺激でハチが離陸のためにウォーミングアップするという仮説が正しければ、閉じた籠のハチは離陸の時までに飛べる温度になっておらず、一方開いた籠のハチは飛べる温度になっていることが予想される。結果はまさしくこの通りだった。開いた籠のハチは、離陸前最後の数分で温度が三五℃まで急上昇するいつものパター

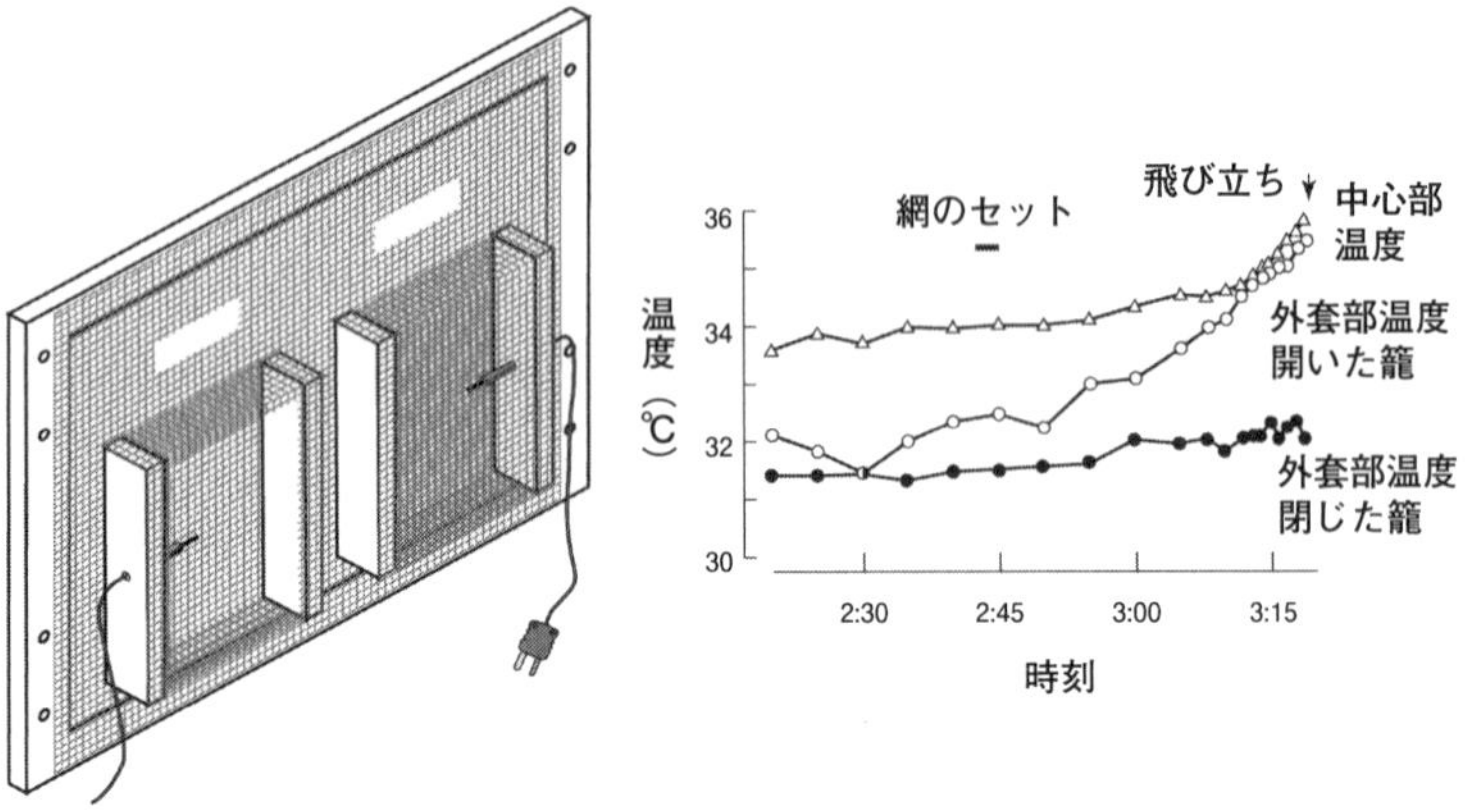

図 7. 11　左：探索バチの笛鳴らし信号を受けられなかった場合、外套部のハチが飛び立ち準備のためにウォーミングアップをするかどうかを試すためのスクリーン装置。スクリーンに２つの籠を取りつけ、それぞれに温度検出器を設置する。籠には両方とも覆いがつくが、一方の覆いには大きな穴が開いている。右：左図の装置を使った実験の結果。閉じた籠の外套部のハチ（笛鳴らしをする探索バチと接触がない）は体温を35℃以上に上げていない。一方開いた籠のハチ（笛鳴らしをする探索バチと接触がある）は体温を上げている。

ンを見せたが、閉じた籠のハチはそうならなかった（図7.11）。試しに、一回の実験が終わるたびに、籠に入っていないハチと開いている籠のハチが飛び去ったあとで、閉じた籠の覆いを取って中のハチをつついてみた。ハチたちは異様なほど静かだった。飛ぶには身体が冷えすぎて、みな地面に転げ落ちてしまった。疑いもなく、籠のハチたちは離陸に備えて身体を温めよという探索バチの根気づよい警報を、受けそこなってしまったのだ。

騒ぐブンブン走行バチ

笛鳴らし信号の研究により、探索バチがどのようにして分蜂群の仲間に、新しい巣へと飛び立つ準備をさせるかという謎は解けた。だが、何千ものハチがまったく同時に、爆発的とも言える離陸をする最終的なきっかけは何かという難問が残っていた。可能性が高いのは、マルティン・リンダウアーが初めて記述し、シュビアラウフと名づけた目立つ行動だ。英語圏のミツバチ研究者は、この行動をバズランと呼ぶ。ドイツ語でも英語でも、うまい名前をつけたものだ。ブンブン走行を行なっているハチは、たいてい羽根を広げてブンブンと騒々しい音を立てながら、あちらこちらへと方向を変えて分蜂蜂球中を歩き回るからだ。時には動かないハチの背中に勢いよく乗り上げたり、間を強引に通り抜けたりする（図7.12）。ブンブン走行バチは離陸が始まる直前の数分に目立つと、リンダウアーは報告し、ぶつかったりかき分けたりしながら蜂球内を進むことによって、ブンブン走行バチは固まりあったハチを切り離し、一斉に飛び立たせようとするのではないかと示唆した。これは魅力のある仮説だが、まだ試験されていなかった。そして、それが正しいことが証明されたとしても、活発すぎるブンブン走行バチにつ

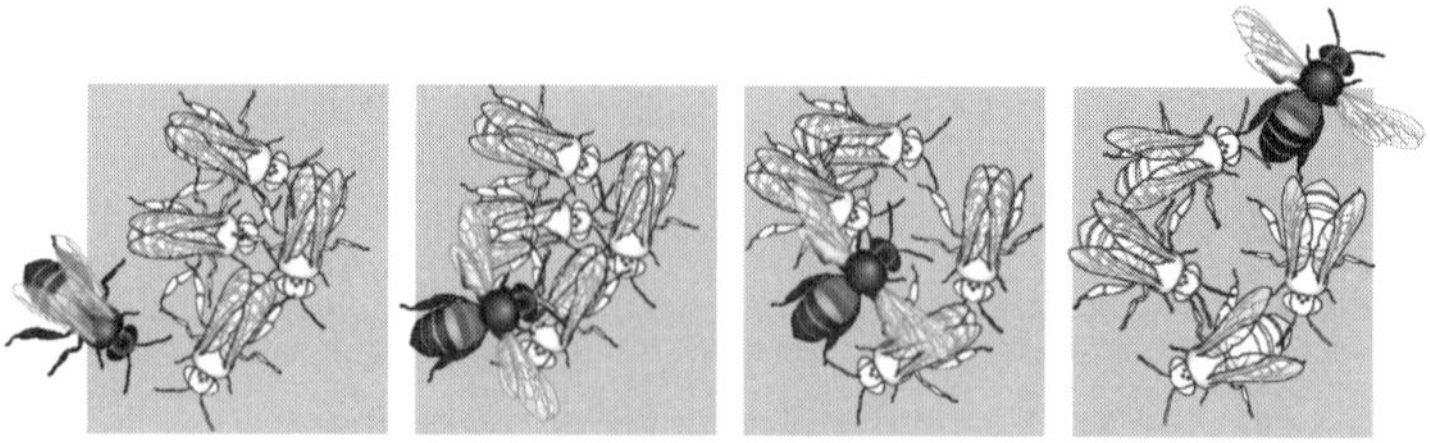

図７．12　不活発なハチの小さな集団の間でブンブン走行をする働きバチ。（左から）１枚目：ブンブン走行バチがハチの群れに向かって走る。２枚目：１秒後、群れに接触すると同時にブンブン走行バチが羽根を広げて羽音を立てる。３枚目：接触から１秒後、ブンブン走行バチは群れの中を強引に通過する。４枚目：他のハチとの接触は終わるが、羽音を立てたまま走り続ける。ビデオのコマを元に作成。

いての疑問は数多く残る。分蜂群が飛び立つ準備をし、実際に飛び立つにあたって、働きバチの笛鳴らしとブンブン走行は互いにどう影響し合うのか？　分蜂群内のどのハチがブンブン走行を行なうのか？　また、ブンブン走行バチはその荒っぽい信号を発する時をどのように知るのか？

これらの疑問に取り組むにあたり、コーネル大学の学部生クレア・リトショフが私の仲間に加わった。クレアは天成の研究者だった。私たちはブンブン走行バチの事例研究を二〇〇五年五月、クレアが春学期の期末試験を終えるとすぐに開始した。まず分蜂群のブンブン走行バチを見張って、いつ行動するかを調べる。そのために、私たちは垂直に立てた木の板の片面に分蜂群を止まらせ、分蜂群表面の一〇×一五センチメートルの範囲内にいるハチをビデオ撮影した。分蜂バチが笛鳴らし信号を発し出すたびに見張りを始め、選んだ巣穴へと飛び立つまで続けた。クレアは録画をスロー再生して、分蜂群の表面で奇妙な走り方をしているハチを探した。私が行なった働きバチの笛鳴らしの研究から、走っているハチの一部が笛鳴らしバチになることが予測され、リンダウアーの報告は、それ以外のものがブンブン走行バチになることを示していた。走っているハチは全部笛鳴らしバチなのかどうか調べるため、私たちはそれぞれのハチを数秒ずつ小さいマイクで追って（笛鳴らし音を発していればそれを拾うため）、この音声情報を映像記録に加えた。羽根を広げてそれとわかる音を立てているブンブン走行バチを、走っているハチの中で特定するのは容易だった。

クレアが骨折って観察記録を調べてくれたおかげで、重要な発見が二つあった。まず一つは、離陸前の最後の一時間で、行動を起こすハチがどんどん増え、離陸の直前には蜂球のすみずみまで走り回るハチで、分蜂群があふれかえることがわかった。二つ目、より注目すべきは、すべての走っているハチがブンブン音か笛鳴らし音、あるいは両方の信号を発しているのがわかったことだ。最初、走行バチは笛鳴らし信号だけを出していた。しかし少しずつ、笛鳴らしとブンブン走行を組み合わせ始め――他のハチに体当たりし、勢いよく羽根を震わせ――離陸前の最後の五分間では、八〇パーセントを超える走行バチがブンブン走行を行なっていた（図7．13）。ここから、ブンブン走行バチは笛鳴らしバチと同じハチであり、すでに探索バチとして馴染みのハチたちであることがわかる。こうして探索バチは、分蜂群に離陸の準備をさせる笛鳴らし信号と、離陸のきっかけとなるブンブン走行信号の両方を発していることがわかった。

ブンブン走行信号がハチを飛び立たせるという根拠は何だろうか？　まず、ブンブン走行は一時的な信号だという事実がある。それが見られる状況はただ一つ、不活発なハチが刺激されて飛び立つときだけだ。だからブンブン走行バチは分蜂群が巣から一斉に出てくる直前（第二章で述べたように）と、野営地から飛び立つ直前の短い間に見られるのだ。また、ブンブン走行の発生が、分蜂群の離陸前に最高潮に達するという事実は、前者が後者の原因であることを意味している。そして、おそらくもっとも有力な根拠は、不活発なハチの塊にブンブン走行バチが割って入る事例の録画を数多く見直していて、ク

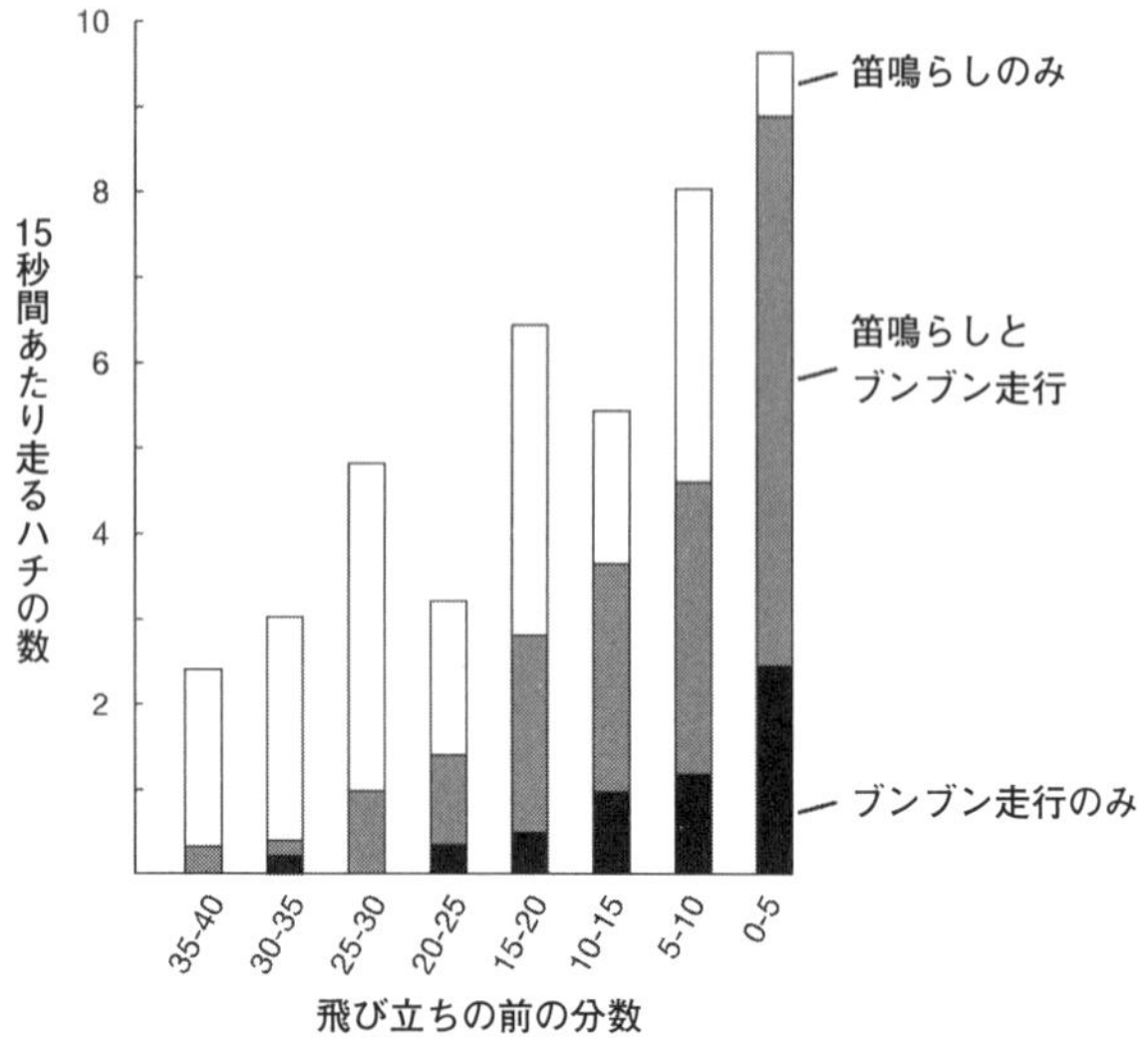

図7. 13　分蜂群の飛び立ち前40分間で、分蜂群表面の10×15センチメートルの区画を15秒間に走った探索バチ数の増加の記録。同時に走行バチによる信号発信のパターンも表示している。そのすべてが笛鳴らし信号かブンブン走行信号、あるいは両方を発している。

レアが気づいたことだ。ブンブン走行バチの強い説得を受けると、ハチは前より分散し、活発になるのだ。

注目すべきブンブン走行バチの行動の特徴に、時々飛び立って、分蜂蜂球の周りを数秒間旋回し、また蜂球に降りてブンブン走行を再開するというものがある。ブンブン走行バチが飛び立つ現象は、その活発な信号行動の進化起源を示している点で重要である。羽根を広げる、その羽根でブンブンと音を立て始める、必要ならば他のハチを押しのける、最後に空中に飛び立つという動作から成り立つブンブン走行信号は、ほぼ確実に、ハチの飛翔行動が儀式化したものだ。

「儀式化」とは、動物による何らかの付随的な行動が、進化的時間を経て意図的な信号に変化するプロセスに、生物学者が与えた名前だ。付随的行動は通常、ある特定の状況で行なわれる行動の副産物なので、動物によるこうした行動は、この状況を示す確かな指標となる。ブンブン走行はこの考えを見事に例証している。ハチは飛び立とうとするとき、必ずブンブンと羽音を立てる。だからハチの羽音は、自分が飛び立とうとしていることを他のハチに知らせる確かな指標となるのだ。信号の進化が次の段階に進むと、受信者がそれを探知し、そこから得られる情報を利用して、よりよい意思決定を行なうようになる。受信者のよりよい意思決定が発信者の利益につながるため、発信者はよりわかりやすい信号を送って、受信者に探知されやすくすることでさらに利益を得る。

ブンブン走行信号の進化の初期段階において、分蜂群の不活発なハチは、他のハチが飛び立つときの羽音に反応することで、離陸の時期に関してよりよい意思決定ができたのかもしれない。不活発なハチの意思決定がよりうまくいけば、より整然と飛び立つことができただろう。それは活発なハチにも利益をもたらすので、活発なハチが立てる羽音を、不活発なハチがよりわかりやすい形に変化させる方向に、自然選択が有利に働いた。現在のブンブン走行の形から考えて、この変化は羽ばたきの誇張（ブンブン走行バチが飛び立つかなり前に開始される）と、それに加えて走行と体当たりの動作であるようだ。分蜂群のハチ同士を結びつける驚くべき信号の進化の起源を、私たちは時にかいま見ることがあるが、ブンブン走行はそのよい例だと私は思う。

ブンブン走行についての最後の疑問は、なぜミツバチ分蜂群は、この信号システムを進化させたのかということだ。言い換えれば、なぜ探索バチは分蜂群にいる他のすべてのハチに、飛び立つ時期を知らせる合図を送らなければならないのか？　私の考えでは、このような信号システムが進化した理由は、分蜂蜂球のすべてのハチが出発の準備を整えたとき、それを感知できるのは巡回する探索バチだけなので、ブンブン走行信号によって探索バチは、この重要な情報を分蜂群の仲間たちと共有できるからだ。すでに見たように、分蜂蜂球のハチが一斉に飛び立つには、すべてのハチの胸部が最低三五℃まで温まっていなければならない。しかし分蜂群中のすべてのハチが十分に温まったことを、どうすればすべてのハチがわかるだろうか？　一つの方法は、一部のハチに分蜂蜂球じゅうを回らせることだ。それぞれが途中で仲間の体温を測って、全員が必要な温度に達していることを確認したら、出発の合図を鳴らす。分蜂群はこのように機能しているのではないかと私は考えている。探索バチは分蜂蜂球上をすばやく回りながら、数秒ごとに立ち止まり、胸部を他のハチに押しつけて笛鳴らし信号を発することを、すでに私たちは知っている。おそらく探索バチは、他のハチに身体を押しつけるたびに温度を測っているのだろう。また離陸直前の数分間、すべてのハチの体温が出発に必要な高さまで上がったとき、ブンブン走行信号を強く発するのが探索バチであることもわかっている。

探索バチが動く温度センサーであり、情報統合装置であり、集団活性化装置であるという仮説が正しいとすれば、分蜂群の離陸開始を伝達するメカニズムは、大規模な集団内で行動制御をする興味深いシステムを見せていることになる。それは、ごく一部の個体が集団を能動的に調査して、全体の状況について情報を収集し、集団が臨界状態に達したとき、この個体が集団全体に適切な行動を引き起こす信号を発するのだ。ミツバチ分蜂群の統治方法は、ますます並はずれたものであることがわかってきた。

合意か定足数か

探索バチが笛鳴らし信号を発して、探索バチでないハチに飛行筋を温める時がきたことを伝え始めると、分蜂群は新しい巣についての意思決定から、この決定の実行へと移ることがわかった。ここまではいい。だが、探索バチは笛鳴らし信号を送り始めるタイミングを、どのように知るのだろうか？　分蜂群上でのダンスが一つの場所を指し示すようになり、それから群れがこの場所へ移動するという目立つ行動を考えると、ダンサーの合意が見られたことによって、探索バチは笛鳴らしを始めるべきときを知ると考えたくなる。クエーカー教徒が議論をしながら一致点が見いだされるのを待ち、「合意」に達したと認識した時点で、行動を起こすべきときを知るのと同じようにだ。探索バチがダンスによってある場所に賛成の「投票」を行なうとするこの仮説では、探索バチは（すでに第六章で見たように）徐々にその投票が、よりすぐれた場所への賛成でまとまっていくように行動し、影響しあう。また、いつ合意に達したかがわかり、決定を実行に移すことができるように、何らかの形で探索バチの投票パターンは絶えずチェックされている。

しかし、この魅力的な仮説に疑問を投げかける事実が二つある。第一に、リンダウアーと私を含め、これまで誰も、探索バチが仲間のダンサーの世論調査を行なっている形跡を見ていないことだ。これは合意を確認する上で、必ずやらなければならないことのはずなのだが。第二に、リンダウアーが研究した一九の分蜂群中二つで、ダンサー間の合意なしに、つまりダンサーの有力な派閥が二つあり、それぞれが別個の場所を宣伝しているときに（例えば図4．3のバルコニー分蜂群）出発していることだ。このような、ダンサーが異論を持ったまま離陸するケースは、変則的な例外として無視すべきなのだろうか、それとも注目すべき貴重なヒントなのだろうか？

　私は注目することにした。その上で、よき友人であり、かつての教え子であり、私と同様ミツバチコロニーの働きを解き明かすために情熱を傾けているカーク・フィッシャーと、一連の共同研究を行なった。初めてカークに出会ったのは一九七六年の秋、私がハーバード大学で教えていた社会性昆虫生物学の講座を彼が履修したときのことだ。私たちはすぐに意気投合した。彼は何年も父と養蜂に携わってきた経験から、すでにミツバチの知識が非常に豊富であり、すばらしい知性を持ち、適度に自意識があり、よく笑い、生物学を愛していた。あとになって私は、カークが色々な装置の考案にことのほか優れており、統計に秀で、コンピューターの達人であることを知った——どれも私に欠けているものばかりだ。現在カークは、カリフォルニア大学リバーサイド校の教授である。

　今、カークと私は北アメリカ大陸の両岸に分かれて住んでいるが、それでも一緒に研究を行なったのは、二人とも長年ある疑問を抱いていたからだ。それは、分蜂群の探索バチが笛鳴らしを始める時期を知るために感知しているのは、分蜂群の合意（ダンスバチの意見の一致）ではなく、ある巣作り候補地の定足数（十分な数の探索バチ）ではないかというものだった。定足数感知仮説では、探索バチはある候補地に、そこに滞在する時間によって「投票」する。よりよい候補地では探索バチの数が早く増える。そして何らかの方法でそれぞれの候補地のハチは、支持者の数を測定して、自分たちが閾値（定足数）

に達しているかどうかを知り、そうであればその場所へ群れの移動を開始できるようにする。この仮説は、ダンサーの間に不一致がありながら離陸するケースを、異なる候補地のダンサーの競争によって候補地がただ一つに絞られる前に、ある候補地で定足数に達した事例として説明できる。

　私たちはこの二つの仮説を、アップルドア島での実験で確かめた。最初の実験では、一回に一つ、計四つの分蜂群を用意し、ミツバチにとって第一級の巣作り場所となる二台のまったく同じ巣箱を置いた。目的は分蜂群上に激論を引き起こし、ダンスバチが合意に達する前に（リンダウアーが二つの分蜂群について報告したように）飛び立つかどうかを見ることだ。それぞれの試行で、私たちは分蜂群を島の中央にある古い沿岸警備隊の建物の玄関に据え、二台の巣箱を共に分蜂群から二五〇メートル離れた磯場のあたりに、ただし方角は変えて（北東と南東）置いた。各巣箱の内部と外部にいる探索バチの個体数調査もしたかったので、それぞれの巣箱は光を遮断した小屋の側面の窓に設置した（図3．10参照）。計画はうまく行った！　分蜂群は両方の巣箱をほぼ同時に発見し、どちらも非常に魅力的な二カ所の候補地をめぐって拮抗した討論を展開するに至った。そして、探索バチがまだ両方の候補地を支持して激しくダンスしていても、当たり前のように飛び立つのが見られた。もっとも印象的だったのが、二〇〇二年七月七日午後一二時〇四分に見られた光景だ。数十匹のハチが活発なダンスで両方の巣箱を宣伝している最中に、私たちの分蜂群は離陸し、そして分蜂群の大きな雲が二つに分かれたのだ！　空中で分かれたハチの集団は、沿岸警備隊の建物の北側と南側に集まり、一二時〇九分にそれぞれの集団はゆっくりと「自分の」巣箱の方向へと動き始めた。だが両グループとも、巣箱の方角へ四〇メートルほど移動しただけで停止した。そして、分蜂群の女王が沿岸警備隊の建物の玄関にいることに私たちが気づいた一二時一五分には、いずれの集団も引き返して女王の周りにもう一度集まり始めた。

この第一の実験から、分蜂群が新しい巣作り場所への移動を開始するために、ダンサー間の合意は必ずしも必要ではないこと、したがって笛鳴らし開始時期を探索バチが知る手段として、合意感知仮説は排除できることがわかった。また、この実験は定足数感知仮説の裏付けにもある程度なっている。二〇〜三〇匹以上のハチ（通常内側に一〇〜一五匹、外側に一〇〜一五匹）が一つの巣箱に同時に見られるようになると、分蜂群は決まって飛行の準備を始めること、つまり探索バチが笛鳴らしを始めることがわかったからだ。これは、ミツバチ分蜂群の意思決定システムでは、一度に二〇〜三〇匹のハチが一つの巣作り場所候補地に居合わせることが定足数だということを意味する。しかし、探索バチは多くの時間を分蜂蜂球で過ごすので、一度に二五匹前後のハチを巣候補地で見るということは、その場所を訪問し、支持を表明するハチの総数は、約五〇〜一〇〇匹になることに注意する必要がある。

二〇〇三年六月から七月にかけて、私たちはアップルドア島で第二の実験を行ない、定足数感知仮説を直接確かめようとした。私たちの計画は、この仮説の決定的な予測を検証することだった。探索バチが選んだ候補地で定足数を形成するのを遅らせる一方、以後の意思決定プロセスを邪魔しなければ、笛鳴らしの開始、ひいては分蜂群の離陸は遅れるはずだ。これはこの仮説の決定的予測である。この予測が間違っていることがわかれば、定足数感知仮説に致命的な打撃を与えたことになるからだ。

カークと私は、定足数の形成を遅らせる単純だが効果的な方法を考案した。島の一カ所に五個の理想的な巣箱を置いたのだ（図7.14）。こうすると、候補地を訪れた探索バチは一つに集中できず、まったく同じ五つの巣穴に分散してしまう。そうして、分蜂群が候補地を発見してから笛鳴らしを始め、やがて候補地に向けて飛び立つまでにかかる時間を見る。またそれぞれの分蜂群に、巣箱が一個だけの対照試験も別途行なった。各分蜂群に対する二度の試験は、島の別の場所を使って行ない、それぞれの試行

図7．14　アップルドア島東岸の１カ所に置いた５台の巣箱の列。分蜂群は250メートル離れた島の中央（右方向）にある。助手のエイドリアン・ライクが、巣箱の外に来た探索バチを数えている。

が同じように、一匹の探索バチが新しい場所で魅力的な巣箱を見つけるところから始まるようにした。私たちが試験した四つの分蜂群のすべてで、巣箱が一個の試行では、ただ一つの巣箱に探索バチが集中して、ハチの群れがすぐに拡大した。しかし五個の巣箱による試行では、ハチは複数の巣箱に均等に分散したため、群れの拡大は遅くなった。四つの分蜂群のすべてで、巣箱五個を与えられた場合、一個の場合に比べて笛鳴らしの開始と離陸開始が、実際に著しく遅くなった。巣箱を発見してから笛鳴らしを開始するまでと、飛び立ち始めるまでの時間は、巣箱一個の試行では平均してそれぞれ一六二分と一九六分だったが、巣箱五個では平均四一六分と四四二分だった。注目すべきは、二つの実験で分蜂群に戻っての尻振りダンスの回数に違いがなかったことだ。また、ダンスの合意レベルは、どちらの実験でも同じだった。ハチは常に全員一致で巣箱の場所だけをダンスで示していた。したがって、巣箱五台を使った実験は、分蜂群の意思決定プロセスを何ら阻害することなく、それでいて笛鳴らし開始と離陸開始を遅らせたことは明らかだと考えられる。つまりこの実験は、定足数感知仮説を強く支持しているのだ。

二〇〇二年と二〇〇三年にアップルドア島で行なった二度の実験を基に、私とカークが出した結論は、分蜂群でのダンサーの合意ではなく候補地における探索バチの定足数を主な刺激として、探索バチは笛鳴らしを始め、それによって分蜂群が離陸の準備を開始するというものだった。しかしこの結論と、分蜂群が飛び立つときには、選ばれたただ一つの候補地に一体となって飛んでいくために、探索バチの間で合意がなされていなければならないという事実との間に、どのように折り合いをつけたらよいのだろうか？　一つ考えられる答えが、離陸の準備には通常一時間以上かかるので、もっともよい候補地への招集に正のフィードバック・プロセスが発生して、招集バチの間で必要な全員一致が形成されるための十分な時間があるというものだ。だが、それだけではないかもしれない。例えば、笛鳴らし信号――これを発する探索バチは、選択された候補地のものだけであることを、二〇〇六年に私とカークは突き止めた――こそが負けている候補地（定足数を満たさないもの）の探索バチに、競争は終わったので、そうした候補地の宣伝をやめるように伝えるものかもしれないのだ。これは確かに、探索バチが住処選びについて完全な合意に達するのに役立つだろうが、負けている候補地の探索バチが、本当にこのような形で笛鳴らし信号に反応しているかどうかは、わかっていない。

探索バチがどのように定足数を感知するのかも、まだ正確にはわかっていない。一つの可能性は、視覚情報を利用していることだ。空洞《うろ》の外側はもちろん内側でも、少なくとも出入り口の付近であれば相当な光が入るので、ヒトにとって、そしておそらくミツバチにとっても、絶えず動き回る探索バチは、すぐに目に付く。候補地のハチの数を感知する方法として、もう一つ考えられるのは触覚だ。候補地に複数の探索バチが集まると、すぐにハチ同士が頻繁に触れあうようになるという奇妙な現象が起こる。巣作り候補地の内外でブンブン走行のような行動まで始め、他のハチに体当たりするものも多い。ハチが他の探索バチ一般との接触、あるいは特にブンブン走行バチとの衝突の頻度を、候補地にいる仲間の探索バチの数を示すものとして利用しうる可能性は大いにあると考えられる。さらに第三の可能性として嗅覚情報の利用がある。巣作り場所候補地の出入り口の開口部に陣取っている探索バチは、よく羽ばたいて発香器官を露出している。レモンの匂いがする誘引フェロモンの混合物を発散し、「ここにおいで！」というメッセージを送っているのだ。これは他の探索バチが、この特定の場所を見つけやすくするためだろう。ある場所にハチの数が増えるにつれ、この誘引フェロモンのレベルが上がるということもありうる。こうした様々な可能性を試すことは、将来の研究課題として残されている。

なぜ定足数を感知するのか？

一見すると、分蜂群が新しい巣作り場所に向けて飛び立つ準備をする時期を知るために、探索バチが合意でなく定足数を感知するというのは奇妙に思われる。いずれにしても、分蜂群が選ばれた候補地に首尾よく引っ越すためには、ダンサーの間で合意が必要なのだ。リンダウアーはバルコニーおよびモーザッヒャー分蜂群で、私とカークは二〇〇二年にアップルドア島の分蜂群で、ダンサーが二つの候補地に完全に割れた状態で分蜂群が飛び立つとどうなるかを見た。空中のハチの群れが分かれ、どちらの半分も進退窮まって、最後には疲れ切った女王が止まったところに再び落ち着くことで合流する。こうしてハチたちは、大騒ぎしたあげく何も得るところがない。

なぜ探索バチは、離陸後に分蜂群が分かれてしまい、どこにも行かれなくなるリスクを合意感知によって回避しないのだろう？　一つ考えられる理由が、ダンスバチの合意の感知がハチにはひどく難しいということだ。おそらく、各探索バチは仲間の探索バチの宣伝に投票しなければならず、そのためには分蜂蜂球上を歩き回り、ダンスを読みとり、読みとった結果を記憶しておくことが必要となる。探索バチの数が多く、したがって投票するダンス数も多い大きな分蜂群で、このようなことをするのは特に難しい。しかし定足数を感知すれば、分蜂群の規模が大きくなっても、必ずしも難しくなるとは限らない。定足数は固定されていて、分蜂群の規模とは無関係であってもおかしくないからだ。

探索バチが合意感知を用いない理由としてもう一つ考えられるのは、定足数感知が、合意感知とは違い、意思決定のスピードと精度の両立を可能にすることだ。まずスピードの問題を考えてみよう。離陸開始準備のきっかけとして定足数を利用した場合、候補地の一つを十分な数のハチが承認すれば、たとえ他の多くの探索バチがまだ別の候補地を訪問、宣伝していても、すぐに準備が始められる。言い換えれば、結果が前もってわかれば、完全な合意を待つ必要はないだろうということだ。もしハチが合意をきっかけとするなら、分蜂群の離陸準備開始は、合意に至るまでに余計に時間がかかる分だけ遅くなるだろう。その結果、分蜂群は持っているわずかなエネルギーの貯え（蜂蜜）を余分に燃やしてしまう。飛行準備開始が遅れたために、分蜂群が出発を翌日に延期して――分蜂群が午後五時以降に飛び立つことはめったにない――もうひと晩寒さの中で野宿せざるを得なくなれば、分蜂群のエネルギー備蓄の余分な消耗は、相当な量に及ぶ。

次に精度の問題を考えてみよう。ハチが使う定足数は、一つの候補地に同時に二〇から三〇匹（そのうち半分は巣穴の内側、半分は外側に）存在する状態のようだ。このためには七五匹ほどの探索バチが積極的にこの候補地を支持する必要がある。一匹のハチが候補地で過ごす時間は限られているからだ。定足数を二〇～三〇匹とすれば、相当数の探索バチが独自に候補地を調査して支持に値するかどうかを判断するまで、決して笛鳴らし信号が始まらないので、意思決定の精密性を保証する上で明らかに役立つ。これにより分蜂群が、もっといい場所があるにもかかわらず劣った場所を選ぶ可能性を、非常に小さくできる。劣った候補地は（大きな）定足数の探索バチを引きつけることはないからだ。その理由を理解するために、このように想像してみよう。ある探索バチが、劣った候補地を優良なものと判断し、強く宣伝するというミスを犯したとする。あとに続くハチは自分自身で調べ、それが検査に落ちたと判断すると、それ以上その候補地を宣伝しないことで間違いを正すだろう。こうして判断ミスはすぐに抑えられ、その場所の探索バチの数はたちまち減っていき、分蜂群はこの質の低い候補を却下する。ミツバチの意思決定の条件として、定足数の大きさはスピード（小さな定足数のときに有利）と精度（大きな定足数のときに有利）の間で最適なバランスが取れるように、進化の時間の中で調整されてきたと私は考えている。この問題については第九章でさらに詳しく検討する。

合意ではなく定足数によって行動を起こすタイミングを知れば、集団は意思決定に際してスピードと精度のバランスをよりうまく取ることができるという考え方は、近所に住むクエーカー教徒の友人がしてくれた次のような話によく表われている。数年前、彼女が所属する集会のメンバーが、礼拝堂の場所を変更するかどうかという問題と格闘していた。何度も集会を開いてこの議題を話し合い、信徒は常に意見の一致を見ようとしたが、合意に至ることができないため、議論はいつも次回に持ち越してもっと検討しようという結論になった。なぜか？　ある年輩の女性信徒が、この提案が間違っていると思い込んで、合意を保留して決定を妨害したからだ。もし集会が定足数を採用し、十分な数、あるいは割合のメンバーの賛成をもって行動していたら、数週間で決着していただろう。しかし、合意を待つのには四年間を要した。結局、集会が判断の一致を見ることができたのは、ただ一人不賛成だった信徒が死去したからだ。ある種の決定は、たとえ不完全な選択であっても、とにかく早く行なわれる必要がある。あくまで辛抱強く完全な合意に至ろうとするクエーカー教徒のやり方は、巣を持たず屋外で宙ぶらりんになった分蜂群にとっては、リスクが高すぎるだろう。

第八章　飛行中の分蜂群の誘導

おまえが穴蔵の住処へと道をたどる
その無欠の技に私は驚嘆する
巧まざる意思とおぼしきものでおまえは飛ぶ
山から野へ、湖を越え逆巻く波を越えて

——トーマス・スマイバート「マルハナバチ」一八五一年

トーマス・スマイバートは、故郷スコットランドのマルハナバチが「湖を越え逆巻く波を越えて」巣に戻る様を描き、遠く離れた花を訪れたあとで帰巣できる驚くべき能力を称えた。スマイバートが賛歌を捧げたのもまったく無理のないことだ。ミツバチの働きバチは、巣から一〇キロメートル以上離れたところに咲く花まで往復できることがわかっている。体長わずか一四ミリの生物にとっては、相当長い距離だ。また、マルハナバチやミツバチが帰り道を見つけるのに、船乗りが外洋を航行して母港にたどり着くために昔から使っているのと同じような航法を用いることもわかっている。羅針盤に——ハチの場合は太陽に——従って舵を取り、移動した距離を記録し続け、しかし目的地が見えてきたら記憶にある目標物を頼りにするのだ。ハチの個体がいかにして迷うことなくこれほど広範囲を飛び回れるのかという謎は、カール・フォン・フリッシュとマルティン・リンダウアーが一九五〇年代にもっとも深く探求し、以後、他の生物学者が、ハチはどのように花までみずからを導き、また巣に戻るのかを、さらに明らかにしている。

一方それに関連する、ミツバチ分蜂群がどのようにして新居へと進路を向けるのかという謎は、無視されていた。おそらくそれは、あまりに難しすぎる謎だと思われたからだろう。何らかの方法で、一万匹からの空を飛ぶ昆虫の群れが、バスほどの大きさの雲となって、野営地から新しい住処へ一直線に進んでいく。飛行経路は通常、野原、森、丘、谷、沼、湖を越えて数百メートルから数千メートルにおよぶ。たぶんもっとも驚かされるのは、空中のコロニーは野山を越えて地表の特定の場所、森のある区画に立つ特定の木に開いた、ただ一つの節穴へと、自らを導いていくことだろう。また群れは目的地に近づくと、少しずつ飛行速度を落とし、新居の玄関前で正確かつ優雅に止まる。一万匹ものハチは、一定の方向への集団飛行というとんでもない離れ業を、どのようにやってのけるのだろう？　ここ数年、デジタルビデオ技術が導入されたおかげで、飛行中の分蜂群の中にいる個々のハチを追跡し、ミツバチ分蜂群の飛行誘導のメカニズムを解き明かすために必要な高度なデータ収集と画像処理を行なうことが可能になった。この章では、こうしたメカニズムについて考察し、探索バチが、やはり、物語の中心的な役割を果たしていることを見る。

分蜂群を追って

一九七九年の夏、私はニューヨーク州イサカの実家に戻っていた。私の最初の指導教官であり、よき友人でもあるコーネル大学養蜂学教授ロジャー・〝ドク〟・モースと、また一緒に研究をするためだ。その数年前、ドクとその学生の一人、アルフォンス・アビタブル（現在はコネチカット大学名誉教授）は、ミツバチ分蜂群が新しい住処に向けて飛ぶとき、働きバチは女王バチの身体から絶えず漂っている「女王物質」フェロモンの匂いで、分蜂群の雲の中にいる女王を常に探知していることを発見していた。このフェロモンは、女王の頭部の大顎腺から分泌される物質の主成分である炭素数一〇の脂肪酸で、正式名称は（E）-9-オキソ-2-デセン酸という（私は簡単に9-ODAと呼んでいる）。空中の分蜂群のハチはこの特別な化学物質の匂いを感じていれば、新しい巣の所在地へと飛び続ける。しかし匂いを捉えられなくなると、女王が休憩のために脱落してしまったということなので、先へ進むのを止めて、いなくなった女王が見つかるまであたりを飛び回り、見つかった場所で女王の周りに蜂球を作る。そのうち、分蜂群はまた飛び立って目的地へと進む。明らかに、飛行中の分蜂群の働きバチは、何より重要な女王を失わないように、細心の注意を払っているのだ。

9-ODAが女王の存在を示す決定的なものであるかどうかを試験するため、ドクとアル・アビタブルはいささかひどい実験を行なった。彼らは人工分蜂群を準備し、それぞれの群れの女王を小さな籠に閉じこめた。それから、分蜂群が家探しを終えて選んだ場所に移動するとき、飛び立とうとする五匹の働きバチの背中に9-ODAを塗りつけた。このような処理をされた分蜂群は離陸し、飛んでいって見えなくなり、そして……戻ってこなかった！　働きバチに9-ODAを塗布せず、あとは同じ処理をした分蜂群も離陸プロセスを完了したが、約五〇メートル飛んだだけで戻ってきて、閉じこめられた女王の周りにまた止まった。明らかに、9-ODAの独特の芳香をまとったハチが存在するだけで、空中の分蜂群は中に女王がいると確信するのだ。これは優れた実験だったが、そのために女王を失ってしまった分蜂群のことを思うと、今も胸が痛む。

9－ODAで処理した分蜂群が飛び去ってしまうのを見たドクは、ミツバチが飛行を導く方法に興味を抱くようになり、一九七九年にカーク・フィッシャー（ドクの下で大学院の研究を始めたばかりだった）と私を、この問題に取り組むための助手として誘った。私たちの最初の目標は、飛行する分蜂群を最初から最後までただ観察することだった。そのために私たちはアップルドア島に向かった。そこでは分蜂群の飛行経路を操作できることがわかっていたからだ。私たちは中規模（一万一〇〇〇匹）の分蜂群を連れて行った。分蜂群と巣箱の位置を、飛行中の群れの下を走って追いかけられるように慎重に決めた。アップルドア島では密生したツタウルシのために、走れるのは道路上だけで、その道路もまっすぐなものは一本もない。しかし、移動中の分蜂群を最後まで間近で追えそうな、三五〇メートルの直線の「走路」が何とか見つかった。その一方の端に分蜂群を、もう一方に巣箱を置き、中間には三〇メートルおきに旗のついた竿を立てた。飛行中の分蜂群の中心が、いつそれぞれの旗竿の上を通過したかを記録すれば、あとで飛行の各段階での速度を計算できる。

期待通り、私たちの分蜂群の探索バチはすぐに巣箱を見つけ、それを支持するダンスをするハチが、急速に探索バチの討論で優位を占めた。探索バチが協議を終えるのを待つ間、私たちは巣箱を支持するダンスをしたハチすべてに青い塗料で点をつけ、巣箱で見られる青で印をつけたハチの割合を五分ごとに記録した。一四三匹の探索バチに印をつけ、巣箱にいる探索バチの平均二九パーセントに印がついていることがわかったので、離陸前におよそ四九五匹（一四三＝〇・二九×四九五）が巣箱を訪れていたと私たちは推測した。つまり、離陸の時点で目的地をよく知っているハチは、分蜂群にいる一万一〇〇〇匹のうち五パーセント未満であることがわかったのだ。

同様に興味深いことが、空に上がってからの分蜂群の飛行速度についてわかった。分蜂群の雲は野営

図 8. 1　巣箱へ移動中の分蜂群を観察するカーク・フィッシャー（左）と著者（右）。2006 年、アップルドア島にて。

地の上で三〇秒ほど舞ってから、ゆっくりと巣箱の方角に動き始めた。最初の三〇メートルは時速一キロ以下で進んだが、着実に加速し、一五〇メートル以降で最高速度の時速八キロに達した。もっとも驚かされたのは、巣箱に到着する手前で、分蜂群が何らかの方法でブレーキをかける様子だ。巣箱から九〇メートルのところから、徐々に減速していき、分蜂群の中心が目的地から五メートルもないところで、ぴたりと止まったのだ。それからの二分間で、巣箱の出入り口に探索バチが続々と姿を見せ——二〇秒後には五匹、五〇秒後には四〇匹、九〇秒後には一〇〇匹以上——ナサノフ腺フェロモンを放出して、不案内なハチに新居への入り口を教えた。分蜂群が巣箱の前で止まってから三分以内で、ハチは巣箱の上にびっしりと降り立ち、前面を埋め尽くした。すぐにハチはぞろぞろと中に入っていき、入り口の穴の周りには、ゆっくりと回るハチの渦ができた（図8．1）。女王は六分後にファンファーレもなくひっそりと入った。到着から一〇分とたたぬうちに、ほとんどすべてのハチが新居の中に無事に収まっていた。

その日、私は分蜂群を追うことに興味を覚えたが、この観察を深く追究するようになるのは、二五年後の二〇〇四年の夏になってからだった。その年、私はこの上ない幸運に恵まれた。オランダの行動生物学者マデレン・ベークマンが私たちに加わったのだ。マデレンは先頃、私の友人で著名なミツバチ研究者フランシス・ラトニエクスに就いて、イギリスで博士課程後の研究を終え、分蜂群の飛行誘導の謎に関心を抱くようになっていた。彼女は私と共にひと夏、コーネル大学で分蜂群を研究し、聡明で勤勉で温厚と、考えうる最高の共同研究者であることを示した。マデレンは現在、オーストラリアのシドニー大学で教職に就いている。

アップルドア島での観察設備は、かなり粗雑なものだったので、改良の手だてを探した。私たちは分蜂群の飛行行動をもっと精密に記述し、対照実験を行ないたかった。そのために、コーネル大学キャンパスにほど近い、リデル・フィールド・ステーションにある私の研究所脇の広い草原で、分蜂群を飛ばすことにした。この二六ヘクタールの草地の真ん中に、トネリコの大木が一本、枝を広げている。分蜂群に新居として選ばせるための巣箱をかけるには、うってつけの場所だ。もちろん、この草原の周囲やその向こうの林には、魅力的な天然の巣穴があるが、アップルドア島での研究から、きわめて忍耐強く分蜂群を見張り、私が置いた巣箱以外の場所を示すダンスをする探索バチをつまみ出せば、分蜂群の関心を私が与える巣作り場所に向けたままにしておけることがわかっていた。これはうまくいった。私たちはいくつもの分蜂群を、研究所近くからトネリコの木までの二七〇メートルの飛行経路に飛ばした。コースは飛行速度を測定できるように、三〇メートルごとに区分けした。また、飛び立った分蜂群の雲の寸法を正確に測るため、二〇メートル×二〇メートルの「発射台」を作った。これはきれいに草を刈り、四メートル間隔に立てた杭で格子状に区切った区画で、中に一メートルごとに印をつけた高さ六メートルの竿を立てた。分蜂群は発射台の中央に置かれ、離陸の際に格子で群れの長さと幅を、竿で上下の高さを測る。また飛行中の分蜂群の写真を横から撮り、あとで個々のハチの行動パターン分析に使った。

私たちは、三つの分蜂群の飛行を観察することから始めた。それぞれの分蜂群には、約一万一五〇〇匹のハチがおり、天然では中くらいの規模だった。飛び立った分蜂蜂球は割れて、長さ一〇メートル、幅八メートル、高さ三メートルのうなりを立てる雲になった。分蜂群の底は草原の草の先から約二メートルで渦を巻いている。つまり（ありがたいことに）私たちの頭のすぐ上だ！　寸法がわかると、私たちは各分蜂群にいる空中のハチ同士の間隔が、平均してわずか二七センチほどであることを計算で割り出した。一立方メートルあたり約五〇匹という密度で動いているわけだ（口絵6）。驚くべきことに、ハチが空中衝突することはあるにしてもまれだった。

三つの分蜂群の飛行パターンはすべて、ドク、カーク、私がアップルドア島で見たものと一致していた。どの分蜂群も最初は非常にゆっくりと移動し、それから最高時速六キロ程度にまで滑らかに加速、最後はゆるやかに減速して新しい巣のところで完全に止まる（図8．2）。そして前と同じように、分蜂群が目的地に到着してから、探索バチが出入り口に取りついてナサノフ腺フェロモンを放出し始めるまでに少し間があること、しかし化学信号が発せられると、群れの残りのハチはたちまち巣箱に降りることが観察された。ハチは中に入るのに躊躇せず、一〇分以内にほとんどすべてが中に消えた。どの分蜂群も移住プロセスのすべて――離陸、飛行、着陸、入巣――を正確に実行し、一五分未満で完了した。

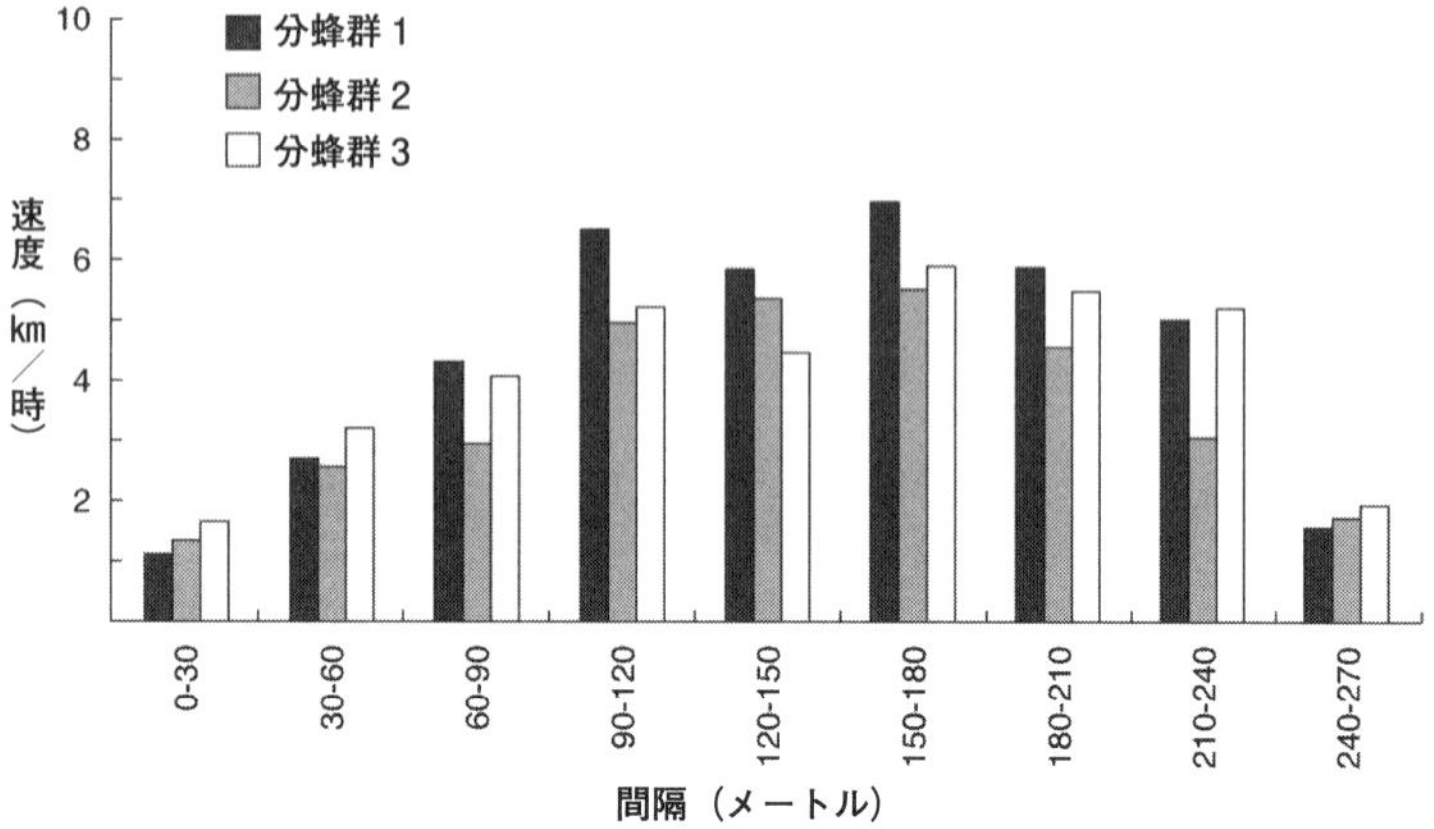

図 8. 2 巣箱までの 270 メートルを飛ぶ 3 つの分蜂群の飛行速度。最高速度は時速 5 〜7 キロメートル。分蜂群が長距離を飛ぶときは、時速 12 キロ近くに達する。

リーダーと追従バチ

メンバーのごく一部しか経路や最終目的地を知らないのに、ミツバチ分蜂群が新しい巣を正確に目指して飛ぶのは、実に不思議なことだ。すでに述べたように、ドク、カーク、私がアップルドア島で調査した分蜂群では、巣箱を訪れたことがあり、したがって分蜂群が飛び立つ前に新居の正確な位置を知っていたハチは、五パーセント未満だった。この発見はのちに、私とスザンナ・ブーアマンの実験で確かめられた。私たちは分蜂群の個体に標識をつけ、探索バチのダンスを録画し、それぞれの探索バチが、どの巣作り場所候補地を宣伝しているかを割り出した。私たちが調査した三つの分蜂群すべてで、選択された候補地を支持するダンスを行なっていたハチは、わずか一・五から一・七パーセントだった。この数字を、質の高い候補地から戻ってきた探索バチのうち、ダンスで宣伝するものの割合が五〇パーセントである（私とカークは、探索バチがどのように候補地の質をダンスで暗号化するかを発見した。第六章参照）ことと考えあわせると、選ばれた予定地を訪れていて、将来の住処の正確な位置を知るハチは、分蜂群の三、四パーセントに過ぎないと推定される。分蜂群が新しい住処に飛んでいくとき、比較的数少ない目的地を知る探索バチ——一万匹の平均的規模の分蜂群に四〇〇匹ほどの個体——が、それ以外のハチのガイドあるいはリーダーとして機能しているのは間違いない。どのようにこのリーダーと追従者のシステムは働くのだろうか？

分蜂群が新しい巣に飛ぶときに、目的地を知る少数派が無知な多数派を導く方法には、三つの仮説が提唱されている。第一の仮説は、化学信号によってリーダーから追従者へ情報が受け渡されるとするものだ。分蜂群の働きバチが、女王の発散する9-ODAによって女王の存在を知覚することを述べた一九七五年の論文で、アル・アビタブル、ロジャー・モース、ロルフ・ボッホは、探索バチは飛行の誘導を、働きバチの腹部先端にある発香器官の一部、ナサノフ腺で生産される誘引フェロモンで行なうと述べた。探索バチはフェロモンを分蜂群の最前列で放出し、探索バチでないハチをその方向に引き寄せ、誘導するのではないかというのが彼らの考えだ。

あとの二つの仮説は、目的地を知るハチから知らないハチへの情報伝達は嗅覚ではなく視覚で行なわれるとしている。一つは「婉曲誘導」仮説と呼ばれ、二〇〇五年にアメリカのプリンストン大学とイギリスのリーズ大学、ブリストル大学の生物学者チーム（イアン・カズン、ジェンス・クラウス、ナイジェル・フランクス、サイモン・レビン）が提唱したものだ。この仮説によると、目的地を知るハチは正しい移動方向をそれとわかる形で合図するのではなく、単に新居の方向に飛ぶことで分蜂群を操作するという。論文の著者は空中の分蜂群のコンピューター・シミュレーションを行ない、次のように明らかにした。もし飛んでいる分蜂群のハチが（1）臨界距離（訳註：接近を許す限界の距離）内にいる仲間から離れることで衝突を避けようとし（2）臨界距離外にいる仲間とは引き寄せあい、並んで飛ぶようになる傾向があり（3）ある方向に動きたいハチ（目的地を知るハチ）とも動きたい方向がないハチ（目的地を知らないハチ）とも一緒に飛ぶならば、目的地を知る個体の割合が非常に小さくても、分蜂群は新しい巣に向けて導かれる。注目すべきは、ミツバチ分蜂群のような大きな集団では、この割合が五パーセント未満でもいいことだ。これは興味深い仮説だ。飛行中の分蜂群のハチは、その中のどれが飛行経路を知っているか、つまりリーダーであるかを知らなくてもいいかもしれないということだからだ。

二つ目の視覚に基づく仮説は「急行バチ」仮説と呼ばれるもので、一九五五年にマルティン・リンダウアーが概略を述べている。ミツバチの家探しに関する大著の末尾で、リンダウアーは「数百匹のハチが、周囲より速く、分蜂群の前方に向けて、つまり新しい巣の方向に絶えず矢のように飛んでいる。分蜂群の雲がこの方向にゆっくりと飛行を続ける間、誘導バチは群れの外縁に沿ってゆっくりと戻り、また前方へ素早く飛び出す」のを見たと報告している。急行バチ仮説は、目的地を知るハチが分蜂群の中をくり返し高速で飛行するというわかりやすい合図を送って、正しい進行方向を知らせることを示唆する（原註：婉曲誘導仮説によれば、目的地を知るハチと知らないハチは同じ速度で飛ぶ）。急行バチ仮説では、目的地を知らないハチは婉曲誘導仮説で示したのと同じように振る舞うが、一つだけ違いがある。全体的に仲間と同調するのでなく、目的地を知らないハチは速く飛ぶ仲間に選択的に同調するのだ。したがって婉曲誘導仮説と急行バチ仮説の主要な違いは、情報を持つハチ（リーダー）が高速飛行によって進路を示すかどうか、目的地を知らないハチ（追従者）が速く飛ぶハチに同調することを選ぶかどうかだ。婉曲誘導仮説について行なったのと同様のコンピューター・シミュレーションは、急行バチ仮説が分蜂群の飛行誘導のメカニズムとしてありえることを示している。つまり婉曲誘導仮説も急行バチ仮説も共に可能性はあるのだ。さしあたっての疑問は、もしいずれかが真実だとすれば、それはどちらなのかということだ。

ふさがれた発香器官

リデル・フィールド・ステーションで草原の上を飛ぶ分蜂群を記述したあと、私とマデレン・ベークマンは、探索バチは発香器官で作られる誘引フェロモンを使って分蜂群を誘導するという仮説を試験するという目標を定めた。そのためには、すべての働きバチの発香器官を封鎖した分蜂群を用意し、これがリデルの飛行経路を迷うことなく全速力で飛べるかどうかを見る必要があった。

ミツバチの働きバチの発香器官は腹部背面、最後の腹節の前端にある。これは数百個の分泌細胞からできていて（ナサノフ腺の名前は、一八八三年に初めてこれを記述したロシアの科学者の名前にちなむ）、最後の二つの板（「背節板」）をつないで腹部上面を覆う膜に導管が開口している。分泌物（シトラール、ゲラニオール、ネロール酸を主成分とし、レモンのような芳香がある）はこの膜の上に溜まる。通常この部位は重なった二つの背節板で隠れているが、働きバチが腹部の先端を下に曲げると膜が露出し、匂いが放出される。細い筆を使って、末端二節の背節板の継ぎ目に塗料を塗れば、乾くと二つの背節板がくっついて、処理されたハチはもう発香器官を露出できなくなり、匂いも放出されない（図8.3）。

私たちはさまざまな塗料を試してみた。最初に使用した塗料はひびが入りやすく、二、三日すると多

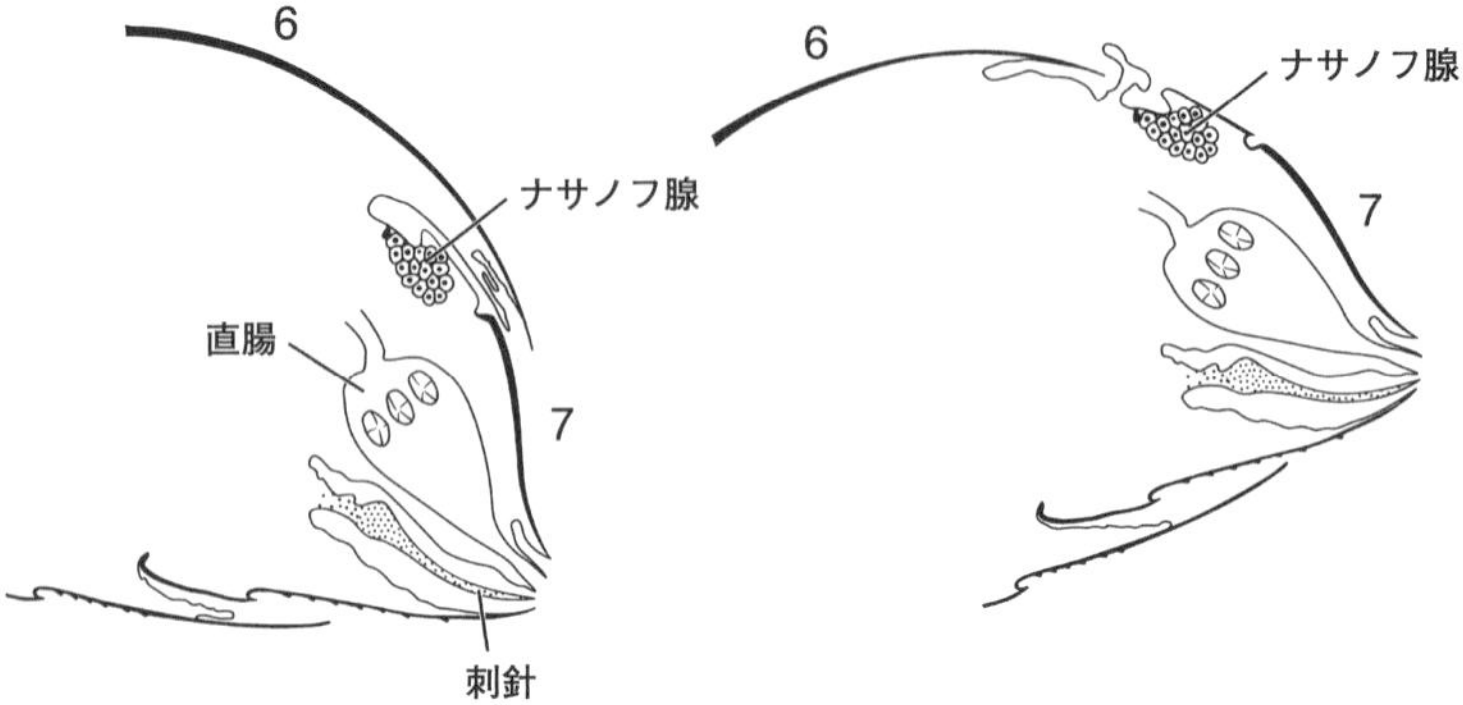

図8．3　働きバチ腹部の断面図。左は発香器官を閉じた休止状態を示す。右は腹部を挙げ、腹部末端節を下げて発香器官を露出した状態。6と7は第6および第7腹節の上の硬い外皮（背節板）。

くのハチは発香器官からナサノフ腺フェロモンの香りを発するようになった。しかしそうこうするうちに、テスター社の光沢エナメル塗料でハチの腹節を封鎖すると、耐久力があることがわかった。ここで私たちは、通常のやり方で実験用の分蜂群を用意した。一〇匹から二〇匹ずつのハチをビニール袋に入れ、冷蔵庫で動けなくしてから、一度に一袋の凍えたハチを氷の上に載せ、発香器官の上に塗料を塗る。それからまだ動けないハチを女王と一緒に、網を張った籠に入れる。このハチたちは体が温まると、私たちが作っている人工分蜂群の一員となる。これを繰り返して、四〇〇〇匹のハチにしっかりと塗料をつけた。小さな「処理済み」分蜂群には十分な数だ。冷却、塗料の塗布、その他の処理の影響を調節するために、私たちは四〇〇〇匹の「対照」分蜂群も用意した。この分蜂群には、腹部でなく胸部に塗料で印をつけたことを除き、何から何まで同じことをした。

最終的に私たちは六つの分蜂群を飛ばした。処理を施したものが三つ、対照群が三つだ。二種類の分蜂群は、空中で同じくらいの大きさ（長さ八メートル、幅八メートル、高さ三メートル）の群れの雲を作った。何より重要な点は、処理をした群れも対照群も、まっすぐに素早く巣箱に向かって飛んでいったことだ！　以前大きな分蜂群で見られたように、これら小規模な分蜂群は最初の九〇メートルを着実に加速して、九〇メートルから一二〇メートル飛んだところで最高速度に達し、二一〇メートルから二四〇メートル飛んだところで減速を始め、最後の三〇メートルを非常にゆっくりと移動して、巣箱の上で止まった。処理をした分蜂群の最高速度は時速六・八、三・六、六・八キロメートル、対照群では六・七、六・四、七・二キロメートルだった（二番目の処理群が他に比べて遅いのは、強い向かい風の中を飛んだためだ。それ以外の群れのときは、せいぜい微風だった）。

しかし、二種類の分蜂群がとった行動に、重大な違いが一つあった。巣箱に到着してから、処理をした分蜂群は、箱の中に入るまでの時間が対照群よりもはるかに長く（平均それぞれ二〇分と九分）かかったのだ。なぜか？　ほぼ確実に、処理をした分蜂群の探索バチは、ナサノフ腺フェロモンを使って、探索バチでないハチが新居の入り口を見つけるのを手助けできなかったからだ。懸命に入り口に誘導しようとしたことは間違いない。探索バチは巣箱の三つの出入り口に着地して、腹部を持ち上げながら音を立てて羽ばたき、目立つ格好で止まっていたが、腹部末節を下に折り曲げて発香器官を露出することはできなかった（口絵7）。確認のため、巣箱に入った直後の各分蜂群から二五〇匹ずつ調べたが、塗料の封にひびが入っていた割合は、一パーセントに満たないごくわずかなものだった。発香器官がはっきりと重要な役割を果たす着陸段階を除いて、処理を行なった分蜂群は対照群と同じように飛行計画を完遂できたことから、目的地を知る探索バチは、知らないハチの飛行をナサノフ腺フェロモンで誘導しているのではないという結論に、私たちは達した。

急行バチの流れ

次に私とマデレンは、急行バチ仮説の試験を始めた。草原の上を巣箱へと飛んでいく分蜂群を観察していて、リンダウアーが空中の分蜂群に見られたと報告しているものを、自分たちも見たと私たちは確信していた。ほとんどのハチは群れの中をかなりゆっくりと輪を描いて飛ぶが、何匹かは群れをまっすぐに飛び出して、新しい巣作り場所へと飛んでいく。また、急行バチは主に分蜂群の雲の上端を突進していくように私たちには見えた。しかし私たちは、見たものに一〇〇パーセントの自信はなく、確たるデータも当然なかったので、昔から使われているカメラを使って確実な情報を集め、自分たちの印象をチェックしてみることにした。三五ミリカメラと低感度（ＡＳＡ六四）のスライドフィルムを使い、シャッター速度をやや遅め（一／三〇秒）にして、飛行中の分蜂群の雲を晴天の日に横から撮影すれば、分蜂群全体を写真に「捕らえる」ことができ、ハチの一匹一匹が明るいバックに小さな黒いすじとなって現われることがわかった（口絵6参照）。それぞれのハチのすじの長さはその速度を、すじの傾きは水平線に対する飛行角度、つまり水平飛行の傾向を示す。写真は明白に、空中の分蜂群の中でごく少数のハチが、働きバチの最高飛行速度——時速約三四キロ——で群れを突っ切っていき、あとのハチはもっとゆっくりと飛んでいることを示していた。また、速く飛ぶハチの軌跡は、遅いハチに比べて平らであり、直線的で高度の一定した飛行を示す傾向にあることがわかった。最後に、高速のハチつまり急行バチは、実際に分蜂群の雲の頂上で主として活動しているという発見を、私たちは写真から探り出すことができた。このようなハチが他のハチに飛行方向の情報を与えていると仮定すれば、これはつじつまが合う。姉妹たちの頭上を飛ぶことで、急行バチは明るい空を背景にして、姿が見えやすい位置についているのだ。

ミツバチ追跡のためのコンピューター・ビジョン・アルゴリズム

私とマデレンが二〇〇四年に行なった写真の分析は、急行バチ仮説に裏付けを与えたが、それはこの仮説と婉曲誘導仮説とを厳密に比較した試験ではなかった。私たちの写真は、飛行中の分蜂群を横から撮ったもので、高速で飛ぶハチの飛行方向（新しい巣へ向かっているのか、反対に向かっているのか、その中間のどこかなのか）がわからないからだ。婉曲誘導と急行バチのどちらの仮説が正しいかを決定する鍵は、分蜂群の中を高速で飛ぶハチが、主に新しい住処を目指しているかどうかを知ることにある。二つの仮説は、この問題についてまったく異なる予測をする。婉曲誘導仮説は、速く飛ぶハチは主に新しい巣の方向を目指してはいないと予測する。この仮説によれば、目的地を知るハチは移動方向を分蜂群の雲の中を高速飛行することで合図しているわけではないからだ。反対に急行バチ仮説は、速く飛ぶハチは主に新しい巣作り場所の方向を目指していると予測する。この第二の仮説によれば、そうすることによって目的地を知るハチは、分蜂群の移動方向を教えるからだ。速いハチの中にはどちらの方向に行くかを示している目的地を知るハチもいれば、おそらくそれに反応している目的地を知らないハチもいるだろう。

二〇〇六年に、飛んでいる分蜂群の個々のハチを追跡し、それぞれの位置、飛行方向、飛行速度を計測できるようになると、分蜂群中の速く飛ぶハチは実際に新しい巣の方向へ突進していることがはっきりした。したがって、間違いなく急行バチ仮説が正しいと現在では考えられている。空中の分蜂群にいる個々のハチを追跡する機器の開発に力を貸してくれたのは、オハイオ州立大学電気情報工学教授ケビン・パッシーノと、その優秀な大学院生ケビン・シュルツだった。

研究生活の大きな恩恵の一つは、他の大学を訪問して優れた人物に会う機会が持てることだ。そしてその中には、ある特定の謎に対して知的好奇心を共有する人もいる。私がケビン・パッシーノに会ったのは、二〇〇二年春にオハイオ州立大学を訪れたときのことだった。それは講演の予定があったからで、共同研究をする工学者を募るためではなかった。だが、ケビンに会ったとたん、彼が優秀な工学者であり、科学的共同事業にまさしくうってつけの人物であることを感じ取った。ここにいるのは、工学的応用のための自動制御システムを考案しながら、同時に生物システムから発想を得ようとする人物だ。あとで私は、「生物模倣（バイオミミクリー）」が制御工学者の間で最新の手法であることを知った。生体の自動制御方法は、数百万年におよぶ自然選択によって試され調整された、きわめて効果的で頑丈なものだからだ。私たちは、初対面で一緒に研究をしようという話になったと、私は記憶している。すでに私たちには、採餌バチの労働力配分と分蜂群の飛行誘導の謎という格好の共通基盤があった。ケビンによれば、ミツバチは「自律車両群の協調制御戦略」を進化させているといい、その調査への参加を強く望んだ。

私とマデレン・ベークマンは、分蜂群の飛行誘導に関するフェロモン仮説が誤りであることを証明し、分蜂群に急行バチが存在することを確かめた簡単な写真の分析を発表していた。ケビンは、次に必要なのは空中の分蜂群を下から高解像度のビデオカメラで録画することだと考えた。最新のビデオ技術、特にコンピューター・ビジョンを研究している工学者が開発した点追跡アルゴリズムを使えば、ビデオカメラの上を飛ぶハチの個体を追い、分蜂群の雲の中でそれぞれのハチの位置、飛行速度、飛行方向を特定できるはずだという予感を彼は抱いた。そこでケビンは必要なカメラを購入して、二〇〇六年夏に私とカーク・フィッシャーがアップルドア島で野外研究をしているところに加わった。私たちは島の中央にある古い沿岸警備隊の建物のそばに分蜂群を準備し、二五〇メートル離れた東岸に魅力的な巣箱を置くと、カメラのバッテリーに充電した。目的はカメラの真上を飛ぶ分蜂群を、経路上の二地点で録画することだ。最初は野営場所から一五メートルの、分蜂群が離陸したばかりでまだゆっくり飛んでいるところ。次に分蜂群がかなり進んで相当スピードが上がった六〇メートル地点だ。カメラには広角レンズが装着されており、その視野に分蜂群の横幅が大部分収まる。ただし縦は入りきらないが。またカメラのシャッタースピードはきわめて速い——一万分の一秒——ので、ハチはビデオのコマに、長く伸びたすじではなく短い斑点として現われる。その夏、目的達成の最大の難関だったのが、アップルドア島に吹き荒れる風だった。そのせいで分蜂群をカメラの真上に飛ばすことが難しくなったのだ。風が静かなとき、分蜂群は予想される直線コースで新しい巣作り場所へと飛ぶ。しかし風が強いと、分蜂群の飛行経路はまったく予測がつかなくなる。乱れ吹く突風が空中のハチを翻弄して、直線コースからそらしてしまうからだ。しかも、メイン州南岸から一〇キロ沖の大西洋に位置するアップルドア島は、まるっきりの吹きさらしだ。あまりに風が吹くので、そのエネルギーを少し取り込もうと、二〇〇七年にショールズ海洋研究所は、高さ二七・五メートルの風力発電機を島に立てた。現在研究所は、電力の相当な割合をこの無限の資源から得ている。しかし二〇〇六年六月二九日と七月二日、私たちはすばらしい凪の日に恵まれ、二度にわたり分蜂群を、新しい巣作り場所への直線上にある、一五メートル地点と六〇メートル地点両方のカメラの真上に飛ばすことができた。

分蜂群の飛行の動画二本を撮影し終えたケビン・パッシーノは、博士課程の学生ケビン・シュルツに研究材料としてそれを与えた。それから二年間かけて、ケビン・シュルツは、データ収集プロセスを半自動化したコンピューター・アルゴリズム（算法）を作りあげた。本質的にこの処理は、あるビデオのコマに写った楕円形の斑点（ハチの像）を一つずつ調べ、その方位（楕円の長軸とコマの下端との角度）を記録し、それを次のコマの同じハチを表わす斑点と組み合わせることで行なわれる。組み合わせのプロセスは、最初のコマのある斑点に、位置と方向がもっとも合致する斑点を、次のコマから見つけだすというものだ。このプロセスを、二番目のコマの斑点と三番目のコマの斑点、さらにその次と繰り返し、アップルドア島でビデオカメラの視野を通過した、分蜂群中のハチ個体の詳細な軌跡を一コマ一コマ積み重ねていく。斑点の大きさ――楕円の長軸の長さ――はハチの高度を表わすので、分蜂群の上部にいるハチと下部にいるハチを見分けられるし、ハチ個体の飛行を三次元で再現することさえ可能なのだ。何という優れものだろう！

一見でたらめな動きで頭上に渦を巻く何千という分蜂バチを観察することから、その動きを見事に明快なパターンにしたグラフで見られるようになったのがどのようなものか、言葉に表わすのは難しい。分蜂バチの集団運動の細部は、まったく意外な新発見に満ちていた。ケビン・パッシーノとケビン・シュルツがデジタル録画上での点追跡プロセスを考案するまで、このパターンを見ることさえできなかったからだ。ヒトの視覚システムは驚くべき生体コンピューターで、何年も見ていない顔を瞬時に識別するようなものすごい情報処理能力を持つが、こう多くのハチが速く乱れ飛んでいては、それも追いつかない。

録画の分析で明らかになったもっとも重要なパターンは、高速で飛ぶハチは実際に選ばれた巣作り場所の方向に急行していることだ。図８．４はハチ個体の飛行速度と飛行方向の関係を表わしたものだ。

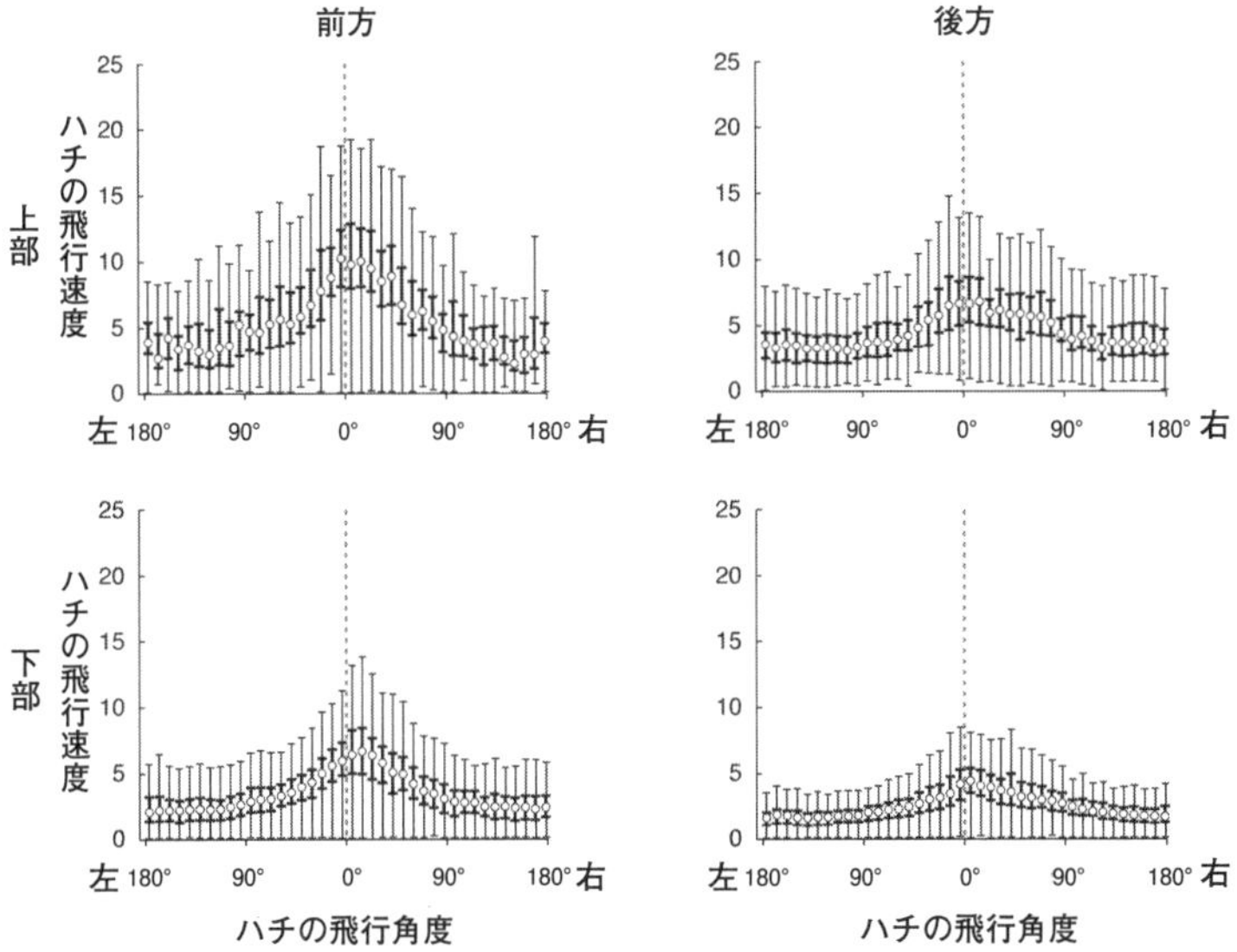

図 8. 4　分蜂群が野営地から 15 メートル飛行したところで測った、ハチの飛行速度と飛行角度の関係。飛行角度 0°は新しい巣の場所にまっすぐに飛んでいるもの、それ以外は新しい巣の方向から右あるいは左に角度をつけて飛んでいるものである。飛行するハチの測定値は、分蜂群の雲の前方と後方およびそれぞれの、上部と下部の 4 つの領域にまとめてある。縦線の太い部分は、測定値が中央値（線上に白丸で示している）の前後 50 パーセントの範囲を表わし、細い部分は測定値が中央値から 50 パーセント以上離れている範囲を表わす。飛行速度の単位は、ビデオの 1 コマにおけるハチの軌跡の長さである。

これを見ると、もっとも速いハチは新居の方角へ向けてまっすぐに飛んでおり、もっとも遅いハチは反対方向を向いていることがわかる。分蜂群の上部と下部でグラフを比較すると、速いハチは主に上部にいることがわかり、私とマデレンが引っ越し中の分蜂群の側面写真から発見したことを証明している。図8．4のグラフが示す第三の重要な特徴は、飛行速度の最大値が、長く伸びた分蜂群の雲の後方より前方で高いことだ（分蜂群の雲の上部にも下部にも当てはまる）。これは、もっとも速いハチが分蜂群の前方にいる傾向があることを示す。ケビン・シュルツがハチ個体の速度を丹念に分析した結果、巣作り場所の方角へ飛んでいるハチは、もっとも速い速度で飛ぶだけでなく、分蜂群の後方から前方へ移動するにつれて加速する（つまり速度が速くなる）傾向があることもわかった。

この飛行速度の増加には、目的地を知らない追従バチが目的地を知るリーダーバチに「くっついて」、急行バチのあとを追いながら速度を増すことで起きている部分があるように思われる。そうだとすれば、飛行の方角に関する情報（速く飛ぶハチの飛行方向で表わされた）と飛行速度の増加は、目的地を知るハチから一部の目的地を知らないハチへと拡散し、目的地を知らないハチは、自分が速く飛ぶことで、他の目的地を知らないハチに影響し始めるということになりそうだ。この、目的地を知るリーダーがさらに目的地を知るリーダーを生むという連鎖反応により、巣箱に向けてより速く飛ぶようにと誘われるハチが拡がっていくのではないだろうか。これは、時間と共に分蜂群全体の速度が上がっていく（図8．2に示したような、また、逃げ出した分蜂群の下を走って、新しい巣まで追いかけようとする養蜂家なら誰もが感じているような）現象の説明になるかもしれない。

新居へ向かって飛ぶハチが、他の分蜂バチより速く飛ぶことを発見したケビン・パッシーノ、ケビン・シュルツ、私は、急行バチが婉曲な誘導をするのではなく、空中のミツバチ分蜂群に飛行誘導を行

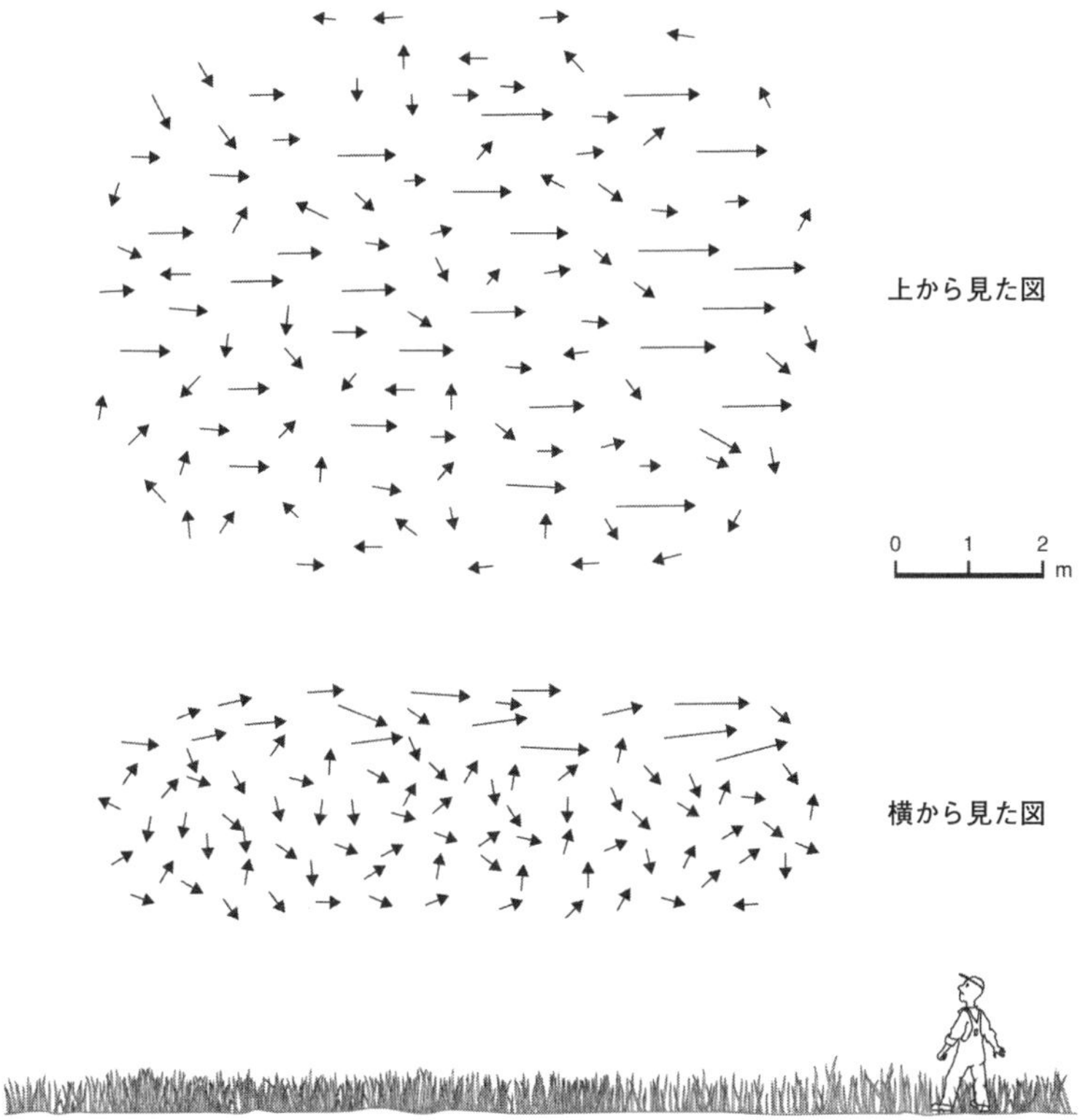

図8. 5　右方向へ飛ぶ分蜂群のハチの速度ベクトルを模式図にしたもの。急行バチは主に分蜂群の雲の上部にいる。速度ベクトルは分蜂群中のハチのごく一部についてしか表示されていない。

なっているらしいと結論した（図8.5）。しかし私たちは、誘引フェロモン仮説に対して発香器官封鎖実験を行なったようにして、急行バチ仮説をより厳密に試験したいと考えている。誘導の手段と考えられるものを封じて、分蜂群が選んだ方向へと正確に全速力で飛行できなくなるかどうかを調べたいのだ。残念ながら、情報を持つハチに高速飛行をさせない方法を考え出した者は、まだ誰もいなかった。マデレン・ベークマンは、探索バチの羽根の先端を一ミリ程度切りつめてみた。これはハチの最高飛行速度を低下させる操作として知られるものだが、この手術をしたハチは、同時に探索を止めてしまうことがわかった。他に何かうまい方法があるかもしれない。小さな翼か短い糸を探索バチに接着して、飛行中の空気抵抗を増やしてはどうだろう？　飛ぶ速度が遅くなるような遺伝子突然変異を持つハチを探すか？　探索バチの急行を妨げる方法を考えついた者が、洗練された実験の基礎を作るのだ。

一方、マデレン・ベークマンと二人の学生、ターニャ・ラッティとマイケル・ダンカンは、別の手法による急行バチ仮説の試験で成果を挙げていた。三人は、速く飛ぶ採餌バチを多数、空中の分蜂群が目指す経路と直角に、群れを突っ切って飛ばすという独創的な実験を行なった（図8.6）。急行バチ仮説が正しければ、採餌バチが横から通り抜けることで分蜂群の方向情報に矛盾が発生し、飛行誘導が妨げられるはずだ。これこそがまさしく観察されたものだった。採餌バチが飛行経路を横切って勢いよく飛び交う中を、一〇〇メートル離れた巣箱に向けて飛ぼうとする六つの実験分蜂群のうち、無事巣箱にたどり着いたのは一つだけで、それも一時的にコースをそれた。あとの五つの分蜂群はすべて、普通どおりに飛び立ち、巣箱に向けて一直線に進んでいったが、「採餌バチのハイウェイ」にぶつかるとちりぢりになるか、大きくコースをそれた。一方、対照群の分蜂群（試験分蜂群と同一だが、交差して飛ぶ採餌バチがいない）を四つ飛ばした実験では、どの群れもまとまってまっすぐに巣箱へと飛ぶのが見られ

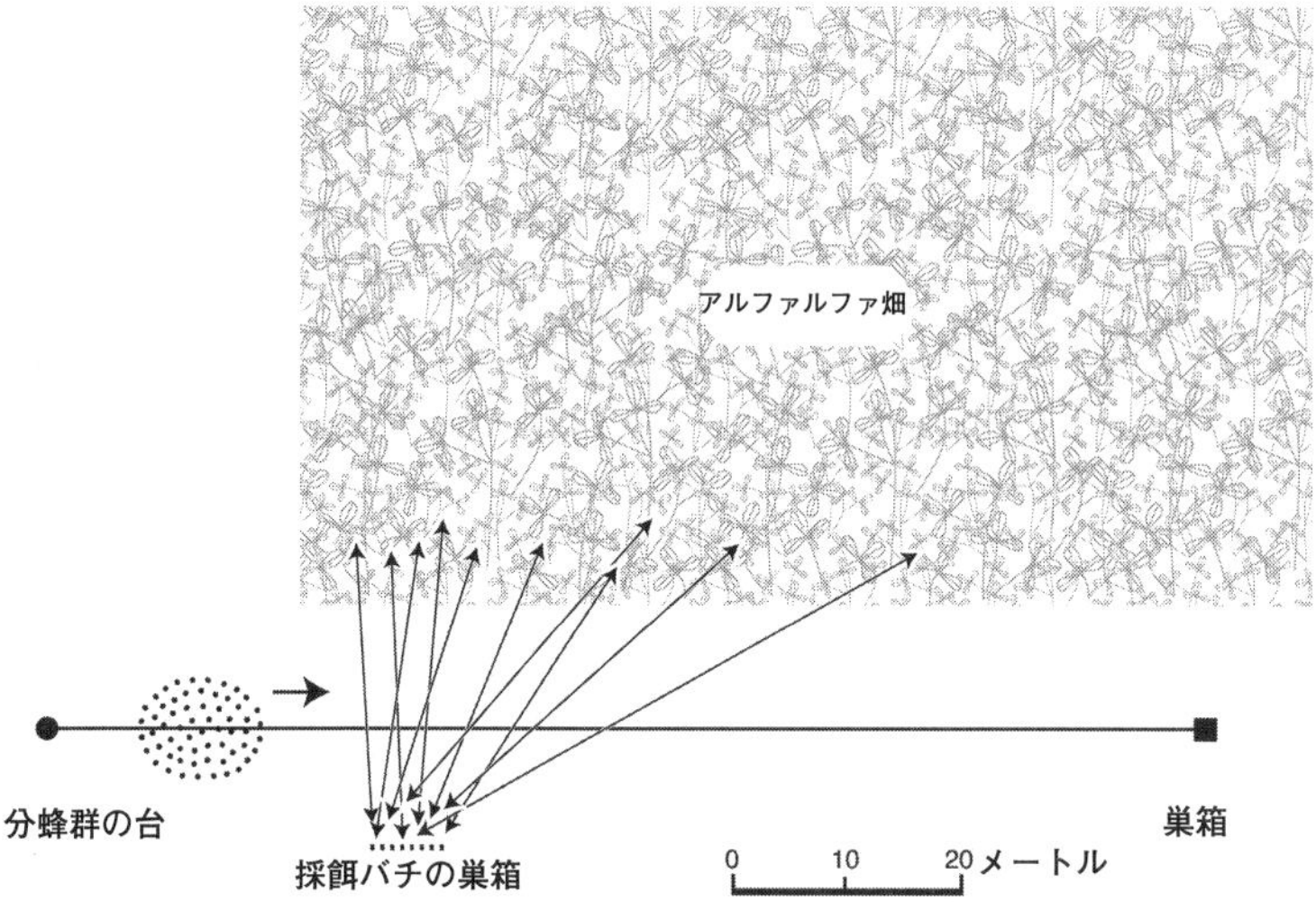

図8. 6　急行バチ仮説を検証する実験の配置図。空中の分蜂群の中を進行方向に対して直角に、別のハチを横切らせて、分蜂群の飛行誘導が乱されるかどうかを見る。横断するハチは、8台並べた巣箱から近くのアルファルファ畑へ豊富な蜜を集めに急ぐ採餌バチである。

た。明らかに、試験分蜂群の飛行経路をひっきりなしに横断する採餌バチは、おそらく紛らわしい視覚情報を旋回するハチの群れの雲にまぎれ込ませて、飛行誘導のメカニズムに混乱をもたらしたのだ。

案内係の集合

ミツバチ分蜂群の驚くべき飛行には、まだ答えの出ていない疑問がいくつもある。引っ越しする群れは、新居から約一〇〇メートル以内に達すると、どのようにブレーキをかけるのか？ また、情報を持つハチはどのように分蜂群の雲の中で急行飛行を繰り返すのか？ 前方に達したところで止まり、他のハチに追い越させるのか、それとも分蜂群の底を通ってこっそりと後方に戻るので、下草にまぎれてほとんど見えないのか？ また、新しい巣作り場所への移動を始める前に、飛行経路を知るハチが十分に集まったことを、分蜂群はどのように確かめるのかも謎だ。

選択された巣作り場所を訪れており、そのため空中で分蜂群を案内できる探索バチがほとんどすべて、分蜂群が飛び立つ直前に未来の住処をあとにして、分蜂蜂球に集合する様子は印象的だ。私がこの現象を最初に目撃したのは一九七四年八月、大学院に入る少し前に、分蜂群が家探しプロセスを行なうところを初めて観察したときのことだ。私は人工分蜂群を用意し、巣箱を実家の裏の放棄された畑に置いた。そこには花を持ったアキノキリンソウとストローブマツの若木がはびこり、そのうちの一本が巣箱をしっかりと支えた。たいへん運よく、分蜂群は合板で作った私の粗末な巣箱を、将来の住処に選んでくれた。すぐに私は、分蜂蜂球と巣箱の間の一五〇メートルの小道を全力疾走で往復して、分蜂群で興奮したダンサー集団がふくれあがっていくのと、巣箱を調べる探索バチが増えていくのを、できるだけ両方とも観察しようとした。午後になってしばらくした頃、巣箱のハチの数が突然減ったのを見た私は愕然とした。その前に見たとき、一五分前のことだが、二五匹のハチが巣箱を調べているのを私は数えていた。それが二、三匹しか見あたらず、さらに数分たつと、この場所は完全に見捨てられてしまった。探索バチが突然、自分の巣箱に興味を示さなくなって、私は途方に暮れていた。だがそのとき、分蜂群の野営場所のほうを振り返ると、私の分蜂群が今や渦を巻き輝くハチの拡散球となって、日当りのいい草原をまっすぐこちらに「転がって」くるのを見た。探索バチが巣箱を放棄したのは、出発の際に分蜂蜂球に加わるためだったのだ。

以来、分蜂群の実験を行なうとき、私は巣箱にいる探索バチの数が目に見えて減るのを、分蜂群が意思決定を終えて飛び立とうとしている確かな目安として当てにするようになった（図5．4および5．6参照）。出発直前に探索バチが分蜂群に集まるのは、確かに理にかなっている。分蜂群中に飛行計画を知るハチは、これまで見たように三、四パーセントしかいない。このようにナビゲーターがごく少ない状況では、一匹でも多く乗り組むことが重要だろうからだ。しかし、これがどのように実行されるのか、正確なところは謎のままだ。分蜂群に探索バチが集まるのは、このハチたちが普段いつも通りに戻ってきて、あたりをうろうろしているときに、働きバチの笛鳴らし（ワーカーパイピング）なりブンブン走行（バズラン）なりの飛行開始の信号を探知しただけなのだろうか？　それとももしかして、出発が近いことを告げる未知の信号が巣箱で発せられ、それを聞くか、感じるか、見るか、嗅ぐかしたのをきっかけに分蜂群に集合するのだろうか？　新しい巣まで安全に案内できる情報を持ったハチが、飛び立とうとする分蜂群の中に十分にいるかどうか確かめるために、何か秘密の仕掛けをミツバチが持っているとしても、驚くには当たらないと私は思う。

第九章　認知主体としての分蜂群

私は、システム神経生物学者として、みんながヒトの脳と呼ぶ三ポンドのぐちゃぐちゃしたものが、どのように意思決定するかを研究している。

——ウィリアム・ニューサム、二〇〇八年

本書の第三～八章では、みんながミツバチ分蜂群と呼ぶ三ポンドのハチが、新しい巣を作る場所をどのように意思決定するかについて、わかっていることを説明した。出発点は、小さな脳しか持たないミツバチの群れが、木の枝からぶら下がりながら、いかにして未来の住処についての的確な選択を行ない、またその決定をタイムリーに実行に移せるのかという謎だった。それから私たちは、家探しプロセスの具体的なメカニズムの一つひとつ——巧妙で洗練された行動の複雑なからみ合い、コミュニケーション・システム、フィードバックの輪——について、観察と実験で得られた証拠を見直した。全体として、私たちはミツバチの分蜂群という民主的意思決定機関が、驚くほど分析しやすいことを見た。分蜂群全体が意思決定プロセスを遂行している間、個々のハチが何をしているかを容易に観察できるからだ。重要な個体レベルの行動すべてを、ぎっしりと密集したハチの塊の奥深くでなく、分蜂群の上や巣作り場所候補地で余さず見ることができるのは、すばらしい幸運だ。このプロセスを本当に知るためには、まずミツバチの巣作り場所探しの基礎からこつこつ調べることが重要だった。しかし、そろそろ細かい分析を離れて、意思決定システムとしての分蜂群の一般的な特徴について考察し、私たちの知識をまとめることにしよう。

そうする上で、これまでにわかっているミツバチ分蜂群と霊長類の脳の意思決定メカニズムについて、比較することが役に立つだろう。この比較は奇妙に思えるかもしれない。分蜂群と脳はまったく違う生物システムであり、そのサブユニット――ミツバチとニューロン――に大きな開きがあるからだ。だが、これらのシステムには、根本的な類似点もある。共に認知主体として、意思決定のため情報の獲得と処理をうまくできるように、自然選択で形成されたという部分だ。さらに、いずれも民主的意思決定システムであり、大局的な知識や特別な知能を持つ中央集権的な決定者がいて、他の者たちを最善の行動に導くというものではない。むしろ、分蜂群でも脳でも、意思決定プロセスは比較的単純な情報処理単位の集まりの間に広く分散しており、単位の一つひとつは集合的判断を下すために使う情報の総体の、ごく一部しか持っていない。どちらかと言えば情報に乏しく、認識力の限られた個体の集まりから第一級の意思決定集団が作られるように、自然選択がミツバチ分蜂群と類人猿の脳を、不思議なほど似た形に構成したことがわかる。このような類似点は、高度な認知単位をはるかに単純な部品から作るための、一般原則を示している。

意思決定の概念的枠組み

意思決定とは要するに、二個以上の選択肢の中からどれかを選ぶために、情報を獲得し処理するプロセスのことだ。ミツバチ分蜂群が十数個の巣作り場所候補の質に関する情報を手に入れ、この情報を処理し、もっとも理想的な場所を新しい住まいに選ぶとき、それは意思決定を行なっている。意思決定作業を行なう霊長類の脳のよい例が、黒い背景の上を動く白い点の集まりでできた画像表示をサルに見せたときだ（図9．1）。ほとんどの点は不規則に動くが、ごく一部は右か左か、二つに一つの方向に必ず動く。サルは、動きの方向が決まっている点の移動方向が右か左か判断し、視線を右か左の目標に動かすことで、その判断を知らせるように訓練されている。動きが決まっている点が表示される割合を変えて、情報の質を上げたり下げたりし、それにより意思決定作業を易しく、または難しくすることができる。

私を含めた行動生物学者が、ミツバチ分蜂群の意思決定メカニズムをハチ個体レベルで解き明かそうとしているとき、神経科学者は人間の脳の意思決定メカニズムを、個々の細胞レベルで説き明かそうとしてきた。ヒトの意思決定の神経基盤解明でもっとも大きな進歩を生み出したのは、サルを（ヒトの代理として）使った研究だった。上記のようにサルが「雑音《ノイズ》を含む」視覚刺激を見て、選択肢二個（右か左か）の選択試験でどちらかを選び、答えを目の動きで示すという意思決定作業を行なうものだ。視覚情報の報告、情報の処理、眼球運動の制御に関係する脳の様々な部分の神経活動を記録して、神経生理学者はこの意思決定作業の根底にある神経過程を特定した。

出発点は脳の中側頭回（MT）だ。ここはサルが見た動きに関する知覚情報を処理するところである（図9．2A、B）。MT野のニューロン一つひとつには、サルの視野全体の中で特定の部位に対応する受容野がある。また、各ニューロンは特定方向の動きに対して運動を感知しやすい。つまり刺激が受容野を一定方向に通過したときに発射（訳註：神経細胞内に活動電位が発生すること。発火とも）し、移動刺激が反対の方向に動くと興奮が阻害されるのだ。このようにMT野のニューロン集団は、特定方向に反応する動作検知器のセットであり、その発射頻度で、サルの視野の特定部位で起きている一定方向

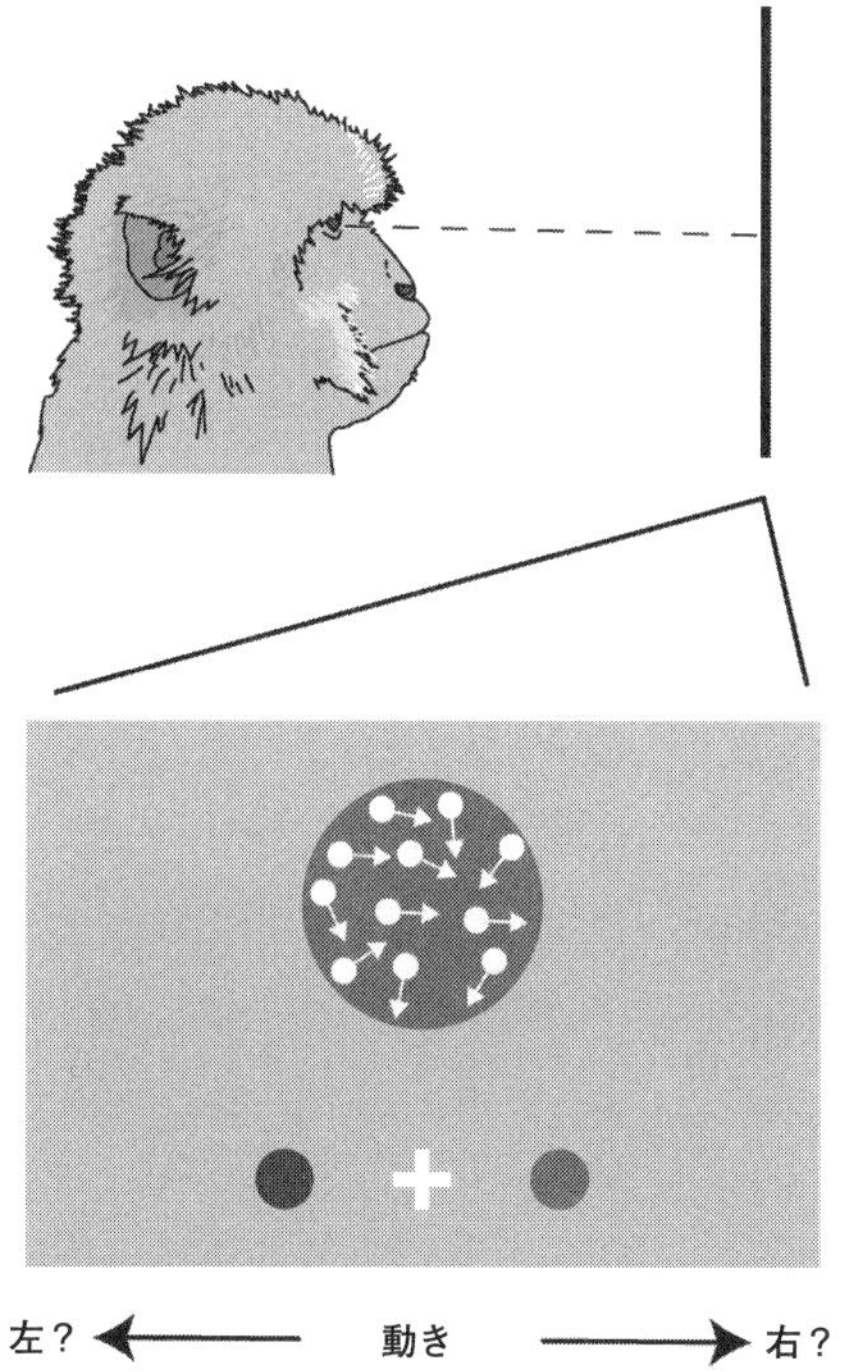

図 9．1　知覚弁別課題の配置図。サルは動く点の表示の中に一貫した動きの方向を見出し、それを定点（白い十字）から２つある目標（灰色の円）の１つへと、一貫した点の動きにあわせて左または右に目を動かすことで示す。

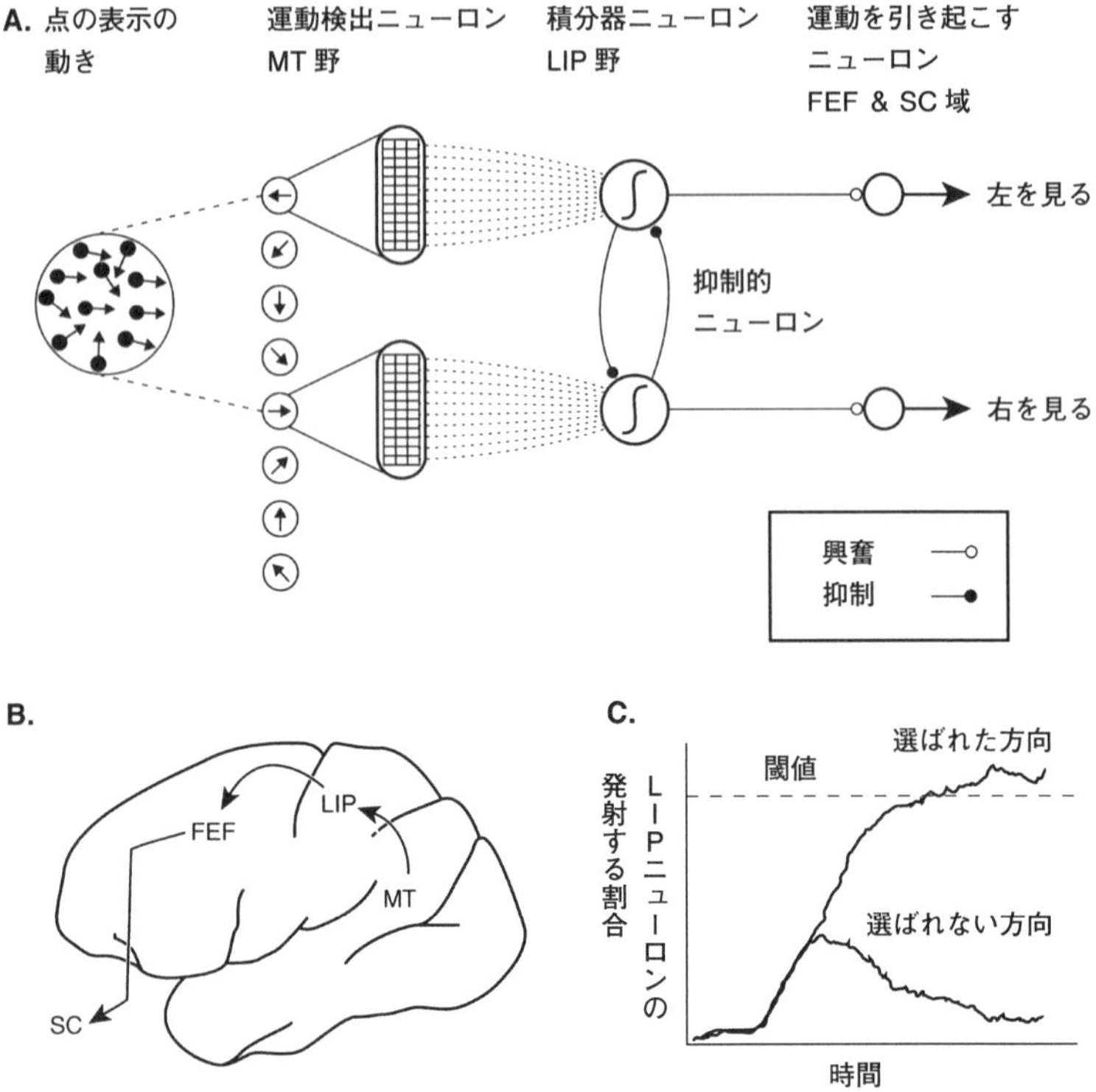

図9．2　A：視覚刺激の運動方向の知覚にもとづいて、眼球運動の方向を決定する基礎となる神経生物学的プロセスのまとめ。MT 野のニューロン集団は動く点の表示から、各方向への視覚運動の瞬間的強さを抽出する。2 方向それぞれについて瞬間ごとに集められた運動強度についての評価は、LIP 野の積分器ニューロンに渡され、そこでMT ニューロンからの入力を時間の経過とともに合計して、各方向への運動強度の平均を評価する。それぞれの運動方向に対応する積分器ニューロンは相互抑制的であり、眼球運動を引き起こすニューロンへと投射される。B：霊長類の脳において、意思決定にかかわる神経活動が記録されている場所には、中側頭回（MT）、横頭頂皮質（LIP）、前頭眼野（FEF）、上丘（SC）がある。C：決定の変化に関係する神経活動は LIP 野で記録されている。初期の活動は 2 つの方向を弁別しないが、やがて選択された方向に関係するニューロンで発射が増加し、選択されない方向に関係するものでは発射が減少する。

の視覚的運動の強さに関する情報を報告するわけだ。これらのニューロンが協力して、サルの脳に視野全体、したがって動く点の画像表示全体で、右向きの動きと左向きの動きの強さについての情報を提供するのだ。しかし任意のいかなる瞬間においても、表示された点の不規則な動きと、MTニューロンによる情報の表示に含まれるノイズ（不規則な変動）のため、この情報は多少あいまいだ。

サルの意思決定プロセスの次の段階は、脳の横頭頂皮質（LIP）で起きる。この部分のニューロンはMT野から入力を受けて、方向特異性を持つ積分器として構成され、対応するMTニューロンから与えられるノイズが多い情報を、時間とともに集約する（図9．2A、B）。こうして、意思決定作業の時間が経過するにつれ、サルが見ているものの証拠がLIPニューロンに蓄積される。例えばサルが、右方向へ動く点を含む画像表示を見ているとすると、右方向運動の積分器として機能するLIPニューロンでは、発射頻度が徐々に高まっていく。発射頻度が高まる割合は刺激の強さ、つまり右に動く点の数に左右される。また、異なった運動方向に対応するさまざまな積分器は、互いに抑制しあう。この相互抑制の効果の一つとして、右方向および左方向の運動に関係するLIPニューロンの発射頻度が、最初ほぼ同じ速度で高まるとしても、やがてより強い刺激（右方向への運動）に関係するニューロンだけで発射頻度の増大が続くようになる。弱い刺激（左方向の運動）に関係するものでは、発射頻度の低下が始まる（図9．2C）。LIPニューロンのそれぞれの集団は、その活動レベルに比例してもう一方を抑制するので、やがて片方のLIP集団のニューロンだけ発射頻度が高くなる。この相互抑制は、右向きと左向きの刺激で知覚される強度の差を拡大して、サルの識別を向上させ、サルが眼球運動を右方向と左方向へ同時に起こそうとするのを防ぐ役割を果たす。

一つの積分器の活動が閾値を超えると、意思決定が行なわれ、適切な方向への眼球運動が起こる。眼

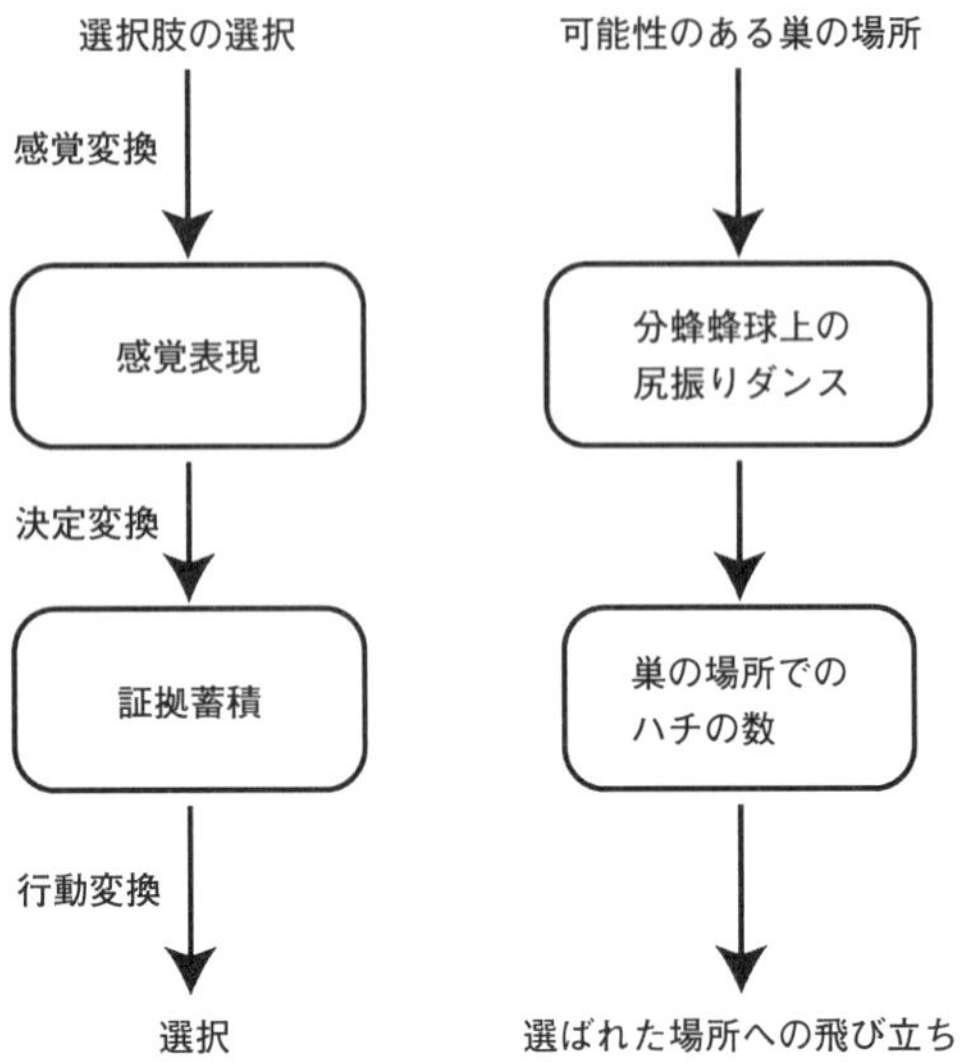

図9．3　決定の処理段階を図示した意思決定の概念的枠組み（左）と、この枠組みをミツバチ分蜂群の巣作り場所選択のメカニズムに応用したもの（右）。

球運動は、サルの決定回路の最終段階で、出力（運動）ニューロンに引き起こされる。これは前頭眼野（FEF）と脳の上丘（SC）にあるニューロンで、LIP野から入力を受ける。ここで再び、FEFとSCのニューロンには方向特異性があり、各ニューロンは一方向にだけ眼球を動かすのだ。

　スタンフォード大学の神経科学者レオ・サグルー、グレッグ・コラード、ウィリアム・ニューサムは、今検討しているような単純な知覚的意思決定の根底にある、多段階の情報処理を考えるのに役に立つ概念的枠組みを考案している（図9．3）。その枠組みは三つの段階すなわち変換からできている。第一に、感覚変換は動物の感覚器官が捉えた外界の情報を「感覚表現」に変え、情報を動物の脳内でさらに処理できるようにする。これがサルの動作検知作業でMTニューロンがやっていることだ。第二に、決定変換が感覚表現を、行動を選択するための確率に転換する。サルの脳内で、この変換はＬＩＰニューロンが実行し、視覚運動の感覚表現を「証拠蓄積」、具体的には異なる運動方向を表わす積分器の発射頻度に転換する。ある積分器集団の発射のレベルは、この集団の表わす選択肢を動物が選ぶ相対的な確率が決定する。第三に、「行動変換」は、この確率を具体的な行動に転換する。この最後の行動実行プロセスは、サルの脳内のＦＥＦとＳＣ部にあり、発射頻度が閾値レベルに達したＬＩＰニューロン集団によって活性化された、運動出力ニューロンが行なう。

面白いことに、この概念的枠組みは霊長類（ヒトを含む）の脳における意思決定の理解を助けるために考案されたのだが、ミツバチ分蜂群の意思決定プロセスを概念化する上でも役に立つのだ。どちらのタイプの意思決定システムでも、感覚単位が外界の表現をシステム内部に作り出す。また、いずれも感覚表現の情報処理は、システムに流れ込む情報（証拠）の積分器が、互いに抑制しあって競争することで行なわれる。最後に、脳でも分蜂群でも、一つの積分器で証拠の蓄積が十分に高い（閾値）レベルに達したときに意思が決定される。

分蜂群の感覚変換

分蜂群と脳の構造の共通点を検討する際に、私はよくこのように考える。分蜂群は木の枝から静かにぶら下がっているむき出しの脳であるが、周辺の山野の広い範囲に散らばる、たくさんの巣作り候補地を「見る」ことができるのだと。すでに見たように、こうした巨大な「視野」を分蜂群に持たせるのは、あらゆる方向に何キロも飛んでいき、住処として有望な場所の環境を採点する数百匹の探索バチの集団だ。探索バチが、他のハチに知らせるだけの価値のある場所を見つけると、分蜂群に戻り、群れの上で尻振りダンスをして発見を報告することを私たちは知った。また、ダンスの強さ——ダンス周回の数——が候補地の質と比例することもわかっている。要するに探索バチは分蜂群の感覚単位、つまり巣作り場所の質を、ダンス信号の強さに変換するものとして機能しているのだ。また、各探索バチは特定の場所に反応する感覚単位であることも注目に値する。ちょうど各MTニューロンが視野の狭い一部分だけを報告するように、それぞれのハチは周辺地域にある巣作り場所の一つだけを報告するからだ。やがて、数十匹の探索バチが分蜂群に戻り、ダンスをするうちに、見つかった巣作り場所候補地の位置と質について、大量の感覚情報が徐々にもたらされる（図9．4）。このダンスの披露は、候補地の状況に関する分蜂群の感覚表現と考えられる。これは、視野を横切る刺激に対してサルの感覚表現を形作る、MTニューロンの発射の形態と類似している。

探索バチが分蜂群の感覚表現を形成する方法には、注目すべきいくつかの特徴がある。その一つひとつが、意思決定システムとしての分蜂群の成功に、重要な貢献をしているのだ。

1　分蜂群の感覚器官は多数の探索バチである。数百匹の探索バチを展開させることで、分蜂群は巣作り候補地についての豊富な情報を、通常わずか二、三時間で集めることができる。分蜂群の探索バチが、どのようにして一〇カ所以上の候補地をある午後に探しだし、調べ、報告できるのか、例えば図4．6で私たちはすでに見ている。また、情報収集プロセスを多数のハチで分担することによって、分蜂群は、候補地を宣伝するダンス強度のハチごとのばらつきを平均し、情報取得の精度を高めている。

2　探索バチは感覚情報を数時間から数日で集める。知覚情報を長時間にわたって抽出し、それにもとづいて決定を行なうことは、分蜂群にとって重要である。この情報は、特に初めのうちは、時々しか

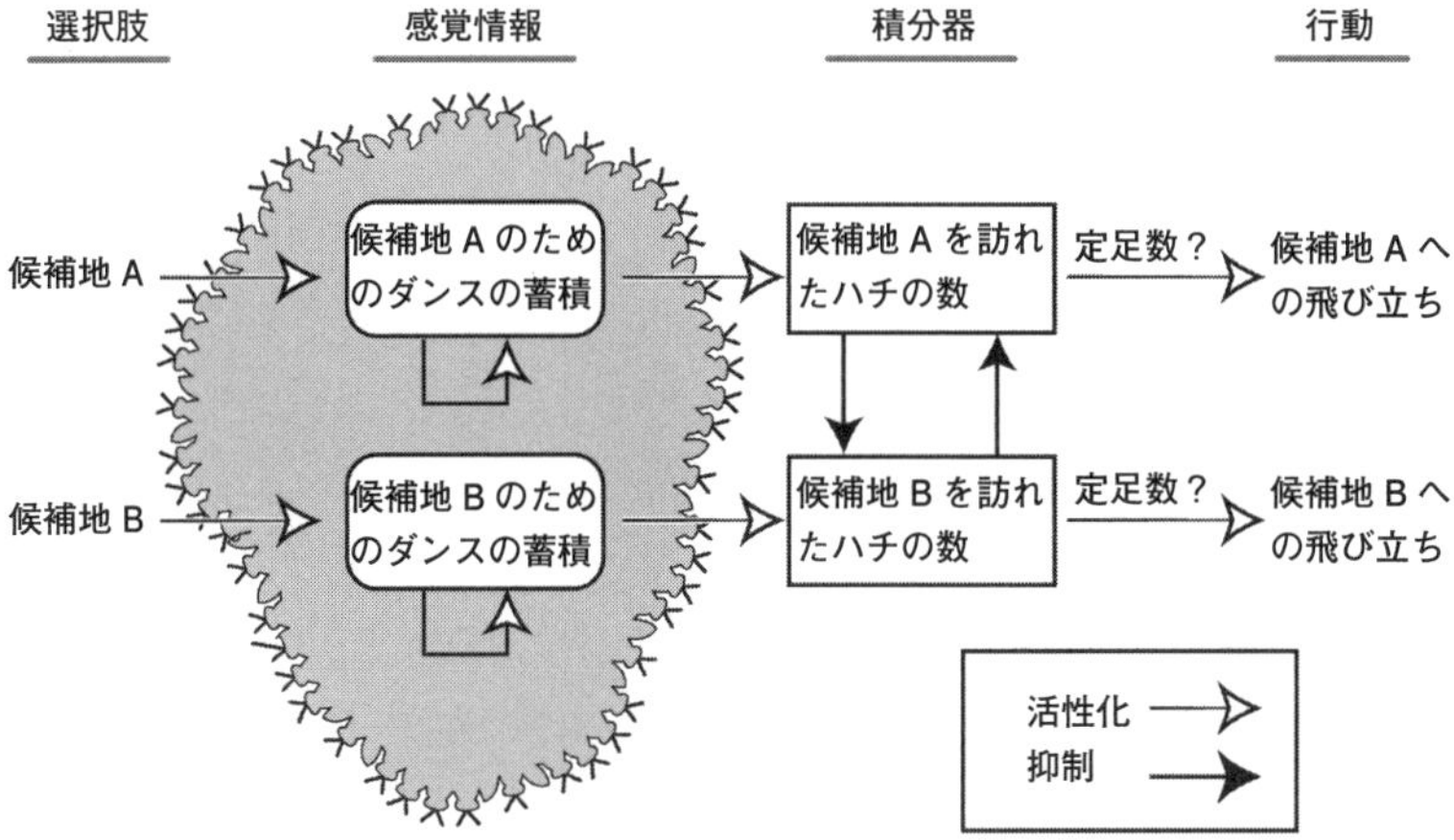

図 9. 4　候補地の質をもとに巣作り場所の選択を行なうミツバチ分蜂群の行動過程の概要。個々の探索バチ集団は、それぞれの候補地を調査し、その場所の評価を分蜂蜂球上のダンスの集積で報告する。各ダンスバチは新たなハチを、自分の場所を支持するダンスに招集するので、この報告プロセスには自己増殖（正のフィードバック）が起きる。瞬間ごとに集められたそれぞれの場所の質に関する評価は、その場所を新たに訪問するハチを活性化する。各候補地を訪れるハチの数は、数時間にわたり、瞬間ごとに集められた候補地の質の評価を積分し、それぞれの場所を比較評価する。各候補地のハチの数は相互抑制的である。一方の場所でハチの数が定足数（閾値）に達したとき、分蜂群はこの場所へと飛び立つ。

得られないからだ。すでに見たように数百匹の探索バチが同時に探しても、これはという発見をして戻ってくるハチが出るまでに数時間はかかる。またすべての選択肢の情報を受け取ったあとも、それらについての追加報告は、図6．4が示すように、たまにしか来ない。情報収集に時間をかけることで、分蜂群は各候補地について相当量の、そして信頼性の高い知覚情報を集められる。

3　**各探索バチは巣作り候補地を独自に評価する**。候補地を報告する探索バチのほとんどはそこに招集されたものだが、招集プロセスは探索バチをある場所へと向かわせるだけで、その場所を好意的に報告するように強いるものではない。各探索バチは独自に評価を下し、分蜂群に戻ったらどのくらい熱心に候補地を報告するか自分自身で決め、ダンスを行なう。この探索バチの独立性は、一匹のハチが評価を誤っても、それが見境なく模倣されて拡散・増幅することを防ぎ、分蜂群の感覚表現の中で、ある候補地を支持するダンスの総量が、その候補地の質を正確に表わすようにする役割を果たす。

4　**候補地の報告をする探索バチは、さらに他の探索バチを招集する**。探索バチによる招集は、ある候補地を報告するハチの数に正のフィードバックを引き起こす。招集されたハチが招集する側に回るためだ。これは、ある特定の候補地を代表する知覚情報が自己増幅しうることを意味する。それぞれの探索バチのダンス強度は、自分の候補地の質に左右されるので、正のフィードバック（増幅）はより質の高い候補地ほど顕著であり、やがてよりよい候補地が分蜂群上で見られるダンスを独占していく。こうして時間とともに、分蜂群の感覚入力、つまり注意が、優秀な候補地に集中するようになるのだ（図4．1、4．2、4．5、4．6参照）。

5　**探索バチは時間とともにダンスによる反応を弱める**。巣作り候補地の質は普通変わらないが、探索バチが報告のために行なうダンスは、時間がたつにつれてだんだんと弱まっていく（図6．8、6．9、

6.10参照)。このダンス反応の弱まりは、分蜂群の感覚表現から、劣った候補地の情報を徐々に排除する。このような排除が起きるのは、弱いダンスで劣った候補地を報告する探索バチは、後を引き継ぐハチを招集しにくいため、劣った候補地の弱々しい報告は消えていくからだ。こうしてダンス反応の弱まりは、分蜂群が時間の経過につれて、良好な候補地にますます注意を集中していくことにも貢献する。

6　探索バチは探索と利用を状況を見て選んでいるかもしれない。これは未証明だが、探索バチは未知の（そしてより優れている可能性がある）場所を探すか、それとも既知の場所を利用するかを選んでおり、その選択は、分蜂群上のダンスの量を感知して行なわれている可能性がある。そうだとすれば、これは分蜂群が知覚情報の取り込みを調節する手段となりうる。感覚表現が十分に形成されていなければ増やし、知覚情報が十分に与えられていればそれを制限するのだ。

　これら六つの特徴は、知覚単位としての探索バチが、分蜂群の意思決定を成功に導くために持つものだが、それ以外に、意思決定の成功を妨げることがほぼ確実な特徴が二つある。第一に、多くの場合探索バチは、報告を一斉に行なわない。つまりダンスのある瞬間は、候補地の本当の質を十分に表わしていないということだ。例えば図6.4を見ると、午前一〇時から一〇時一五分にかけて分蜂群上のダンスはすべて一五リットルという中級の巣箱を、これが存在する唯一最高の選択肢であるかのように表現していることがわかる。探索バチによる報告システムの第二の欠点は、探索バチがもたらす候補地の質に関する情報にはノイズが多いことだ。図6.5は、いかなる候補地についても、探索バチが行なうダンス周回数が大きく違うことを示している。報告システムに見られるこの時間と個体によるばらつきに対処するため、分蜂群は数時間にわたる数百匹のハチの知覚情報を統合する。このきわめて重要な知覚情報の統合は、分蜂群による意思決定プロセスの次の段階で起きる。

分蜂群の決定変換

サルの脳や分蜂群による意思決定の第二段階は、決定変換である。ここでは感覚表現が、選択肢を選ぶ確率へと変換される。この第二の変換の主な機能は、ノイズの多い知覚情報を統合して、それぞれの選択肢を支持する証拠を全体としてどれだけ受け取っているか、意思決定システム（脳または分蜂群）がわかるようにすることだ。こうした証拠の総体が、様々な行動を選ぶ相対的確率を決めるのだ。

サルの脳では、MT野にあるニューロンから来る感覚情報が、LIP野のニューロンで統合される。すでに説明したように、それぞれ異なる運動方向を表現する別個のLIPニューロン集団は、対応するMTニューロンの刺激を受け、各LIPニューロン集団は時間の経過につれて受け取る入力（刺激）を集計し、受け取った入力の総量に応じて出力（発射頻度）を調節する。要するに、各LIPニューロン集団は積分器として機能して、起こりうるある方向への眼球運動を支持する証拠を蓄積し、集計した証拠の量を表示するのだ。こうして、ある方向への視覚運動が大きくなるほど、対応するMTニューロンの報告は強くなり、関連するLIPニューロンへの証拠の蓄積が早くなるほど、サルは眼球をこの方向に動かそうとする。

ミツバチ分蜂群の決定変換プロセスも、基本的にサルの脳と同様に機能する。サルの脳が眼球運動の方向に関して知覚情報の積分器を持つように、ミツバチ分蜂群は巣作り候補地の選択に関して知覚情報の積分器を持つ。巣の候補地の積分器は、その候補地を訪れるハチの数だ（図9.4）。第六章で見たように、中立の探索バチは分蜂群表面で遭遇したダンスに刺激を受けて、そのダンスが表わす候補地を訪れる。ある場所を支持するダンスは、それぞれの場所に肩入れする探索バチが分蜂群との間を行き来するたびに始まったり終わったりし、同じ場所へ行ってきた別の探索バチが、バラバラの強さでダンスをする。したがって新たに探索バチを活性化させ、いずれかの候補地に向かわせる信号の強さは、めまぐるしく変化する。しかしある候補地を訪問するハチの数は、それに先立つ数時間にその場所を宣伝するために行なわれたダンス周回の総数を反映するので、ある候補地にいるハチの数は、この場所に関するノイズ入りの知覚／ダンス情報を統合する。そして候補地が優れているほど、そこを宣伝するダンスの蓄積が大きくなり、新規参入者の流れも激しくなる。そのため、ある候補地を支持する証拠——そこを訪れるハチの数——は、最良の場所でもっとも速く蓄積される。このようにして、もっともよい候補地が選ばれる確率がもっとも高くなるのだ。

サルの脳内にある積分器の重要な設計特徴は、互いに抑制的であることだ。つまり、ある積分器に証拠が集まるにつれて、それ以外のすべてに証拠が蓄積するのを妨げるのだ。これと同じ設計特徴がミツバチ分蜂群に見られる。例えば図5．6を見ると、分蜂群の意思決定の段階で、選ばれた候補地ではハチの数が急上昇するのにともない、否決されたそれ以外の場所ではハチの数が目に見えて減っていることがわかる。これは図9．2Cに示した、異なるＬＩＰニューロンで発射頻度が上下するパターンと似ている。別の候補地にいるミツバチ集団同士の相互抑制は、限られた数の中立の探索バチをめぐる争奪戦の結果によるものだ。ある場所に招集される中立の探索バチが増えると、別の場所に勧誘できる数が少なくなる。そのため、優れた候補地を支持するダンスの強さの合計、つまりこの場所を訪問するハチの数が大きくなると、劣った候補地への招集が抑制される。やがて、質の低い場所を訪れるハチの数は減少する。第六章で論じたように、こうした場所のハチが引退して、再び中立のハチとしてプロセスに参加するとき、ダンスの蓄積が速く進んで、分蜂群上で大きなダンスの派閥を形成しているよい候補地に招集されやすい（図6．6参照）。積分器間の相互抑制は、中身が漏れて空になったところに、また補充されないようにする手段として考えられる。

実際、サルの脳とミツバチ分蜂群の積分器に共通するもう一つの設計特徴は、漏れやすいことだ。言い換えれば、どちらのシステムでも、ある積分器への証拠の蓄積は、追加の証拠が流れ込まないかぎり減少していくのだ。第六章で、「自分の」候補地を訪問・宣伝する探索バチの熱意が、くり返しその場所を訪れるうちに徐々に冷めていき（図6．4、6．8）、自分の候補地の選択を支持する証拠の蓄積から、探索バチが漏れ落ちていく様子を見た。証拠の蓄積の漏れは、霊長類の脳で行なわれる意思決定の基礎となる情報処理をモデル化するために、数理心理学者が考え出したいくつかのモデルで鍵となる特徴である（例えばロンドン大学のマリウス・アッシャーとスタンフォード大学のジェイムズ・マクレランドが考案した「漏出競合的アキュムレーター・モデル」）。これらのモデルでは、漏出によって、決定に十分な情報が得られるまでノイズの多い証拠を蓄積する時間を増やすことで、明らかによりよい意思決定を行なっている。また、状況が変わった場合、例えばより優れた選択肢が見つかったときなどに、意思決定システムは漏出によって更新することができる。言い換えれば、漏れる積分器は、システムが拙速な判断を下すのを避けるのに役立つのだ。

漏出の機能についてのこうした説明は、明らかにミツバチ分蜂群にも当てはまる。私のこの主張は、ケビン・パッシーノと共に発見した事実に基づいている。そのとき私たちは、巣作り場所選択プロセスの数学的モデルを構築することで、意思決定システムとしての分蜂群の仕組みを探求しようとしていた。私たちのモデルは、一〇〇匹の探索バチに質が異なる六つの巣作り場所がある状況を与えたときの行動をシミュレーションした。探索バチはそれぞれ、こうしたハチについてわかっている行動の規則をすべて備えていた。中立の探索バチは、新しい候補地を探すか、ダンスに追従して既知の場所に招集され、支持する候補地があるハチは、その場所を評価してダンスで宣伝し、ダンスの強さは候補地の質によって決まるなどだ。私たちはまず、自分たちのモデルの妥当性を確かめるため、例えば図5.6に示したような、現実の巣作り場所選択の事例を再現しているかどうかテストした。実際、それは見事に再現していた。それから私たちは、そのモデルを使って「疑似突然変異体」の分蜂群を作った。その分蜂群の探索バチは、自然のものと少し違う行動を取るので、探索バチの行動の規則が少し変わると、群れの意思決定能力にどのような影響があるかがわかる。例えば、私たちは探索バチのダンス減衰速度を変え、これが探索バチの意思決定の速さと正確さにどう影響するかを見た。自然界では、平均的な探索バチはダンスの強さを、分蜂群と候補地を一往復するごとに一五ダンス周回減らす（図6.9、6.10参照）。そこで、このダンス減衰速度が上がったり（一往復につき三五ダンス周回まで）、下がったり（一往復につき五ダンス周回まで）すると何が起きるかを私たちは調べた。ダンス減衰速度が変わると、積分器の漏出速度も変わる。探索バチは、候補地を支持するダンスを止めるとすぐ候補地の訪問を止める——つまり積分器から漏れる——からだ。

ダンス減衰速度を下げて、ハチが長くダンスをし、候補地から「漏れる」速度を遅くすると、モデル分蜂群はより速く、しかし精度の低い決定を下すようになることがわかった。意思決定の質が低下したのは、漏出が遅れるとすべての候補地で証拠の蓄積が加速し、もし最良の場所がたまたまあとで見つかっても、劣った場所の一つが先に証拠を閾値レベルまで蓄積していて、競争に勝ってしまうことがあるからだ。逆に漏出速度を上げると、モデル分蜂群は速さには欠けるが、より精度の高い決定を下した。なかなか決定ができなかったのは、探索バチが候補地への訪問をすぐに止めてしまうので、最良の場所の積分器でも、閾値レベルの証拠を蓄積するのに手間取ったからだ。自然の分蜂群で計測したダンス減衰/探索バチ漏出速度が、速さと精度のバランスが取れた巣作り場所選びを可能にするものであるとわかったのは、非常にうれしいことだった。

分蜂群の行動変換

意思決定の背後にある情報処理の最終段階は、すべての積分器から読み出した複数の情報から、ただ一つの反応を起こすことだ。サルの脳が眼球運動を起こす決定でも、ミツバチ分蜂群の巣作り場所選びでも、証拠の蓄積が積分器の一つで閾値レベルに達したときに反応が起きることは、これまでに明らかになっている。どちらのシステムでも、積分器の状態の分布から不連続な反応を選択するためのメカニズムは、いずれにせよ最初に閾値レベルの証拠を積分器に集めた選択肢を選択するだけのものだ。これは普通、よい決定を生み出す。各選択肢の積分器にある証拠の相対的レベルは、選択肢の相対的な強度や質を反映しているのが普通だからだ。例えばすでに見たように、巣作り場所候補地が優れているほど、報告のために行なわれるダンスは強くなり、その場所には探索バチが早く集まる。さらに、各選択肢に対する感覚入力の自己増幅(招集されたハチが招集バチになるというような)と、積分器官の相互抑制(中立のハチの争奪戦による)は、もっともよい候補地が証拠を確実に臨界値まで蓄積し、よくあるように最高の候補が遅れて競争に参入した場合も、必ず競争に勝つようにする役割を果たす(図4.6、5.6)。

第七章ですでに見たように、ミツバチ分蜂群の意思決定システムは、定足数を感知して、選択肢の一つが閾値レベルの証拠を蓄積したことを知る。つまり、各候補地の探索バチは何らかの方法で、その場所に何匹の仲間がいるかを監視し、行動を起こすのに必要な閾値（定足数）が集まったときを察知するのだ。また、選ばれた候補地の探索バチが定足数を感知すると、分蜂群に戻って探索バチ以外のハチに飛行筋のウォーミングアップを促す、働きバチの笛鳴らし信号を発し、分蜂群を刺激して行動の準備をさせることも見た。働きバチの笛鳴らし信号には、支持を失いつつある候補地をまだ宣伝している探索バチに、それをあきらめることを促す作用もあるようだ。このように、探索バチ以外のハチが飛行の準備をしている間、探索バチは合意をまとめている。それがなければ分蜂群の飛行中、混乱した誘導信号が出されてしまうからだ。やがて、分蜂蜂球にいるハチすべての飛行筋が、いつでも飛び立てる三五℃以上に温まると、笛鳴らし信号で群れに飛行を促した探索バチは、ブンブン走行信号で飛び立つきっかけを作る（図7．13参照）。最後に、選択した場所への道を知っている探索バチが、選択された行動方針に沿って分蜂群を誘導する。

この意思決定システムの設計で重大な要素は、定足数の規模である。なぜならそれが、分蜂群が新居を選ぶ速さと正確さに大きく影響することがわかったからだ。この事実は、私とケビン・パッシーノが、ハチの巣作り場所選択プロセスの数学的モデルで、定足数を上げたり下げたりしていたときに明らかになった。標準の値――巣作り場所の外側に一度に一五匹ほど――から数字を低く調節すると、分蜂群は素早く決定を下すが、間違いを犯しやすくなり、高く調節すると、遅いが少し精度の高い決定をすることがわかったのだ。したがってミツバチは通常、分蜂群がきわめて迅速な決定よりも、非常に精度の高い決定を間違いなく下せる定足数で動いているように思われる。これは理にかなっている。分蜂群は巣の場所という生死に関わる選択を一発勝負でしなければならず、そのためには急がず慎重になるべきだからだ。また分蜂群を新居に案内するには、選択した候補地を訪問している探索バチが相当数必要であることも、定足数を高めるほうに作用しているのかもしれない。緊急時にはミツバチが定足数を減らす可能性も、確かに存在する。例えば天候が悪化したときや群れが飢え始めたときだ。そうすることで生命の危機に瀕した分蜂群は、それ以上遅らせることなく何とか雨風をしのぐ場所を得られるだろう。だが、この可能性が現実のものであるかどうかは、今後の研究課題である。

最適設計の収斂点？

三〇年前、その著書『ゲーデル、エッシャー、バッハ——あるいは不思議の環』（野崎昭弘、柳瀬尚紀、はやしはじめ訳、白揚社）の中で、コンピューター科学者のダグラス・ホフスタッターは「アリのコロニーは多くの点で脳と変わるところがない」という魅力的な考えを述べた。どちらのシステムでも、高い水準の知性が「愚かな」存在の集団から発生することを、ホフスタッターは指摘している。この本が出版された当時、社会の意思決定システムと神経の意思決定システムの共通点は、例えば、いずれのシステムも、外界に関する情報を構成要素の活動パターンに記号化していることなどから、おぼろげにわかるだけだった。今では昆虫社会と霊長類の脳の意思決定メカニズムについて、はるかに多くのことがわかっており、過去三〇年間の蓄積は、ホフスタッターの考えをはっきりと裏付けている——進化はアリ（またはハチ）のコロニーや霊長類の脳に、基本的に類似する情報処理方法を用いた知力を作りあげたのだ。

最近になって、霊長類の脳とミツバチ分蜂群は、行動を選択するにあたって同じ根本的な問題に直面

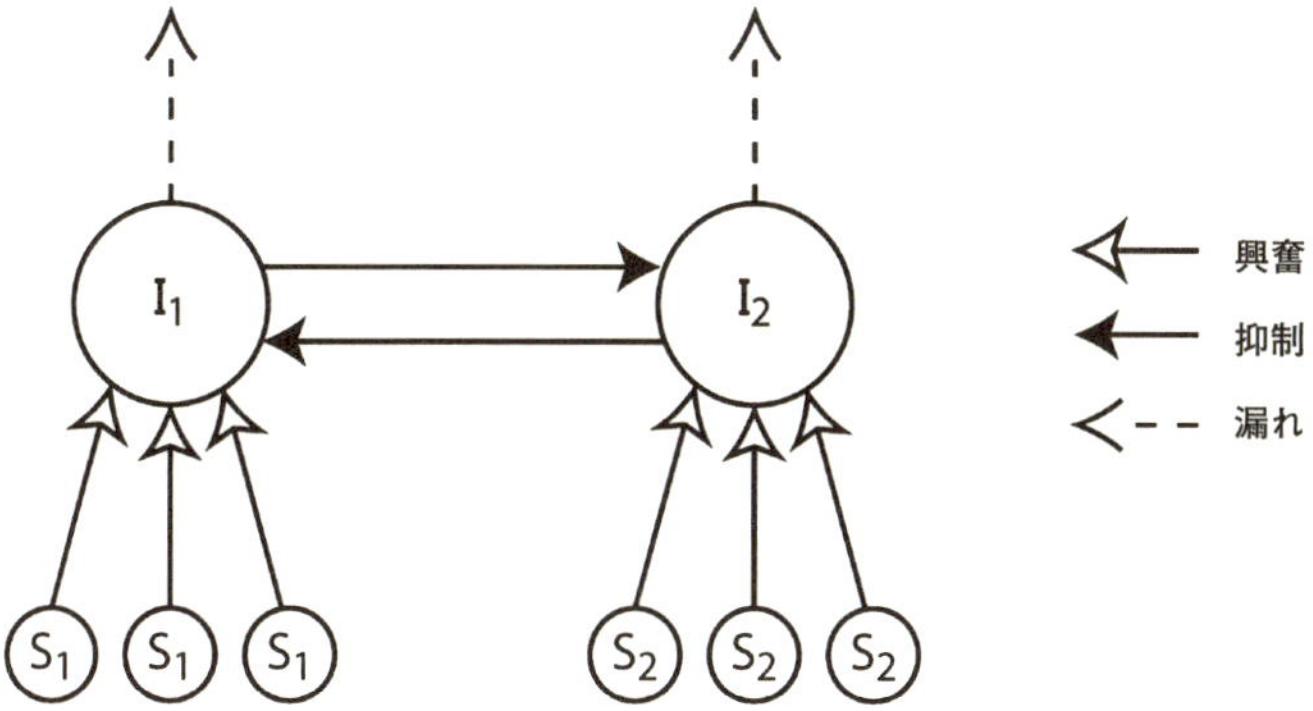

図９．５　霊長類の脳とミツバチ分蜂群での意思決定モデル。いずれの場合もニューロンやハチの数が、選択肢を選ぶための証拠の蓄積を表わす。これらの数（I1 および I2）は、感覚器（S_1 および S_2）から来るノイズのある入力を積分し、徐々に蓄積した証拠を漏らす。それぞれの数は、その活動レベル（ニューロン）あるいは規模（ハチ）に比例してもう一方を抑制する。

することがわかった。それは、ノイズの多い情報を基に選択をしなければならず、しかもその情報は、多数の構成要素に散らばり、その一つとして選択肢の全体像を得ることがないというものだ。また、すでに見たように、両者が行き着いた解決策は、図9．5に示すような構造を持つ情報処理システムである。この構造は五つの重要な要素からできている。

1．感覚単位群（S^i）は、選択肢についての入力を与える。各感覚器は一つの選択肢だけを（ノイズ込みで）報告し、感覚器の入力の強さは選択肢の質に比例する。

2．積分器群（I^i）は、感覚器の情報を時間の経過とともに感覚器全体にわたって積分する。各積分器は一つの選択肢を支持する証拠だけを蓄積する。

3．積分器群間の相互抑制により、ある積分器で証拠が増加すると、他の積分器ではより強い力で証拠の増加が抑えられる。

4．積分器の漏れにより、ある積分器で証拠が増加するためには、その選択肢を支持する感覚的証拠の入力が続くことが必要である。

5．積分器による閾値の検知により、ある選択肢の積分器が最初に閾値レベルの証拠を蓄積すると、その選択肢に決定する。

ニューロンやハチからなる（そしてアリもそうだ。アリの一種 *Temnothorax albipennis* の家探しにおける集団意思決定についてのすばらしい研究は、独立した進化の起源を持ちながら、ここでミツバチについて述べたものと、きわめてよく似た情報処理方式について明らかにしている）意思決定システムの、この驚くべき収斂を引き起こしたものは何だろうか？　このように著しい類似が存在する理由として可能性が高いのは、この構造が確実に、効率よく、そしておそらく最適な意思決定を実現する手段であるというものだ。図9．5に示した方式が、二つの選択肢から選ぶための統計的に最適な戦略となることは、数学的に証明されている。これは逐次確率比検定（ＳＰＲＴ）といい、一定の誤り率を達成するために、新しい証拠の積分を止める時期を特定する。考えられるあらゆる検定の中で、これは要求された決定の精度を得るための時間を、もっとも短くできるものだ。言い換えればこの検定は、決定の精度と速度の最適な交換を達成するのだ。

最近、英国ブリストル大学のコンピューター科学者ジェームズ・マーシャルらが、二つの巣作り候補地から一方を選ぶという単純な状況で、ミツバチ分蜂群はどのように最適決定を行なうかを調査した。二つの証拠の集計同士が競争すると、一方の選択肢にプラスとなる証拠は他方のマイナスと見なすことができるので、実質的にただ一つの集計として証拠を蓄積することができると、彼らは指摘した。これは、時間の経過につれて意思決定システムが二つの選択肢についての証拠を獲得すると、どの時点においても一方の選択肢だけが、ゼロレベルでない有利な証拠を蓄積することになるということだ。言い換

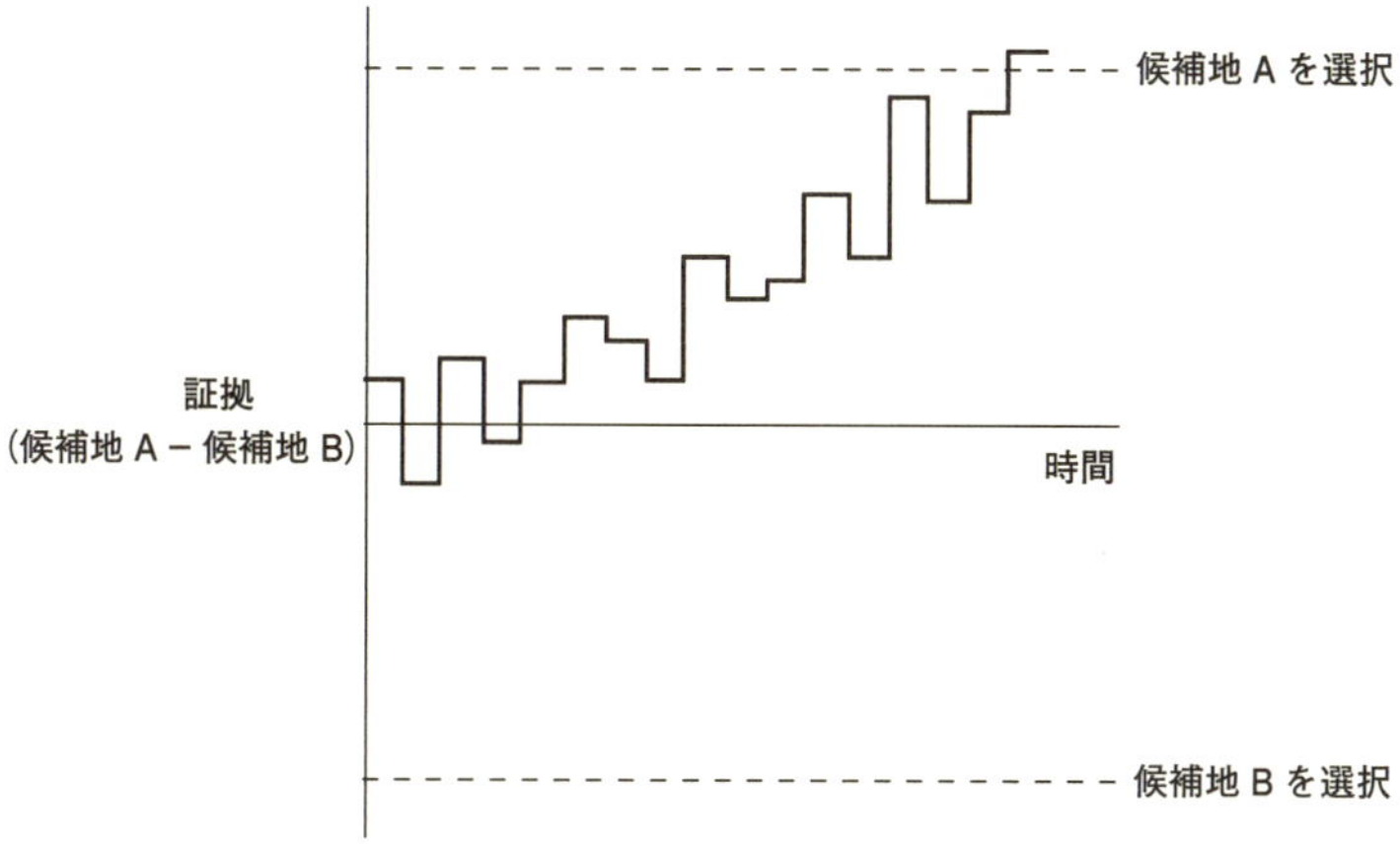

図 9. 6　2 つの候補地に関する証拠が 1 つの総体として蓄積されるランダムウォーク・モデル。候補地 A を支持する証拠が総体を増やし、候補地 B を支持する証拠が総体を減らす。一方の候補地を支持する証拠の純増が閾値レベルを超えたとき、選択が行なわれる。

えれば、証拠の蓄積は時系列に沿った不規則な歩み（ランダムウォーク）であり、プラスの方向へ進めば一方の選択肢を支持する証拠の増加を、マイナスの方向へ進むともう一方を支持する証拠の増加を表わすと考えることができるのだ（図9．6）。証拠の線の上または下向き傾向は、線がよりよい選択肢へと動いていることを意味し、線のジグザグは入ってきた証拠のノイズの多さや不確かさを表わす。このランダムウォークつまり意思決定の拡散モデルは、統計的に最適なＳＰＲＴを実行するということになる。

分蜂群が二つの巣作り候補地から選択する場合、二つの積分器――候補地を訪れる二グループの探索バチ――の間に強い相互抑制が存在することで、一方の候補地を支持する証拠が、もう一方に対抗する証拠となりうる。しかし強い相互抑制があると考えられるのは、分蜂群に中立のハチがほとんどおらず、一方の候補地の支持者が増えるときは、常にもう一方の支持者を奪うときだけだ。このような、あるいは少なくともそれに近い状況は、意思決定プロセスのかなりあとで、ほとんどの探索バチがプロセスに参加して、候補地を支持するようにならないと発生しにくい。またこの時期には、魅力に乏しい場所の多くは競争から排除されており、新しい場所が見つかることもめったにない。そのようなわけで、SPRTによりモデル化された最適な意思決定は、分蜂群の意思決定プロセスの終わり頃にならなければ起きないかもしれないのだが、これこそが意思決定に最高の能力が必要とされるときだろう。終わり近くともなれば、比較的質の高い場所が二、三カ所しか検討対象として残っていないだろうから、どれが最良の場所か決めるのが難しくなるからだ。二者選択の状況で、すべての探索バチが最終的にいずれかの候補地を支持するようになるのが普通なのか、その結果、二つの候補地間での意思決定が最適に進行すると考えられるのかどうか、明らかに今後の研究が必要である。

もちろん、自然界では、意思決定が単純な二者選択の状況に直面して、SPRTが明確な最適条件になるようなことは、めったにない。これまで見てきたように、ほとんどのミツバチ分蜂群が一〇カ所を越える巣作り候補地から選ぶ状況にあり、分蜂群の討議が終わり近くなっても、たいてい三つ以上の場所が閾値レベルの証拠を得ようと争っている。それでも、いくつか際だって優れたものがありさえすれば、SPRTは数個の選択肢がある状況でも依然有効なので、霊長類の脳とミツバチ分蜂群が、同じ基本的な意思決定方法を独自に進化させたというのはありうることだ。それこそが、最適意思決定にきわめて近いものをもたらすからだ。もしこの直感が正しいとすれば、物理的な形がまったく違う二つの「思考機械」――ニューロンでできた脳とハチからなる分蜂群――の適応設計に、驚くべき収斂を私たちは見ていることになる。

第一〇章　分蜂群の知恵

……蜜蜂とても同じこと、
彼らは自然の法則に従って、
人間社会に秩序ある行動とは何かを教えてくれます。

――ウィリアム・シェイクスピア『ヘンリー五世』一五九九年（小田島雄志訳　白水社）

メンバーの知識と知能を効果的にまとめあげ、適切な集団的選択が行なわれるような意思決定グループをどのように組み立てるかという点で、私たち人類がミツバチから学ぶことができるものは何かを考えてみよう。これは重要な問題だ。人間社会は、重大な決定を下すことにかけては個人よりも集団のほうが頼りになると信じているからだ。だから陪審団が、評議員会が、有識者会議があり、合衆国最高裁判所には裁判官が九人いるのだ。しかし誰もが知っているように、集団はいつも賢い判断をするとは限らない。集団がうまく組織されておらず、したがってメンバー同士の面と向かった討論が、幅広い情報と熟慮にもとづく集団的推論に至らなければ、その集団は意思決定機関として機能不全に陥りやすい。そうなると、その集団が下した判断は、関係する社会に大失敗を引き起こしかねない。幸い、家探しをするミツバチが、優れた集団意思決定をするにはどうすればいいかという難問への見事な解答を、私たちに示してくれる。この解決策は何百万年にもおよぶ（漸新世の化石から、少なくとも三〇〇〇万年前にはミツバチは存在していたことがわかっている）自然選択によって磨かれており、集合知を実現するための方法として長い時間をかけて実証済みであることは確かだ。

もちろん、昆虫に経営指南を求めるといっても限度があり、そのやり方をやみくもに真似ればいいというものではない。それでもミツバチは、効果的な集団意思決定の原則をいくつか示しており、それらを実行すればヒト集団による意思決定の信頼性を引き上げられると、私は主張したい。この主張の後半は単なる仮説ではない。なぜなら私はすでに、ミツバチから学んだことをヒトに、特にコーネル大学の同僚たちに応用しているからだ。二〇〇五年、ハチの意思決定プロセスの形態がちょうどはっきりしはじめたころ、私は神経生物学・行動学科の学科長に就任した。なかば楽しみのために、なかば実験として、私は探索バチが巣を選ぶときのやり方を、同僚の教授たちと月に一度行なう教授会の議論の進め方に一部取り入れることにした。分蜂バチとは違い、私たちは生死に関わる決定を迫られているわけではないが、難しい決定をしなければならないのは確かだ。すなわち採用、昇進、その他、整然と組織された私たちの学界に長期的影響を及ぼす事項についての選択だ。同僚が自分たちの集団意思決定を本当のところどう考えているかは、知らぬが花かもしれないが、たとえ物事が各自の思い通りに必ずしも行かなかったにしても、これまでに下した難しい決定に彼らが満足していると、私は思っている。そして、見たところ彼らが満足しているのは、私たちの決定が開かれた公平な議論に基づいていることの表われだと思いたい。いずれにしても、私がミツバチから学んだ「効率的な集団の五つの習慣」を、どのように大学での業務に取り入れようとしたか、これから説明しよう。

ハチから学んだことが人間にも当てはめられるという私の立場をさらに裏付けるために、ミツバチ分蜂群とニューイングランドのタウンミーティングに、優れた決定を生み出すように組織されたという点で、興味深い類似が見られることを検討したい。なぜニューイングランドのタウンミーティングを比較対象にするのかと言えば、この独特の形式を持つ小さな町の地方自治は、三世紀以上にわたって存在し、人類の民主主義の世界一信頼できる形態と言えるからだ。これが分蜂バチとあまり違わない集団意思決定プロセスを用いているのだ。年に一度のタウンミーティングの日――昔から三月の第一月曜日の翌火曜日――に町民は、開かれた、互いの顔の見える集会に参加し、町の住民全員の行動を支配する拘束力を持った集団的決定（法律）を提出する。タウンミーティングはミツバチ分蜂群がそうであるように、和気藹々とした雰囲気と個人の活力とが入り交じった、興味深いものだ。民主主義の形態として実証されたこれら二つの内部構造に、興味の尽きない類似があることがわかるだろう。分蜂群でうまくいくものがタウンミーティングでもうまくいくことは、単なる偶然とは私には思えない。

教訓一 意思決定集団は、利害が一致し、互いに敬意を抱く個人で構成する

意思決定集団のメンバーが生産的に共同作業をするためには、協力的で団結した集団を作れるように、かなりの部分で利害が一致していなければならない。また、互いの提案について建設的に議論し、他人の見解を検討し、相手の考えを批判的に評価する際に、自尊心を傷つけたり怒らせたりすることを避けるために、集団のメンバーが互いに相当な敬意を持っていることも有益だ。間違いなく、気むずかし屋が衝突しあっている意思決定集団には、効率よく機能するために必要な意欲と人間関係がありそうにない。

家探しをするハチは、メンバーが一致した利益を持ち、互いに敬意を抱く集団の好例である。ミツバチコロニー内の働きバチの遺伝的成功は、コロニー全体の運命に左右されることを、生物学者は理解している。コロニー全体の生存と繁殖なくして、個々のハチの成功はないのだ。さらに、働きバチには繁殖能力がほとんどないので、自分たちの遺伝子をある共通の経路で伝えていることもわかっている。つまり母女王から生まれた生殖能力を持つ子孫である。生殖能力を持つ子孫――春に発生する女王と雄バチ――はコロニーの遺伝子の不偏標本を持っているので、コロニーは働きバチの遺伝子をきわめて公平に伝える。つまり、働きバチはコロニーの繁栄を必要とすることで一致しており、また、コロニーが繁栄すれば働きバチの遺伝子はほぼ一切の偏りなく未来に受け渡されるので、ミツバチコロニーの働きバチが共通の利益のために熱心に協力することに不思議はない。

コミュニティ内のヒトが、分蜂群のハチのように、単一の目的を共にしていることはめったにないので、団結して対処すべき問題に取り組むとき、ミツバチほどには協力しようとしない。それでも、団結

しようとするためにできることもある。一つは、集団の指導者がメンバーに対し、集団の繁栄にみんなが関係しているのだと、最初に気づかせることだ。バーモント州ブラッドフォードの年次タウンミーティングの始まりを例に取ろう。議長のラリー・コフィン（この役目を三八年間務めており、おそらく州内の誰よりも自分の仕事を熟知している）は、ミーティングを昔からのやり方で始める。「これから行なおうとしている民主主義の訓練に敬意を表して」しばしの沈黙を求めるのだ。こうすることで議場にいる者すべてに、自分たちが集まっているのは、自らのコミュニティのために決定を下し法案を通すためだということを、穏やかに気づかせる。同様に、コーネル大学の私の学科では月に一度の教授会を始めるにあたり、私はたいてい、私たちが何より優先すべき目標は、学科の力を高め、ひいては私たち全員の利益になるように決定を下すことだと、各自に思い出させるための発言を行なう。

意思決定作業を任されたヒト集団が良好な人間関係をはぐくむもう一つの方法は、正真正銘の理性的な人々、他人を尊重し、建設的な発言をすると同時に、隠れた問題点を指摘し活発な議論に参加できる人々をそろえることだ。しかし、たいてい意思決定集団のメンバーは選べない。だが作業グループの人間構成がいじれなくても、行動基準や議事進行方法によって士気を高めることはできる。前述のラリー・コフィンは、年次タウンミーティング開始時に、論評や意見は他の市民ではなく、議長である自分に向けて述べるように全員に念を押す。これは感情的になるのを抑え、議論を進行させるのに役立つ。同じように私の学科の教授会でも、反対意見が不必要に繰り返されているのがわかると、私は議論の妨げになる発言を穏やかにさえぎることがある。また、過熱した二人の教授会メンバーのやり取りを冷ますため、個人的な口論から私がそれとなく軌道修正しなければならなかったことも二度あった。こうしたできごとがあると、ダンスバチ同士では関係の悪化が驚くほどないことを、改めて思い知らされる。

教訓二 リーダーが集団の考えに及ぼす影響をできるだけ小さくする

分蜂バチの意思決定プロセスでもっとも印象的な特徴の一つが、それが完璧に民主的な試みであること、権力が分蜂群の探索バチすべてに平等に分散していることだ。言い換えれば、分蜂バチは、さまざまな情報源からの情報をまとめ、他のハチに何をするか命令するリーダーなしで新しい巣を選ぶのだ。もっとも大切な女王バチですら、確かに分蜂群の遺伝的な要ではあるのだが、傍観者にすぎない。それどころか本書でこれまでに挙げた多くの実験が示すように、女王は狭い部屋（周囲を分蜂蜂球が囲っている）に閉じこめられており、物理的に探索バチの討論から隔てられている。それでも分蜂群は新しい巣を巧みに選ぶのだ。リーダーなしに機能することで、探索バチはよい集団意思決定を脅かすもっとも大きな要因の一つ、独裁的な指導者をうまく避けているのだ。そのような個体の存在は、問題解決のための多様な可能性を見いだし、その可能性を厳しく評価し、もっともよいものをより分けるという集団全体の力を削いでしまう。

ミツバチ分蜂群とは違い、ほとんどのヒト集団にはリーダーがいる。そこで、集団の十分な思考を促すために、意思決定機関のリーダーはどう振る舞うべきかが、まず検討されるべき問題である。私の考える答えは、集団のリーダーはできる限り公平に行動し、意思決定プロセスの結果に及ぼす影響をできるだけ小さくすべきだというものだ。そうして初めて、集団的選択の力を十分に生かすことができる。つまり討議の初めにおいては、リーダーはその発言を、問題の範囲、解決のために使える資源、手順の規則といった中立的な情報に関するものにとどめるべきだということだ。同様にリーダーは、自分が採用を望む解決策を主張することを控え、新鮮なアイディアが出ることを歓迎すべきである。押しつけがましい上司としてではなく、公平な立場で情報を求める者としての役割を果たすことで、リーダーは自由に質問ができる雰囲気を作り出し、可能性のある選択肢を幅広く集めるために、集団が持てる知識すべてを利用できるようにする。リーダーが主導する会議にしないだけでなく、リーダーは、それが自分に対して批判的なものであっても、疑問や異議の表明を奨励すべきだ。こうすることで、集団が選択肢を徹底的に評価するために必要な、自由で慎重な議論が促されるのだ。

リーダーが討論の初めからひいきをしたり、議論が特定の方向に進まないことに不満を表わしたりすると、集団意思決定を誤らせることになりやすい。いずれにしてもこのようなリーダーシップの問題点は、メンバーが意識的にせよ無意識にせよリーダーを喜ばせようとするため、集団が早すぎる合意をしかねないことだ。この現象の一例が、ジョージ・W・ブッシュ大統領とその外交政策チームによる二〇〇三年のイラク侵攻の決定である。当時の大統領報道官、スコット・マクレランが言うように、ブッシュ式リーダーシップは強引だった。ブッシュは外交政策補佐官に対して、サダム・フセインは大量破壊兵器を保有する世界の除け者であり、それゆえ排除すべきだという信念を告げた。国家安全保障問題担当補佐官コンドリーザ・ライスを初めとするブッシュの外交政策補佐官らは、大統領を喜ばせようとして、その考えに忠実に従ったようだ。彼らは大統領の考えに異議を唱えることも、他の方針を選択する可能性について議論することも、開戦した結果どうなるかを深く追究することもほとんどなかった。ひと言で言えば、集団的知性を使う機会を逸したのだ。今では、イラク侵攻の拙速な判断は、主にジョージ・W・ブッシュただ一人の直感に基づいていたことがわかっている。

バーモント州ブラッドフォードで四〇年近くタウンミーティングの議長を務めてきたラリー・コフィンは、公平なリーダーは集合知の発揮を集団に促すことができることを、私たちに教えてくれる。議長は町の年次集会の進行に独占的な権限を持つが、町民の意思が最優先であることを常に忘れてはならない。コフィンは、町民の意思に影響を及ぼさないための一つの方法として、公開された議題にある質問、あるいは協議事項についての話し合いを次のように始める。協議事項――例えばブラッドフォードの町は価格が三〇万六〇〇〇ドルを超えない消防車を購入するか――を読み上げたあと、コフィンは出席者に尋ねる。「どう思われますか?」。すぐに一人の町民が手を挙げ、コフィンは発言を認める。この協議事項に関する開かれた討論のプロセスはこうして続けられる。

ニューイングランドのタウンミーティングでは、すべての有権者が発言を許可され、相対する意見の競争が公正に行なわれ、集団の意思決定が適切な時期に行なわれるようにする責任を議長は負う。この責務を果たすために、議長は個人的な権威に頼るのではなく、『ロバート議事規則』に依拠するように指導されている。『ロバート議事規則』とはアメリカ陸軍の工兵少佐だったヘンリー・M・ロバートが、「会議における公平で秩序ある手順の手引き」として一八七六年に出版したものだ。町会の議長がこの規則に従い、謙虚に振る舞うなら、町民の一般意思は取り組む問題の一つひとつに表われるだろう。

教訓三　多様な解答を探る

問題の構造が考えられる解答を規定することもある。ドアを開けるためには、選択肢は押すか引くかしかないとわかりきっている。しかし、どのような選択肢がありうるか、はっきりと規定されないこともある。その場合、必然的に問題解決の第一歩は、その中に一つ優れたものがあることを期待して、考えうる解答を数多く見つけだすことだ。これこそ、民主的な集団が独裁的な個人をはるかにしのぎうる点なのだ。集団が選択肢を探す能力は、一個人の力に勝る。これは特に、集団のメンバーの数が多く、多様で、自立している場合に当てはまる。多くの個人が、問題に対する独自の知識を持ち寄り、考えられる解答を個別に探れば、誰かがまったく新しい選択肢を思いつき、それがまさしく求めていたものである可能性は高くなる。

大規模で多様性に富む調査委員会のメンバーが、独自に探索を行なえば効果が高いことを、調査委員会が効果的であることを、ハチの家探しははっきりと証明している。これまでに見たように、分蜂群は数百匹の探索バチを、野営場所から五キロメートル以上の範囲にわたって送り出し、巣作り場所の候補地を捜索する。勇猛果敢な探索バチは、それぞれ単独で、木の幹や露岩を勤勉に探りまわり、適度な広さがあり堅固に守られた巣穴に通じているかもしれない、小さな暗い口を探す。巣の候補地を発見するたびに、探索バチはそれを詳しく調べ、受け入れられるようであれば分蜂群に戻って、その発見を尻振りダンスで自由に報告する。こうすることで、選択肢がさらに詳細な検討のために議題に上るわけだ。それはあたかも、新しい候補地のことを知らせる探索バチが仲間にこう言っているかのようだ。「ここが使えるかどうか考えてみよう。場所は太陽の右（あるいは左）〇〇度、距離××メートル」。探索バチの分担された偵察プロセスは、多くの場合数時間から数日続くので、分蜂群は一般に一〇から二〇カ所、あるいはさらに多くの候補地を見つけるのも驚くには当たらない。明らかに、ミツバチ分蜂群の家探しプロセスは、考えられるあらゆる選択肢に開かれており、このためミツバチは手に入る最高の居住空間を選ぶ上で有利なスタートを切ることができる。

ひるがえって私たち人間は、意思決定集団が複雑な問題に直面したとき、同様に幅広い選択肢から選べるようにするためには、どうしたらいいだろうか？ ハチのやり方から考えて、私は四つのことを提言したい。第一に、集団を確実に目前の課題に見合った大きさにすること。第二に、集団を多様なバックグラウンドと視点を持つ人々で構成すること。第三に、集団のメンバーが独自に調査を行なうことを奨励すること。第四に、集団のメンバーが解決策を気軽に提案できる社会的環境を創り出すことだ。集団がこの四つの提言をすべて実行すれば、選択肢の徹底した検討が成し遂げられるだろう。

集団が解決の選択肢を探る上で、この四つの要素すべてを実現することはなかなかできないが、その一部を改善するだけでも役に立つだろう。例えば、コーネル大学の私の学科で教授会を組織するにあたって、私はその規模や構成員をいじれない。しかし、考えられる解答に対して創造的思考を働かせるように促すことはできるし、それを集団に報告するように奨励することもできる。新しいアイディアを促すために、私は会議のかなり前から同僚に問題を示しておく。このようにすれば、各自が会議に先立って個人的に問題に取り組むことができる。また誰もが自分のアイディアを進んで提出できるように、会議の初めに私は、まず様々な案をテーブルに載せることから問題への取り組みを始めることを示す。同僚たちは常によき「探索バチ」であり、ほとんどは自分の知識を共有することについてダンスバチ同様遠慮がないので、このブレインストーミングはすぐに豊富な提案を生み出す。しかし、考えられる選択肢をすべて確実に見るため、まだ発言していない人に対して私は、何か付け加えることはないか質問する。たいてい、黙っていた人は思慮に富む提案を挙げ、選択肢のリストの幅を広げてくれる。

意思決定集団に多様な知識を与えることの大切さを考える上で注目すべきなのが、ニューイングランドのタウンミーティングに厳密な議事進行の規則を定めている『ロバート議事規則』である。そこにはタウンミーティングのすべての参加者が、各問題について必ず発言の機会を得られるようにするための、絶妙な規則がある。それはある問題について、希望者全員が一度は発言の機会を与えられるまで、一人一回しか発言してはならないというものだ。議長がこの規則を厳密に適用していれば、誰も議論を支配することができない。これにより明らかに討論の公平性は高まる。また、この規則によってタウンミーティングの意思決定に、参加者の知る事実や持っている意見が、すべて確実に役立てられるので、討論の効果が高まる作用もある。ヘンリー・M・ロバート少佐は、共同体が討論によって、そのメンバーの集合知を存分に引き出すことの重要性を理解していたようである。

教訓四　集団の知識を議論を通じてまとめる

民主的な意思決定を行なう集団にとって最大の課題は、多くのメンバーの知識と意見を、どのように集団全体として一つの選択に変えるかだろう。実際これは、社会哲学者や政治学者が何世紀もの間挑んできた問題なのだ。我々人類は、選択肢のリストの中から一つを選び出すために、様々な投票方法を編み出してきた。絶対多数決、比較多数決、加重投票制度などがそれだ。しかし、社会的選択の問題はヒトに特有のものではない。他の多くの種でも、同じ問題が生じる。民主的集団のメンバーは、強い反対意見があるとき、どのように決定するべきか？

何百万年もの年月をかけて自然選択により形作られたミツバチの家探しのプロセスは、この疑問に対する興味深い解答となる。ミツバチの意思決定プロセスの要は、様々な選択肢（巣作り場所候補地）を支持する探索バチ集団間の激論であることを、私たちは見てきた。これらの集団は、まだどの場所も支持していない探索バチ集団から、自陣営にメンバーを引き入れようと競争する。最初に定足数の支持者を得た集団が競争に勝つ。勝った集団は探索バチの間の合意形成に移る。その結果、探索バチが分蜂群を新しい巣の場所に案内する時には、飛行計画に完全な合意ができている。

ミツバチの社会的選択システムに関してたぶんもっとも印象的なのは、優れた選択肢と劣ったものとを識別する能力だ。それにより分蜂群は、探索バチが見つけてきた十数カ所の候補地の中から、まさに最良の場所をほぼ常に選ぶことができる。分蜂群の意思決定能力に関して私がもっとも注目すべきだと思うのは、それが議論する探索バチの相互依存と独立との実に巧妙なバランスから発生することだ。

選択肢について互いに伝えあうという点に関して、探索バチは相互依存的に働く。このコミュニケーションは重要である。これこそが、理想の巣作り場所を知らせる一匹の探索バチの情報を、分蜂群内にいる数百匹の探索バチの間に浸透させるものだからだ。探索バチが「自分の」候補地を中立の探索バチに尻振りダンスで宣伝する様子を、私たちは見てきた。他の探索バチのダンスに追従する中立の探索バチは、宣伝された候補地に招集される。このような招集バチが今度はその場所を宣伝し、さらに多くの探索バチを特定の場所へと招集する。このようにして、それぞれの候補地を訪れる探索バチの数が爆発的に増える可能性——正のフィードバック——が生まれる。すでに見たように候補地が良好であるほどダンスによる宣伝も活発になるので、その場所に対する正のフィードバックも大きくなる。こうして、候補地の質に応じてダンスによる宣伝を等級づけすることで、探索バチは支持者の獲得競争を、優れた候補地に有利なように適応させる。そして優れた候補地に有利な偏りが確立されると、正のフィードバックのプロセスが最初の偏りを増幅し——富める者がますます富むように——それは次第に大きくなる。やがて中立の探索バチの供給は縮小し、探索バチの集団間の競争は激しさを増す。最終的にハチの関心は一つの候補地で急激に高まって、それ以外の場所では低下していく。ほとんど常に、最高の候補地はこのような勝者総取りの競争の中で勝利を収める。このシステムは非常にうまく機能するため、最高の場所が他より数時間遅れて見つかった場合でも、すぐに競争で優位に立つことができる。このような逆転勝ちは、探索バチの群れが極上の場所をきわめて強く宣伝し、したがってきわめて強い正のフィードバックが働くことで起きる。

コミュニケーションをする探索バチの間にある相互依存は、巣作り候補地についての様々な情報をまとめあげるための社会機構の一部として、間違いなく重要である。招集のためのコミュニケーション能力と、それが生み出す正のフィードバックにより、ハチの意思決定システムはその注意——つまり探索バチの宣伝――を一つの候補地に集中できるのだ。しかし探索バチを最良の候補地に間違いなく集中させるものは、その中にある小さいがきわめて重要な独立性である。すなわち、それぞれのハチが独自に候補地を評価し、その場所を宣伝するかどうか、するとしたらどのくらいの強さでするかを判断するのだ。たとえどれほど熱烈なダンスバチに出会おうと、自分で候補地を調べずに、他の探索バチがダンスで示した意見にやみくもに従うハチはいない。これは重要なことだ。もし探索バチがダンスの猿まねをするだけだったら、その意思決定システムは、候補地を発見した最初の探索バチの報告にあった誤りを（やはり正のフィードバックによって）壊滅的なまでに増幅しやすくなる。それは一九九〇年代末の株式市場バブルに起きたようなものになるだろう。このとき投資家は、テレコミュニケーションやハイテク企業の株を、その会社の基礎がどうなっているか自分で注意深く調べることなく、他人が買うのを見て――「社会通念」から――買った。深く考えずに暴走に加わった投資家は、実質的な価値のない企業に何千億ドルも注ぎ込み、やがて破産した。

つまり、探索バチはダンサーを猿まね的に模倣するのではなく、思慮深い模倣をするのだ。探索バチが候補地について報告するダンスをまねるのは、自分でその場所を調査して、本当に宣伝する価値があると判断してからだ。このように探索バチは、優れたアイディアを広めるためにコミュニケーションの力を役立てると同時に、劣った場所に情報カスケード（訳註：ある人の行動を他人がまね、それが連鎖反応的に拡大すること）が起きる危険を回避しているのだ。個別に候補地を評価することで、ミツバチはその注意力を賢く向けているのである。

集団全体にとってよい選択をするため、いかに集団のメンバーの知識と意見をまとめるか、ハチが示してきたことを人間はどのように利用できるだろう？　私は三つの提案をしたい。第一に、集団のメンバー間に散在する情報を統合するために、開かれた公平なアイディアの競争の力を、率直な議論という形で利用すること。第二に、討論する集団の中に良好なコミュニケーションを育成し、それが、あるメンバーが発見した貴重な情報をすみやかに他のメンバーに届ける方法であることを認識すること。第三に、集団のメンバーは他人の発言を聞くことも大切であるが、批判的に聞き、議論されている選択肢について自分自身の意見を形成し、独自に視点を定めることが大切であると認識することだ。

これら三つの原則は、ニューイングランドの町の住民には馴染みのものだろう。ミツバチが礼儀正しいが発言自由な議論を行なうように、町民も丁寧だが活発に意見を交換する。ハチが簡潔なダンスで巣作り場所の知識と意見を共有するように、町民も消防車や橋の補修や税率についての事実と所感を簡潔な陳述で提示する。そしてハチが個々の評価にもとづいて候補地への支持を（ダンスや訪問によって）表明するように、町民も個人の判断を基に協議事項への支持を（発声投票、起立投票、用紙による投票などによって）示す。ミツバチ分蜂群でもタウンミーティングでも、意思決定プロセスの要は、公に共有されているが個人として評価したアイディアの開かれた競争なのである。

コーネル大学の私の学科の教授陣は、会議で優れた結論を得るために、ミツバチの討議方法から得た教訓をどのように生かしているのか？　まず、探索バチがその激務を、巣に使えそうな場所を広く探すことから始めるように、私たちは（先に述べたように）幅広く選択肢に目配りをすることから難題への取り組みを始める。次に私たちが使うのは、探索バチが多数の個体の頭にある多様な情報を、一つの行動へと変換するのに用いるのと同じ方法、アイディアの友好的な競争だ。議論のやり取りを進めるために、私はたいていこんな風に言う。「じゃあみんな、ちょっとこのアイディアについて考えてみようか」。これはうまく行く。同僚たちは気軽に考えを出し合い、どちらかといえば無口なメンバーも、私が部屋を回って意見を述べるように促すと、話し合いに引き込まれる。このやり方の特にいいところは、個々人が別々のパズルのピースを持ち寄るようにできることだ。ある提案についてそれまで私たちが見過ごしていたことを、ある一人が指摘する。誰かが直前の発言の要点がわからないと言い、また別の誰かがわかりやすく説明する。提案の一つに懸念があると言う者があれば、他のメンバーはそれに賛否を表わし、理由を説明する。会議がうまく運べば、議論は目覚ましく進展する。

言うべきことは言い尽くされ、同僚たちが意思決定に必要な情報を持っていると感じられたら、採決する。以前は挙手で採決するのが普通だったが、現在は秘密投票を用いる。初めのうち、一部は躊躇していた。「終身在職権の決定以外で、これまでこんなことはしたことがない！」。しかし、周囲の同調圧力に影響されないそれぞれ独自の意見を知りたいのだと言うと、秘密投票による採決が、問題に対する本当の集合的判断を知る最良の方法だということを理解してもらえた。

教訓五　定足数反応を使って一貫性、正確性、スピードを確保する

民主的な集団が、集団内の全員に適用される決定をしなければならないとき、参加者の意見が一つの選択にまとまるまで、議論を邪魔せずに続けさせるのが一番だと考える向きもあるかもしれない。なるほど、ある問題に根本的な正しい解決方法があれば、誰もがこの解決策を受け入れるまで議論を続けることで実りがあるだろう。こうすれば、正確な決定が行なわれ、その決定が広く支持されるのは確実だ。しかし、みんなの利益になる唯一の解答がないこともある。この場合議論を続けても合意を得られそうにないので、激論を打ち切って採決するのが最善の策だろう。しかし最善の解答があるときでも――メンバーに共通の利益がある団体ではそうなりやすい――完全な合意に達するまで議論をするまでもないだろう。意思決定プロセスに注ぎ込む時間が増えることは通常コストを伴い、余分な議論のコストが積み重なれば、それはやがて得られる利益よりも大きくなる。

ミツバチの家探しは、意思決定集団が正確な合意形成を行ない、なおかつ時間を節約する賢明な方法を示している。その秘訣は、探索バチに定足数反応を起こさせる、つまり、選択肢の一つを支持する個体の数が閾値（定足数）を超えたとき、ハチたちの行動を急激に変化させることだ。これがどのように働くかを復習してみよう。すでに見たように、分蜂群のハチは生き延びるために正しく選択をしなければならず、生き延びるためには離ればなれになってはならない。だからハチは新しい巣の場所について正確な合意に達する必要があるのだ。また、ハチは巣の候補地を探し、どこがもっともよいか全体で討論するのに、最大で数日におよぶ大変な手間暇をかけることも見た。さらに、巣作り候補地の一つで探索バチが閾値、つまり定足数を超えると、この場所を訪問する探索バチが突然行動を変化させ、分蜂群

に戻って笛鳴らし信号を発することもわかっている。笛鳴らしは数千もの探索バチ以外のハチに飛行筋のウォーミングアップを促し、分蜂群が選択した場所へ飛行する準備をさせる。この笛鳴らしはおそらく、選択された場所以外（定足数に達さなかった場所）の探索バチに、こうした場所の宣伝と訪問をやめるように告げ、それによって探索バチの間での合意形成を早める。このように、選ばれた場所の探索バチが定足数に達することが、この場所を支持する探索バチの行動を大きく変える引き金となるため、正確な決定を保証する証拠が一つの候補地で十分に蓄積されると、ミツバチ分蜂群の意思決定システムは合意形成を加速するのだ。見事ではないか！　探索バチが急激な定足数反応を起こすことのもう一つの利点は、分蜂群にいる何千もの探索バチでないハチが、探索バチが合意に達する相当前から飛行の準備を始められることだ。そうすることで、分蜂群が揺れる木の枝に危なっかしくぶら下がっている時間が、さらに短縮されるのだ。

定足数反応は、合意を必要とするヒトの意思決定集団が、正確でできるだけ素早い合意に至るためにも役に立つ。例えば私の学科の教授会では、何とかして全会一致で議決すべき重大な決定――助教の終身在職権つき昇進を推薦するかどうかなど――があった場合、議論の間定期的に非公式投票を（秘密投票で）行ない、どの程度合意に近づいたかを見る。投票で全会一致には遠いことが確認されれば、意思統一までにさらに慎重な討論が必要であるとわかる。しかし合意に近づいていることがわかったら、少数派の立場を支持する一部のメンバーは、共同的意思決定に事実上達したこと、議論を長引かせるのは無駄であること、多数派に転向して必要な合意を形成するのが最善策であることを悟る。このように非公式投票という工夫で、意思決定集団のメンバーに、定足数反応を引き起こして合意形成を加速させるために必要な情報を与えることができるのだ。もちろん、ヒト集団では、ミツバチ分蜂群のように、個人は定足数反応を起こすときに閾値を高くして、集団の意思決定の精度を損なわないようにすべきだ。私たちの教授会ではそのようにしていると思う。正確にはわからないが、私の同僚たちは、少なくとも八〇パーセント――おおむね二〇人中一六人――が合意しているときにだけ、合意を達成するために投票を（そして意見も？）変えると私は推測している。「多から一つへ」が定足数反応で実現するのか？実現する。ただし、コミュニティの意思決定が正確になるように十分大きな定足数を使って、きわめて慎重に行なうべきだろう。

エピローグ

六〇年前、マルティン・リンダウアーは低木からあごひげのように垂れ下がったミツバチの蜂球を偶然見つけ、奇妙なことに気づいた。分蜂群の上で尻振りダンスをしている一部のハチが、煤で黒かったり、レンガの粉で赤かったり、土で灰色だったりするのだ。なぜこんなに薄汚れているのだろう？　分蜂群のほとんどのハチが茂みでじっと野営している間に、もしかしてこの汚れたダンスバチは、巣作り場所を探しているのだろうかと、リンダウアーは考えた。観察の機会とひらめきを同時に得たリンダウアーは、ミツバチ分蜂群がどのように家を探すのか、調査に乗り出した。のちに彼は、このときのことを、生涯で「もっともすばらしい経験」と表現している。

本書は、リンダウアーと、その後を継いだ科学者たちが、ハチの群れが新しい住処をうまく選ぶことのできる謎を、どのように解き明かしたかを振り返ったものだ。この決定は、数百匹の探索バチで構成される調査委員会が行なうこと、そのすべてが以前採餌バチとしての経験を持つが、明るい色の花々から暗い穴を探ることに転じたハチたちであることを、私たちは見てきた。また、こうした家探しのハチが、新しい住処の候補地を探し、ダンスによって発見を共有し、どの場所がもっともよいか長時間にわたる討論を行ない、やがて合意に至る様子を見た。必ずと言っていいほど、探索バチの集合知は手に入る選択肢から最高のものを選ぶ。そうすることで分蜂群は、外敵や気候からしっかり守られ、冬の間コロニーを温かく保つために使う蜂蜜を貯蔵する空間が十分にある巣穴を確保するのだ。

探索バチは民主的意思決定にあたって驚くべき手際を見せ、それは、共通の利害を持つ個人からなる集団が、いかにその集団を効率のよい意思決定機関として機能するように組織するかという、意義深い教訓を与えてくれることを私たちは知った。集団による良好な意思決定には三つの要件――多様な選択肢を明らかにする、その選択肢について情報を自由に述べる、最良の選択肢を選ぶために情報を集約する――があるが、このすべてを探索バチがうまくこなすことは注目に値する。

興味深いのは、探索バチはこのすべてを、リーダーによる指図なしでやるということだ。そうすることで間違いなくミツバチは、良好な集団意思決定にとっての最大の落とし穴、つまり支配的な指導者が特定の結論を主張し、集団が選択肢を幅広く、深く見ることを妨げるのを避けているのだ。しかし探索バチの中にリーダーがいないことには不利な点もある。集団の目的を示し、集団の意思決定方法を明らかにし、会議の間集団が脇道にそれないようにし、集団のメンバー間にバランスのよい話し合いを促進し、結論に達したことを確認する責任者がいないということだからだ。分蜂群の探索バチが監督者なしでもうまく協力できるのは、一つにはそれぞれのハチによい決定を下すことへの強い動機があるから、つまり分蜂群の生存が、適度な安全性と広さを持つ住処を、探索バチが見つけてくることにかかっているからだ。リーダーがいなくても探索バチがうまく働ける理由には、解決すべき問題が一つしかない（したがって目的についての混乱も、議論が主題をはずれてしまう傾向もない）ことと、神経系に手続き規則がもともと備わっている（したがって誰かが手続き規則を示したり施行したりする必要がない）こともある。このように民主的集団のリーダーは、議論の成果ではなく、プロセスを形作る役目を主に果たすのだということを、ハチの家探しは私たちに気づかせてくれる。さらに、直面する問題と決定のために使う手順について、集団のメンバーに合意ができていれば、民主的集団はリーダーがいなくても完璧に機能できるということもミツバチは教えているのだ。

意思決定のためのあらゆる集会が最初に直面する課題は、手持ちの選択肢を確認することだ。関連する可能性を、出席者がすべて明らかにするのが理想的である。巣作りができそうな場所を広範囲に探し、数十カ所の候補地を見つけることで、家探しをする探索バチは、この理想に近づくことを私たちは見てきた。ミツバチが幅広い選択肢を見つけられることは、二つの事実を反映している。第一に、通常数百匹の個体からなる大きな集団なので、住処になりそうな場所を探す上で相当な力をハチが発揮すること。第二に、探索チームは個性豊かで、周辺の山野のまったく同じ一帯を、二匹のハチが探ったりはしないことだ。例えば、一匹のハチがある方向に飛んで行き、ある丘の斜面に生える木の間で見つけた埃っぽい節穴を調べている最中、仲間の探索バチは別の様々な方向に向かい、建物のひび割れ、放棄されたキツツキの巣、その他目についたものは何でも調査する。探索バチが将来の住処を求めて探る場所の違いは、以前採餌バチとして働いていた場所の違い、「性格」の違い（あるハチは遠くまで探しに行くのを好み、あるハチは近辺で探したがるというような）、あるいはこれら二つやそれ以外の要素の複合的な違いを反映しているのかもしれない。探索バチが調査する場所の違いが、実際には何を原因とするにせよ、結果的にハチは多種多様な巣の候補地を発見する。この多様性が、少なくともその一つがハチにとって優れた住処となる可能性を高めるのだ。

選択肢をうまく見つけだすだけでなく、意思決定集団のメンバーは見つけた情報をうまく共有しなければならない。個々人がその発見を公表せず頭の中にしまっておいては、情報は役に立たず、その集団は質の低い決定を下すことになりかねない。例えば、集団の誰かがすばらしい選択肢を見つけても、他人に話さずにいたとしたら、集団はこの情報を議論に載せることができない。各自が持つ集団の意思決定に関係する情報は、すべて場に出すことが何より肝心だ。だからミツバチ分蜂群の探索バチが巣の候補地を探しだし、詳しく調べ、高い価値があると判断したら、急いで分蜂蜂球に戻り、当然自分の発見を熱心に報告する。すでに見たように、それは尻振りダンスによって行なわれ、方角、距離、発見したものの魅力度が表わされる。探索バチが自分の場所を高く評価するほどダンス周回は多く行なわれ、まだ支持を決めていない探索バチは、より多くその場所に引きつけられる。候補地を最初に見つけた探索バチは、自分の発見を特に継続して報告する傾向があることもすでに見た。おそらく（最初のうちは）自分だけが持っている情報が、確実に他のハチに伝わり、分蜂群の共有情報の集積に加えられるのに役立つのだろう。探索バチはみな、どちらかと言えば質が低い選択肢でも、自分の発見したものを遠慮なく主張することも注目に値する。ある意味でミツバチ分蜂群では、すべての意見が歓迎され尊重される。あらゆる意見を表明していいのだ。

選択肢についての情報を収集・共有した意思決定集団が次に直面する課題は、採択のために情報を集約することだ。ハチはこれを、様々な候補地を支持する探索バチの間で率直な議論を交わすという、非常に巧妙な方法で行なうことを私たちは見た。この議論は選挙さながらに機能する。複数の候補（巣作り場所）があり、候補の間で宣伝競争（尻振りダンス）があり、それぞれの候補を応援する支持者（ある場所を支持する探索バチ）がおり、中立の選挙人の集団（まだ支持する場所のない探索バチ）がいるからだ。また、それぞれの候補地の支持者が関心を失って、再び中立の選挙人集団に加わることもある。選挙の結果は、最良の場所が有利になるような強い偏りを示す。その候補地の支持者はもっとも強いダンス宣伝を生んで、もっとも速く転向者を増やすのと、最良の候補地の支持者は、中立の選挙人の立場に戻る速度がもっとも遅いからだ。最終的に、ある候補地――たいてい最高のもの――を支持するハチが完全に競争を支配し、すべての探索バチがただ一つの場所を支持する。全員一致の合意に達したのだ。

探索バチの意思決定方法は合意で終わるが、この合意に至るために、ハチは対立を最小限に抑えたりしないことは注目すべきだ。具体的に言えば、議論の中で異議を抑圧することがないのだ。さらに社会的同調への圧力もない。探索バチはそれぞれ、ある場所を支持するかどうかを他のハチたちの判断によらず、自分の評価にもとづいて独自に判断する。このようにしてハチは選択肢の情報を開かれた議論によって集約し、数百まではいかないが数十匹の自立した探索バチがくり返しくり返し評価をするうちに、もっともよい場所がその優位により勝利を収めるのだ。

数百万年の間、ミツバチ分蜂群の探索バチは、コロニーのために適切な住処を選ぶという仕事に取り組んできた。長い進化の時間を経て、自然選択はこの昆虫ができる限り最良の決定をするように、調査委員会を組織した。そして今ついに、私たち人間は、この精巧な選択過程がどのように働くかを知る喜びと、その知識を使ってみずからの生活をよりよくする機会に恵まれた。ミツバチは、神が遣わした使者だと言う人がいる。人はいかに生きるべきか、甘美と平和の中に生きるべきだと教えるために。それが本当であれどうであれ、ミツバチの家探しの物語を聞けば、この小さく美しい生き物への驚きの光を呼び起こすだろう。その光が、本書のどのページにも満ちていることを私は願っている。

索引

訳者あとがき

本書は、ミツバチ研究の第一人者、トーマス・D・シーリーの三冊目の邦訳書となる。一冊目の『ミツバチの生態学』（大谷剛訳、文一総合出版）は、ミツバチの生態を網羅的に解説し、次の『ミツバチの知恵』（長野敬、松香光夫訳、青土社）は、採餌行動を中心に詳細な記述を試みている。そして本書は、ミツバチの生態の中でもとりわけドラマチックで謎の多い行動の一つ、分蜂をテーマとしている。

分蜂とは、春の終わりから初夏、働きバチの大群が女王バチを連れて新しい巣作りのために出発する「巣分かれ」のことだ。こう言ってしまうと単純なことのように聞こえるかもしれない。だが、分蜂群のハチたちは木の枝に止まった状態で、数日のうちに優れた巣作り場所を探しださなければならない。質の悪い巣穴に入った群れは、全滅することも珍しくないので、文字通り死活問題だ。それが首尾よく見つかったら今度は、一万匹からの群れが新居へ向けて、迷うことなく一斉に引っ越しをすることになる。分蜂群はいったい、どのようにしてこの難問を解決するのだろうか。

その答えは、実に驚くべきものだ。分蜂群から飛び立った数百匹の探索バチは、いくつもの候補地を見つけてくる。その中からどれがもっとも理想的な巣作り場所か、議論によって決定する。しかもその議論は、すべての提案が平等に検討され、メンバーは周囲に流されることなく独自の判断で候補地を評価し、最終的には高い確率でもっとも優れた案に合意がまとまるという、きわめて民主的なプロセスなのだ。一匹一匹の能力は限られているけれども、ミツバチはきわめて合理的なシステムで高い集団的知能を発揮し、複雑な問題に的確な判断を下すことができるのだ。

ミツバチ分蜂群そのものの面白さ、不思議さもさることながら、ミツバチの民主的な意思決定プロセスを解明しようとするシーリーと共同研究者たちの挑戦も、本書のテーマといえるかもしれない。著者たちは大胆な仮説を立て、それを証明するためにさまざまな実験手法を考案し、ハチに一匹一匹標識をつけ、朝から夕方まで何日もの間観察するような地道な作業を続ける。余すところなく描かれたその情熱と創意には、感銘と知的興奮を覚えずにはいられない。

シーリーほどの情熱はなかったものの、子どもの頃はやはり昆虫好きだった訳者にとって、本書の翻訳は楽しいものだったが、頻出する独特な用語を一言一句ゆるがせにはできないという緊張感も大きかった。中にはまだ研究者の間でも一般的ではないのか、調べてもあまり情報が得られない語句もあり、頭を抱えることもしばしばだった。この点で本書は、監修をお願いした『昆虫と害虫』（築地書館）の著者、小山重郎氏に多くを負っている。

小山氏には、用語のチェックにとどまらず、拙訳を原文と照合して、不備や誤解を指摘していただいた。さらに、本書のキーワードとなるいくつかの用語に、平易でありながら原文の意味や雰囲気を過不足なく伝える訳を提案していただけたことは、この上ない幸運であった。著者の既訳書に比べ、本書はより一般読者を意識した科学読み物の体裁を取っているので、できるだけわかりやすい言葉で訳したい反面、専門家でない訳者が勝手な訳語をつけることにはためらいがあった。だから専門の昆虫研究者である氏のアドバイスは実に心強く、ありがたかった。小山氏にはこの場を借りて心よりお礼を申し上げる。なお、訳文に対しての責任がすべて訳者にあることは言うまでもない。

ミツバチは私たちにとって、とても親しみ深い昆虫だ。多くの人は蜂蜜を喜んで食べるし、イラスト、企業ロゴ、装身具のモチーフなどにもよく使われ、絵本やアニメの主人公にもなっている。誰もが知っているごく身近な生き物であるはずのミツバチだが、実は意外な生態を持っていることが、本書を一読するとわかり、興味は尽きない。もしこの本が、ミツバチを理解するきっかけとなり、ミツバチをより身近に感じてもらえるならば、訳者としてこれにまさる喜びはない。

片岡夏実

【著者紹介】
トーマス・D・シーリー（Thomas D. Seeley）
1952 年生まれ。米国ダートマス大学卒業後、ハーバード大学でミツバチの研究により博士号を取得。現在コーネル大学生物学教授。著書に『ミツバチの知恵』（青土社　1998）などがある。
コハナバチ科の新種のハチ *Neocorynurella seeleyi* は著者にちなんで命名された。

【訳者紹介】
片岡夏実（かたおか　なつみ）
1964 年、神奈川県生まれ。主な訳書にマーク・ライスナー『砂漠のキャデラック　アメリカの水資源開発』、エリザベス・エコノミー『中国環境リポート』、デイビッド・モントゴメリー『土の文明史』（以上、築地書館）、ジュリアン・クリブ『90 億人の食糧問題』（シーエムシー出版）など。

ミツバチの会議　**なぜ常に最良の意思決定ができるのか**

2013年10月22日　初版発行
2025年5月22日　6刷発行

著者　トーマス・D・シーリー
訳者　片岡夏実
発行者　土井二郎
発行所　築地書館株式会社
東京都中央区築地7-4-4-201　〒104-0045
TEL 03-3542-3731　FAX 03-3541-5799
https://www.tsukiji-shokan.co.jp/

印刷・製本　シナノ印刷株式会社
装丁　アルビレオ

ISBN 978-4-8067-1462-0

● 築地書館の本 ●

野生ミツバチとの遊び方

トーマス・シーリー【著】
小山重郎【訳】
2,400円＋税

ミツバチ研究の第一人者のシーリー教授が、ミツバチを追いかける「ハチ狩り」を、老若男女が楽しめるスポーツとして現代によみがえらせた、そのノウハウを大公開。ミツバチに魅了され、ハチたちと40年遊びつくした著者が、ハチ狩りの面白さと醍醐味を伝える。

ミクロの森
1㎡の原生林が語る生命・進化・地球

D.G. ハスケル【著】
三木直子【訳】
2,800円＋税

米テネシー州の原生林の中。1㎡の地面を決めて、1年間通いつめた生物学者が描く、森の生き物たちのめくるめく世界。さまざまな生き物たちが織り成す小さな自然から見えてくる遺伝、進化、生態系、地球、そして森の真実。